马中

马中，1954年3月生，北京人。经济学博士，中国人民大学环境学院院长，国家重点学科人口、资源与环境经济学责任教授，博士生导师。兼任中国环境保护部科技委员会委员、战略环境影响评价顾问委员会委员、中国环境科学学会常务理事、北京环境与发展研究会理事长，《中国环境科学》《自然资源学报》《湿地科学》、*Sustainability Science* 杂志编委。美国未来资源研究所教授、研究员，英国伦敦经济学院访问学者。主要从事环境与自然资源经济学的教学与研究，涉及领域包括环境政策、环境管理体制、经济手段、湿地生物多样性、经济评价和循环经济等。曾任《RFF环境经济学丛书》中方主编、中国环境与发展国际合作委员会环境与自然资源定价与税收课题组中方组长，现主持亚洲开发银行和全球环境基金“三江平原湿地保护”，环保部和世界银行“环境管理职能转变和体制创新”，科技部、环保部和建设部“水体污染控制与治理专项——水环境保护价格与税费政策示范研究”等项目，任专家组组长。

出版前言

从 1973 年召开中国第一次环境保护会议算起，当代中国环境保护已经走过近四十年的辉煌历程。40 年来，一代又一代的中国环保人，披肝沥胆，孜孜以求，不断探索中国环境保护道路，他们的思索、研究和创作，会聚成中国环境思想及文化的宝库，闪耀着东方智慧的光辉，而历久弥坚，历久弥新。

记录历史、传播文明是出版人的重要使命。中国环境出版人，为中国环境保护事业而生，与中国环境保护事业共同成长，以其独有的方式见证和记录着中国环境保护的发展历程。汇其经典、融其精华，集中国环境思想、文化之大成，一直是中国环境出版人的梦想和期待。在充分调研论证的基础上，2009 年，中国环境科学出版社提出了出版“中国环境文库”的构想，努力将其打造成一条重要的产品线，旨在大力扶持和弘扬国内环境学者的原创著作，促进环境理论的本土化建设，为繁荣、丰富环境文化，倡导、弘扬生态文明略尽微薄之力。

学术影响力是专业出版社的灵魂。学术的繁荣和发展，需要发掘更多有价值的学术著作进行理论建设。作为环境领域唯一一家专业出版社，以出版物为载体向公众普及环境知识、传播生态文明，是我们义不容辞的神圣职责。“中国环境文库”将收选中国环境保护事业亲历者及理论先驱者的经典文集以及国内环境相关领域学科领军人物的权威著作，汇集成当代中国生态文明的绿色思想库、中国环境保护事业的高端智囊库和代表国内一流水准的学术经典库，从一个侧面真实记载和反映中国环境保护波澜壮阔的历史进程，促进中国环境文化的积累、传承和创造。

文库第一辑丛书包括《向环境污染宣战》(增订版)、《曲之求索：中国环境保护方略》、《环境经济与政策：理论及应用》、《环境法治的中国路径：反思与探索》、《环境哲学：生态文明的理论基础》和《低碳经济：可持续发展的挑战与机遇》，其作者汇集了国内环境管理、环境经济、环境哲学、环境法学和可持续发展领域的优秀专家、学者，体现了较高的专业水准。他们的研究成果对我国近 40 年来的环境法制建设、管理制度完善、科学技术进步以及公众环境意识的提高产生了积极和深远的影响。一些文章虽然是 10 年、20 年前形成的，但其中的理念、观点、工作思路和方式方法，仍具有很强的生命力，对当今乃至未来中国环境保护的发展都具有非常重要的参考价值和借鉴意义。

登高望远方能行之久远。我们希望能将近 40 年来中国环境保护领域有价值的研究成果和学术思想都收入这套文库，以兼容并蓄的态度促进环境文化的繁荣发展。我们将认真挑选每部作品、每篇文章，使其兼备学术性、权威性和可读性，不断将一本本具有收藏和传播价值的精品读物奉献给广大读者。衷心希望能够得到社会各界有识之士的鼎力支持和批评指正。

序

远在工业革命之前的公元 1722 年，来自欧洲的探险家第一次登上太平洋中与世隔绝的复活节岛（Easter Island），发现岛上的原始农业社会正在走向灭亡。这本是一个温暖湿润、物种丰富的岛屿，当地居民依靠植物采集，种植香蕉、甘薯，猎取鸟类、鼠类为生，并用大棕榈树制造船只到较远的海域捕捉海豚，高峰时期岛上人口曾达到 8 000~20 000 人[①]。然而，由于无节制地开发自然资源，从公元 9 世纪开始，岛上的亚热带森林开始逐渐消失；16 世纪，随着石像建造进入高峰期，制造船只的重要原材料大棕榈树最终灭绝；随后，整个生态系统开始崩溃，渔业和农业生产无以为继。为了争夺日益稀缺的自然资源，岛上爆发了战争，社会进入一种混乱的状态。1722 年，当欧洲人第一次登上复活节岛时，岛上仅存 3 000 余人，都居住在破烂的草棚或山洞中，食物匮乏，甚至同类相食。衰败的自然环境、原始的社会状态与岛上那些象征着辉煌文明的巨大石像形成了巨大反差，这就是历史上著名

① 对于复活节岛人口数量峰值的说法不一，另一说法为约 7 000 人。

的“复活节岛的悲剧”。

复活节岛的悲剧昭示了人类社会在发展过程中合理利用自然资源与环境的重要性。中国的农业文明在几千年的历史进程中，虽然经历了无数自然灾害和社会动荡，却能够一直保持稳定，而且持续发展，并数度长期领先全球的经济发展，成为世界唯一历史最长、从未间断、而且不断繁荣的农业文明。中国农业文明的成功，有技术进步的贡献（从春秋战国就已经建立的精耕细作的农业生产体系，包括水利、农具、耕种、施肥技术的不断创新，到明末清初的桑基鱼塘，成功地建立人工生态系统），同时，也有社会经济制度的保障。历朝历代不论如何更替，农业一直是立国之本，这从土地制度的建立和完备可见一斑，如“井田制”、“初税亩”、“屯田制”、“均田制”等。然而，中国农业伟大成就最为基本的原因在于和谐的经济发展与环境资源的关系。历代以国家法律形式规定的自然资源与生态系统保护制度不绝如缕，如《礼记·王制》的“草木零落然后入山林，昆虫未蛰不以火田，……”《唐律》《明律》《清律》等中对乱砍滥伐的禁令条款，等等。

改革开放以来，我国进入了迅速工业化和城市化的发展阶段。2010年，我国的经济总量达到世界第二。但是这一令人振奋的成就背后是：早在20世纪90年代中后期，我国以COD和SO_2为代表的环境污染物排放量就已经高居世界第一，化石能源消费量和二氧化碳排放量也在近年达到世界第一，无论是单位GDP的污染物排放量还是能源消费量，我国不仅远远高于美国、日本、德国等发达国家，还高于印度、巴西等发展中国家。这些数字说明，我国的经济发展模式是建立在掠夺和败坏自然资源与环境的基础之上的。

各种直观的资源与生态环境问题也陆续集中发生在我们身边。普遍的水资源短缺和水环境污染，大气污染与沙尘暴，生态退化和物种多样性减少等等，已经普遍引发了公众对于健康、生存和可持续发展前景的忧虑。高投入、高消耗、高污染、低效率的发展道路正在引起越来越多人的反思。

对于现代工业历史还不过百年的中国来说，这无疑是一个史无前例的巨大挑战。在获得巨大经济发展成就的同时，资源、能源与环境能否支持经济继续发展？复活节岛的悲剧证明，农业生产也会因为对自然资源的不合理开发利用而走向崩溃。显然，问题并不是选择何种经济生产方式，而是如何调整社会经济发展模式，让其与自然资源和生态环境条件相互协调并相互促进。在这一过程中，通过各类政策手段引导和规范全社会的行为十分重要，而环境政策正是最直接和最有针对性的一类手段。

改革开放伊始，我国就颁布了《中华人民共和国环境保护法（试行）》（1979），并相继制定出“三同时”、“排污收费”等环境政策。然而，随着各类经济开发活动的蓬勃开展，各类环境问题也迅速出现并蔓延，让人措手不及。环境保护工作面临着巨大的压力：污染物排放量长期高位徘徊，点源污染迅速扩展为面源污染，单一污染演变为复合污染，环境健康风险不断扩大，资源短缺与环境污染相伴并存，局部生态系统明显退化等等。人们逐渐意识到，依靠技术手段进行污染控制和“末端治理”等做法已经无法满足环境保护的要求。这种情况下，诞生了对环境经济政策手段的更多需求，并着重于环境经济政策手段的针对性、可操作性、有效性、灵活性、综合性和政策效率。

作为全球工业化道路上的后起之秀，中国的优势之一是可以从发达国家的发展历史中吸取经验和教训。自工业革命和全球城市化浪潮以来，一系列环境问题让世界各地的人们以健康甚至是生命的代价换取了对新经济生产方式的认识。20 世纪五六十年代后，一批西方学者陆续发表了一系列关于环境问题的论文和著作，引发了公众和学术界讨论环境问题的第一次高潮，直接促成了环境科学、环境生态学和环境经济学等学科的诞生。

经济学是一门研究稀缺资源最优利用与分配的科学。早在 18 世纪，西方经济学家马尔萨斯、李嘉图就已经提出自然资源稀缺理论。19 世纪以来，不断发展的新古典经济学、福利经济学和制度经济学等相继贡献了相对稀缺理论、边际理论、均衡理论、外部性理论和产权理论等，为环境经济学的发展提供了重要的理论基础。同时，随着科技的不断进步，人们对于资源利用技术、环境污染机理和自然生态功能的认识也不断丰富和深入。借助这些认识，环境经济学家得以从经济学角度分析环境资源要素的投入产出和一般均衡，建立环境价值效益分析方法，并提出具有经济效率的政策手段。排污收费、排污权交易、资源环境税等典型的环境经济方法就是在此基础上被提出并发展起来的。美国等发达国家应用这类环境经济手段的成功经验为我们提供了重要的借鉴。

随着我国社会经济的不断对外开放，20 世纪 90 年代起，更多的环境经济政策手段被陆续引入我国的环境管理实践，中国的环境经济学研究也进入了一个新的发展时期。90 年代末，基于环境经济学理论的各项政策工具逐渐受到政府决策部门重视，环境经济学开始进入主流经济学之列。各类基于行政体制的命令-控制环境政策和基于市场体制的环境经济手段在社会经济中全面铺开，并取得了一定的成效。

但是，我们依然面临史无前例的压力和独一无二的挑战。

第一，史无前例的全球化的环境问题（如资源和污染的跨国消费和转移等）和环境问题的全球化（如气候变化、污染物全球扩散等）是摆在全世界人们面前的共同问题，并正在成为国际政治的热点话题。无论是发达国家还是发展中国家，没有任何一个国家有过应对类似问题的成熟经验。我们不仅无从借鉴，同时，作为全球最大的资源消费国和污染物排放国之一，中国还必须以积极的姿态承担责任和应对压力。

第二，中国特色的政治、社会、经济体制，以及总量相对巨大，人均全面短缺的特殊资源环境禀赋，协调两者之间的关系是对我们的挑战，无法从其他国家获得现成的方法。特别是现有“三高一低”模式的转变，以中国如此巨大的经济总量，如何引导巨大的模式惯性实现平稳较快的转向，对包括环境经济政策在内的政府决策提出了更巨大的挑战。

基于这样的现实，中国环境经济政策的发展方向只能是学习和创新。通过保留并继承中国传统农业社会中体现可持续发展思想的宝贵技术、文化和制度遗产，了解、学习并有选择地采纳西方发达国家发展过程中的环境政策手段，总结、分析并提炼我国在过去数十年中的发展经验与不足，对环境经济政策的理论基础、分析方法和工具、措施手段等不断进行深入实践和大胆创新，使之不断提高解决具体环境问题的政策效率并逐步推动经济发展模式的根本性转变。

本书中介绍的环境经济学理论和方法，基本上已被我国学界广泛接受，并支持建立了我国环境保护的政策手段体系。同时，近年发展起来的一些公共管理学理论，如公共选择、政府管制、信息公开等，以及一些新型政策手段，如环境财政，也在本书中有所体现。总的来说，环境经济学在中国的发展历史较为短暂，在理论和方法的扩展和创新上还有待进一步深化。如果本书对环境经济学和环境政策知识的传播能够增加读者对这一领域问题的了解并激发起研究的兴趣，从而为中国环境经济学的发展添砖加瓦，将是作者的极大荣幸。

可以预见，现代经济学理论、科学技术和信息技术的不断发展，将为环境经济学研究提供更多的理论、技术和工具支持；而中国环境问题的重要性和特殊性也将引起全世界各国学者的研究兴趣，更多的视线将聚焦中国的可持续发展；我国的环境经济研究将迎来更加开放和繁荣的局面。

在本书的编写过程中，中国人民大学环境学院副教授曾贤刚博士（第六章）、讲师石磊博士（第一章、第五章）和博士研究生杨鹂（第一章、第五章）、孙彤（第二章、第十章）、王东宇（第三章）、陆琼（第四章）、吴江（第七章、第九章）、牛坤玉（第八章）及硕士研究生周芳（第三章）、林婷（第五章）等付出了辛勤的劳动，在此向他们表示感谢。

本书内容上的不足之处，恳请各位专家和读者指正。

马 中

2011 年 1 月 10 日

目　录

第一篇

导　论

第一章 环境经济与政策概述

第一节 环境经济学概述

环境经济学同大多数经济学分支一样，不是一门先验的科学，而是运用经济学理论和分析方法研究经济和环境的相互关系与作用机理的社会科学。环境经济学在创立和发展的过程中，既从微观经济学、宏观经济学、福利经济学等获得大量理论支持，同时也融合和借鉴了与环境相关的自然科学中的理论和方法。今天的环境经济学的基本理论是一个综合了经济学和自然科学概念的体系。

一、环境经济学的产生和发展

环境经济学的起源可以追溯到 1952 年美国未来资源研究所（RFF）的成立（见专栏 1-1），该机构开启了利用经济学分析和研究环境和自然资源问题的大门。20 世纪 60 年代中期以后，环境问题逐渐成为世人关注的焦点。今天的人们在谈到当年的这一变化时，都喜欢援引这一时期频频发生的污染事件（见专栏 1-2）和群众性的环保运动。但是在某种意义上说，这些现象乃是社会发展的必然结果。

专栏 1-1　美国未来资源研究所（RFF）

RFF 肩负着用高水平的社会科学研究成果改进环境和自然资源政策制定过程的使命。它是一家独立的非营利研究机构，研究领域主要根植于环境、能源、自然资源和环境健康问题的经济学和其他社会科学研究。RFF 研究资金主要来自于基金会、政府机构、企业的捐款和资助，但研究工作以及研究成果的使用完全由未来资源研究所全权负责。

RFF 设于美国华盛顿特区，但其同世界各国的各级政府、环保组织、商业机构、学术机构、媒体和公众通力合作，共享研究成果。20 世纪 50 年代初，美国政府要求总统资源政策委员会研究美国自然资源是否过度依赖进口。在时任委员会主席的 William Paley 的帮助下，RFF 于 1952 年成立，从事该领域的研究，随后提交了矿石、能源和其他自然资源的需求状况和供应趋势的预测报告。RFF 是第一家完全致力于自然资源和环境问题研究的智库。

如今，RFF 已经走过了 50 多年的历程，是利用经济学解决环境和自然资源问题的思想引领者和实践开拓者。RFF 学者研究领域包括污染控制、能源和交通政策、土地和水资源利用、有害废物、气候变化、生态多样性、生态系统管理、健康和发展中国家的环境挑战等重要问题。大多数 RFF 研究人员都持有经济学博士学位，也有持有工程、法律、生态、城市和区域规划、公共政策和管理等其他学科学历的研究人员。

1989 年，在中国国家环保局、美国洛克菲勒基金会、中国环境科学学会的帮助下，中国人民大学环境经济研究所[①]和 RFF 启动了第一个合作项目，在中国合作出版《RFF 环境经济学丛书》。这套丛书内容涉及环境经济学理论、环境政策、自然资源利用、区域环境管理、环境效益分析等方面，将西方环境经济学的理论与实践比较全面、系统地介绍到中国，推动了中国环境经济学的进步。

RFF 该项目的负责人沃尔特 · 斯波福德（Walter O. Spofford）和艾伦·克尼斯（Allen V. Kneese）也因此在中国享有盛誉。此后，RFF 同中国展开了广泛合作，就如何应用政策工具和管理手段解决中国的环境和自然资源问题提出了许多真知灼见。

资料来源：美国未来资源研究所网站（http：//www.rff.org）.

---

① 注：中国人民大学环境学院的前身。

专栏 1-2 世界八大环境公害事件

1. 比利时马斯河谷烟雾事件：1930 年 12 月，比利时马斯河谷工业区工业污染物长期积聚，遭遇逆温天气后又遇雾日，工业区排放的有害工业废气和粉尘使得心脏病和肺病患者的死亡率增高，几千人发病，近 60 人死亡。

2. 美国洛杉矶光化学烟雾事件：1943 年 5—10 月，大量行驶的汽车造成每天有 1 000 多吨碳氢化合物进入大气，市区空气水平流动缓慢；石油工业和汽车废气在紫外线照射生成光化学烟雾，刺激眼、鼻、喉，引起眼睛红肿、咽炎、呼吸道疾病恶化乃至思维紊乱和肺水肿等。大多数居民患病，400 多名 65 岁以上老人死亡。

3. 美国多诺拉事件：1984 年 10 月，多诺拉镇工厂林立，遇到雾天和逆温天气，二氧化硫及其氧化物与大气粉尘结合生成硫酸，被吸入肺部后，人们出现咳嗽、呕吐、腹泻、喉痛，4 天内有 42%的居民患病，17 人死亡。

4. 英国伦敦烟雾事件：伦敦冬季采用烟煤取暖，由于煤中含硫量高，排出的烟尘量大，1952 年 12 月，遇到逆温天气，导致 5 天内有 4 000 多人死亡。

5. 日本水俣病事件：1953 年至 1956 年，日本水俣市某氮肥工厂向水俣湾排放大量含（无机）汞废水，其经生物作用后生成剧毒的有机汞（甲基汞），并由生物链富集到鱼、虾、贝类等水产品中。当地居民食用受到甲基汞污染的水产品后，出现口齿不清，步态不稳，面部痴呆，耳聋眼瞎，全身麻木，神经失常等症状，患者达到 180 多人，死亡 50 多人。这种因食用被有机汞污染的水产品造成的综合性疾病后来被称为水俣病，是全球最常见的公害病之一。

6. 日本四日事件：1955 年以来，日本四日市内的多家石油化工联合企业向大气排放大量二氧化硫和煤粉尘，含有钴、锰、钛等，有毒重金属微粒及二氧化硫的空气被吸入肺部后，引起居民支气管炎、支气管哮喘和肺气肿。患者 500 多人，有 36 人在气喘病折磨中死去。

7. 日本爱知米糠油事件：1968 年，日本爱知县某工厂在生产米糠油过程中，以多氯联苯作脱臭过程载热体，因管理不善使多氯联苯混入米糠油。人们食用这种米糠油后，出现眼皮肿，常出汗，全身起红疙瘩，肝功能下降，肌肉痛，咳嗽不止等症状，患者达 5 000 人之多，死亡 16 人，实际受害者超过 10 000 人。有毒米糠油的生产废料作家禽饲料，亦导致大量家禽死亡。

8. 日本富山痛痛病事件：1931 年至 1972 年 3 月，日本富山县神通川上游的炼锌厂将未经处理净化的含镉废水排入河流，当地居民在饮用被污染的河水、食用被污染的稻米和水产品后，出现关节痛、神经痛和全身骨痛等症状，进而骨骼软化，饮食不进，最后在衰弱疼痛中死去。痛痛病在富山县流行多年，造成数百例患者死亡。

资料来源：张坤民. 可持续发展论. 北京：中国环境科学出版社，1999.

第一，自从工业革命以来，工业生产规模急剧扩大和能源使用方式的革命，把自然界中本来以高品位状态存在的物质和能量，经过开采、加工、转换、使用和排放，变成了低品位存在的形式。这种改变极大地影响了大气、土壤和水体的质量。第二，由于科技进步，人们能够了解发生在自然系统中非常微小的变化，因而能够比过去更加清楚环境问题的后果。第三，现代化的生产过程产生了一些新的合成物质。这些物质对于生态系统来说，其影响是未知的和不确定的，有些物种可能会适应自然环境的改变，有些则可能因为不能适应而发生变异，甚至灭绝。第四，因为生活水平的普遍提高，公众已经开始向往和追求一个清洁、安全和舒适的环境。这实际上表明，当温饱问题解决之后，环境问题是一种更高层次的需求表现。

在这样的社会发展背景之下，从经济学角度思考环境问题的经济学家们显然会得到十分重要的启示，发现需要深入研究的领域和问题。环境经济学开始真正进入形成和发展阶段。

20 世纪 70 年代以来，随着经济学的发展和环境问题的变化，环境经济学不断吸收和借鉴新的理论工具和方法，学科理论体系和应用领域得到不断完善与发展。如今，环境经济学发展速度之快，应用范围之广，研究层次之深，不仅远远超出了经济学界同行乃至全社会的预料，也是当年环境经济学的奠基者们所始料不及的。

为了适应社会需求的变化，各国政府纷纷建立了环境保护行政主管部门，代表国家行使管理环境的职能。但是，保护环境要有政策和管理手段，需要投资。而什么样的政策和手段最有效，保护环境需要花多少钱，谁来出这笔钱，怎么花这些钱等等，这一系列的问题都要求环境经济学家做出回答。近 20 年来，美国环境经济学家协会、欧洲环境经济学家协会、拉丁美洲与加勒比海地区环境经济学家协会、东亚环境经济学家协会的相继成立，大大增强了环境经济学的政策影响力和话语权。

二、环境经济学的理论基础

200 多年前，古典经济学家虽然没有明确地提出经济增长的环境资源问题，但他们形成的一些理念在当代环境问题研究中仍发挥着重要影响。例如，托马斯·马尔萨斯（Thomas Robert Malthus，1766—1834）提出的绝对自然资源稀缺理论；大卫·李嘉图（David Ricardo，1772—1823）认为，人口的增多会促使社会将更为劣等的土地投入农业生产中，由于自然资源的稀缺性和土地收益递减规律，最终会使经济增长陷入停滞局面。约翰·斯图亚特·穆勒（John Stuart Mill，1806—1873）则坚信技术进步能够延缓农业收益递减规律影响。政治经济学的经典理论尽管强调了市场机制在促进增长和推动创新中所发挥的重要作用，但对经济增长的前景持悲观态度。

1870 年以后，新古典经济学成为西方经济学主流体系。新古典经济学建立在“理性人假设”“完全信息假设”和“完备市场”等基本假设基础之上，方法论上采取了边际分析技术。此外，新古典经济学认为，价值决定于交换，反映了产品的偏好和成本。相对稀缺论代替了绝对稀缺论，这些都为福利经济学的发展做了铺垫。但是，很多经济学家认为，新古典经济学的假设存在一些固有缺陷，导致在现实经济活动中产生了大量环境污染问题。在这种背景下，环境经济学家以新古典经济学分析框架为起点，以福利经济学为理论基础，纠正了传统经济学中的固有缺陷（见表 1-1），在继承前人研究成果的基础上，对外部性理论、成本-效用理论、公共物品理论、公共选择理论和产权理论等方面进行了修正和扩展，探求如何实现环境资源的有效配置。

表 1-1　传统经济学与环境经济学的比较

传统经济学	环境经济学
1．不考虑环境与经济活动的相互关系和作用	1．经济学的一门新兴分支学科，主要研究环境和经济活动的相互关系和作用
2．主要研究私人物品，即可以在市场购买到的那些商品	2．主要研究公共物品，不存在现成的市场或市场存在缺陷，无法进行有效的供给
3．不考虑生产和消费过程产生的外部不经济性	3．考虑生产和消费过程产生的外部不经济性
4．不重视涉及时间的选择问题，例如自然资源的可持续利用和代际间公平问题	4．重视自然资源的可持续利用和代际间公平问题
5．基本不考虑资源的有限性和环境容量的有限性	5．明确考虑资源的有限性和环境容量的有限性

资料来源：Katar Singh, Anil Shishodia. Environmental Economics：Theory and Applications. SAGE Publications India. 2007.

20 世纪初，意大利社会学家兼经济学家帕累托（V. Pareto）从经济伦理的意义上探讨资源配置的效率问题，并提出了著名的“帕累托最适度”理论。这一思想后来被环境经济学者们奉为圭臬。外部性理论是环境经济学的建立和发展的理论基础。外部性概念源于马歇尔 1890 年发表的《经济学原理》提出的“外部经济”概念，他的学生庇古（A. C. Pigou）在 1920 年出版的《福利经济学》中首次从福利经济学的角度系统地分析外部性问题，用外部性理论来解释环境污染。外部性是在没有市场交换情况下，一个经济主体的活动对另一个经济主体的活动产生的一种外部影响。庇古在书中引用了一个典型的环境问题来说明外部性的具体表现：一台在铁路上行进的蒸汽机车冒出的火星，引燃了路边农民成熟的麦田

（外部不经济性）。庇古还提出了实现外部效应的内部化的办法——对引起外部性的活动征税或补贴，即“庇古税”。1960 年罗纳德 · H. 科斯（Ronald H. Coase）在《社会成本问题》中提出了产权理论。产权理论认为，产权不明晰是外部性产生的一个典型来源。解决外部性理论问题可以用市场交易形式替代“庇古税”。

基于个人偏好和支付意愿或接受意愿的成本效益分析方法可以用来分析环境项目或环境政策的社会总成本和总收益，并评估其可行性。20 世纪 30 年代和 40 年代，现代福利经济学的创始人约翰 •希克斯（John R. Hicks）和尼古拉斯 • 卡尔多（Nicholas Kaldor）提出的希克斯-卡尔多标准推动了费用效益分析方法在环境项目和环境政策评估中的广泛应用。一系列环境价值评估方法如意愿调查法、旅行成本法、享乐价格法、生产函数法等也成了环境经济学不断探索的新领域。

环境资源一般都具有公共产权或开放性的特征，这也是环境资源被滥用的原因。1954 年经济学家戈登（H. Scott Gordon）在《公共财产资源的经济理论：渔业》一文中指出：海洋渔场的公共资源属性导致渔民的过度进入和捕捞，结果使渔业的总产量下降。1968 年哈丁（G. Hardin）发表的文章提出了“公地悲剧”的概念，公有资源往往被过度利用。政府可以通过管制或税收，也可以通过将公有资源变为私有资源解决这些问题。

公共选择理论为人们探讨环境问题提供了又一个新的工具。公共选择是指非市场的集体选择，即政府选择。公共选择理论认为，个人是以自利为本性的，而所有团体的行为最终都可归结为组成团体的个人行为，即承认政府追求是某种特殊利益而不是全民利益，也是通过权衡成本收益来进行其最优选择。环境经济学家们应用公共选择理论对环境问题进行分析，认为政府失灵也是环境问题产生的根源之一。同时，不能否认政府在环境管理中的作用，更不能排除政府对环境问题的干预。大多数环境经济学家认为，提高环境管理决策者和执行机构对环境问题的全面正确理解、制定具有可操作性的环境政策，是解决环境问题的关键所在[①]。

三、环境经济学的主要研究领域

纵观环境经济学的发展历程，其内容基本包括以下 5 个领域。

第一，环境与经济的相互作用关系

环境与经济的相互作用是环境经济学中一个历史最悠久的研究领域，也是环境经济学的理论基础。鲍尔丁（Kenneth E. Boulding）20 世纪 60 年代中期提出的“太空船地球经济理论”（见专栏 1-3）让学术界认识到，在大规模开发与利用环境资源过程中，外部性是一种无处不在的普遍现象，环境负外部性广泛影响着经济运行。

专栏 1-3　即将到来的太空船地球经济学

1966 年，美国著名经济学家鲍尔丁（Kenneth E. Boulding）发表了“即将到来的太空船地球经济学”（The Economics of the Coming Spaceship Earth）一文。他指出：第一，根据热力学第一定律，生产和消费过程产生的废弃物，其物质形态并没有消失，必然存在于物质系统之内，因而在设计和规划经济活动时，必须同时考虑环境吸纳废弃物的容量；第二，虽然回收利用可以减轻对环境容量的压力，但是根据热力学第二定律，不断增加的熵意味着 100%的回收利用是不可能的。

鲍尔丁提出了两种经济模式：一种称为“牛仔式经济”（Cowboy Economy），是对自然界掠夺、破坏式的开发利用。“牛仔”一词会让人联想到辽阔无边的大草原，是鲁莽、勇于开拓、英雄浪漫主义和粗暴行为的代名词，而这些都是开放式经济体系的特征；另一种为“太空人式经济”（Spaceman Economy），是未来应建立的封闭式的经济体系。那时地球经济体系就如浩瀚太空中航行着的一艘孤立无援、与世隔绝的宇宙飞船，可供使用的资源

① 聂国卿，李志青. 环境经济学的产生、发展与前景. 来源：环保资料网（www. hbdown. net）。

和污染物的净化能力都是有限的，人们必须在循环生态系统中寻求到正确的位置，实现资源的持续供给。他认为，“牛仔式经济”将会被“太空人式经济”所代替。在“太空人式经济”中，衡量经济成功与否的标准不是生产和消费，而是全部资本存量的本质、范围、质量和复杂性，包括系统中人的身体和思维状态。“太空人式经济”主要关注于如何通过技术变化维持既定的存量。

资料来源：Kenneth E. Boulding.The Economics of the Coming Spaceship Earth. H. Jarrett (ed.), *Environmental Quality in a Growing Economy*, pp. 3-14. Baltimore, MD：Resources for thc Future/Johns Hopkins University Press. 1966.

20 世纪 70 年代初期，克尼斯（Allen V．Kneese）、艾瑞斯（Robert U．Ayres）和德阿芝（Ralph C．d'Arge）出版了《经济学与环境》(Economics and the Environment）一书。他们依据热力学第一定律的物质平衡关系，对传统的经济系统做了重新划分，提出了著名的物质平衡模型。作者利用一般均衡模型，分析了包括环境要素在内的投入产出关系。该书首次从经济学的角度指出了环境污染的实质，并且勾勒了使用经济手段管理环境的前景。

第二，环境价值评估及其作用

环境价值（费用效益）评估是环境经济学建立以来发展最快的一个领域，也是争议最多的领域。评估环境的价值主要有两个目的：其一是完善经济开发和环境保护投资的可行性分析；其二是为制定环境政策、实施环境管理提供决策依据。

在实际应用中，经济评价的作用主要表现在以下 5 个方面：1）表明环境与自然资源在国家发展战略中的重要地位；2）修正和完善国民经济核算体系；3）确定国家、产业和部门的发展重点；4）评价政策、发展规划和开发项目的可行性；5）参与制定国际、国家和区域可持续发展战略。

第三，管理环境的经济手段

环境经济学在环境政策领域研究的重点包括两方面的内容：其一是

如何在命令控制型政策和经济手段之间做出选择；其二是需要什么形式的政府干预。经济学家之所以主张使用经济手段，是出于提高经济效率、促进技术进步的考虑。但是，经济学家的这一主张并不总是能够被政府、企业界和公众所接受，在环境管理实践中，大多数国家的政府首先倾向使用命令控制型政策。不过，出于降低成本和提高效率的考虑，近年来，越来越多的国家开始使用经济手段。根据经济合作与发展组织的一项调查，1989 年已经有 14 个成员国在使用 150 种经济手段管理环境。

对于采用哪一种经济手段管理环境，经济学界也有不同的看法。以庇古税为基础的污染税或排污收费，主要是通过政策手段调节市场。而基于科斯理论，由戴尔斯最早提出的可交易的许可证，其基础是一个新建立的排污权交易市场。环境质量由排污许可证的供给来保证，而这种供给是可调节的。持证的排污者可以根据市场价格，决定买入或者售出许可证。一般来说，在美国排污权交易比较通行，在欧洲和日本排污税（收费）比较普遍。

第四，环境保护与可持续发展

最早提出可持续发展的是世界自然保护同盟（IUCN）在 1980 年发表的报告："世界自然保护战略：面向可持续发展的生命资源保护"。1987 年，布伦特兰夫人领导的世界环境与发展委员会的报告《我们共同的未来》真正把可持续发展推上了国际舞台。该报告认为，大多数发展中国家还在以自然资源和环境投入来推动国民经济的增长；从本质上说，经济与环境是可以相互协调的；传统的经济增长模式应当改革，新的发展战略应当建立在可持续的环境资源基础之上。该报告强调，为了实现可持续发展目标，经济效率是重要的。同时也强调要公正分配发展的效益，代内和代际的社会公平是实现可持续发展的基本目标和前提。

环境经济学家认为，为了落实和实施可持续发展，在经济发展过程中，应当建立以下可持续性准则：1）评估环境费用和效益的经济价值；2）保护重要的自然资源；3）避免不可逆转的损害；4）把可再生资源的利用限制在可持续产出的范围内；5）制定环境物品的“绿色”价格。

第五，国际环境问题

在环境经济学发展的大部分时间里，其研究领域一直限于一个国家的范围。但是，外部性是没有国界的。当前引起世人普遍关注的温室气体的排放、臭氧层破坏、生物多样性和酸雨都是国际环境问题。

解决国际环境问题的方法和措施在很大程度上不同于国内环境问题。因为没有一个国际权威机构能够控制跨国环境问题，这类问题的解决在很大程度上需要国际合作条约。大多数国际公约是各国自愿加入的，这就对国际环境政策的权威性和有效性构成了挑战。

解决跨国或国际环境问题，世界各国既有成功的经验（例如，欧洲的跨国酸雨问题、关于臭氧层的国际公约），也有一些正在探索之中的新方法、新手段（例如，全球范围内的温室气体排放权交易）。可以预见，为了人类共同的利益，世界各国最终将携起手来，解决日益紧迫的国际环境问题。环境经济学也将同过去一样，为了改善人类的福利，作出自己的贡献。

四、环境经济学的研究对象与研究方法

环境经济学研究的实质，就是运用经济学的理论和方法来分析如何实现自然资源和环境资源的有效配置和利用，以实现可持续的经济增长。

将环境经济学定位于经济学科，就是要运用经济学的基本原理和方法，分析和研究环境保护与经济发展的关系，最大限度地利用经济手段，实现经济的可持续发展，实现总体效益的最大化。但是，环境经济学是主要研究人与自然关系的经济学，环境经济学的研究必须基于

环境科学原理。放弃经济学理念和经济学分析工具的环境经济学就偏离了学科的本源，因为环境经济学科得以存在和发展的理由就在于经济学理论和方法在解决环境问题中的有效性。另一方面，如果没有环境科学知识做支撑，闭门造车地研究环境经济学，则会使环境经济学的研究失去根基。环境经济学研究，就是运用经济学思维和经济学工具对环境问题进行分析、归纳、总结和判断。环境经济学的发展需要经济学家和环境科学家的紧密合作。

第二节　环境政策概述

过去的几十年，随着经济快速发展，环境问题频发并日趋复杂。各国政府加大了对促进可持续发展的环境政策的关注程度。在欧盟、美国以及其他发达国家的环境政策形成过程中，环境经济学的理论和方法发挥着越来越重要的作用。一般而言，环境经济学对环境政策的影响可以分为三个方面：第一，为改善环境质量提供一些政策手段，如税收、收费、排污权交易等环境经济政策；第二，通过成本效益分析对环境政策实施过程中所付出的成本和所产生的收益进行比较分析，对环境政策进行优化和评估；第三，基于环境经济学的基本理论和方法研究环境管理体制，为提高政府环境管理能力，改进政府决策过程提供建议。

一、环境政策的基本概念

政策是指国家在特定时期为实现或服务于一定社会政治、经济、文化目标所采取的政治行为或规定的行为准则，它是一系列谋略、法令、措施、办法、方法、条例等的总称。环境政策可以界定为国家为解决一定历史时期的环境问题，实现既定的环境保护目标所采取的一系列控制、管理、调节措施的总和，是诱导、约束、协调环境政策调控对象的观念和行为的准则[①]。

环境政策本质上是国家为了消除或减轻环境外部不经济性而实行的各种制度安排、改进和创新。环境政策的目标就是保护和改善环境，维护公众环境权益，实现可持续发展。

环境政策的制定主体由政党、立法监督机构、行政管理机构、司法机构构成。环境政策的具体实施则主要依靠各级政府的行政管理部门，特别是各项命令控制型政策，绝大部分是由政府行政部门直接作为一种行政手段予以实施的。环境政策调控的对象则主要包括：特定的行为；意识形态、心理活动和价值观；资源筹集、配置和使用；社会经济结构、产业结构、产业布局、组织形态等[②]。环境政策的功能包括：行为激励功能、约束功能、信息导向功能、伦理功能、资金配置功能、支持保障功能。环境政策调控领域包括空气污染、水污染、气候变化、土壤污染；废物管理、自然资源管理；噪声、臭氧层保护；能效、交通、土地管理；生态多样性保护；自然资源、野生动物和濒危物种保护等领域。

二、环境政策应遵循的基本原则

风险预防原则，即应该广泛使用各种预防措施。当遇到严重或者不可逆转环境损害的威胁时，不得以缺乏确凿的科学证据为理由，推延采取符合成本效益的措施，避免环境恶化发生的可能性[③]。

损害预防原则，即应该采取各项预防措施，以制止、限制或控制在其

① 马中，石磊，崔格格. 关于区域环境政策的思考[J]. 环境保护，2009 年第 13 期.
② 吴晓青，洪尚群，贺彬，吴学灿. 环境政策作用机制的分析框架[J]. 中国环境管理干部学院学报，2004（1）.
③ 参见《里约环境与发展宣言》原则 15.

管辖范围内可能引起科学上已证实的环境损害的各种活动或行为的发生。

共同而有差异的原则。不同地区人口数量、经济水平、产业结构、资源情况、政府管制能力等具有差异性，环境问题具有各自独特性，环境政策应该考虑普适性和特殊性问题。

公众参与原则，指允许、鼓励、引导和保障公众通过民主程序参与环境政策制定和决策过程，并对环境政策执行过程和效果进行评价。

污染者付费原则，即污染者应该承担由政府决定的控制污染所需的费用，以保证环境处于可接受的状态。污染者付费原则也可以被解释成为“非补贴规定”，污染者应当承担污染控制的全部费用。

三、环境政策的特点

各国的社会政治制度、经济发展状况、文化传统等方面不同，环境问题表现形式和严重程度也各异，这决定了各国的环境政策体系都具有其各自的特点。尽管如此，环境政策还是具有一些超越国情的共性：

环境政策是公共政策的一个组成部分。环境政策的公共性是由环境问题的特性所决定。在多种利益冲突和多种价值取向混杂的情况下，环境政策作为一种利益调整和平衡工具，将从社会效益最大化角度保障公众生活和利益。

环境政策具有针对性和时效性。环境政策具有问题导向性特征，即在既定的时间内针对特定区域出现的特定环境问题进行控制、管理和调节。此外，科学技术水平发展会有助于人们提高对环境问题认知程度、改进解决环境问题的方式，环境政策也将不断改进和完善。

环境政策具有多样性和综合性。环境问题复杂多样、涉及的利益方众多，必须采取多种不同类型的政策手段对其进行响应，环境政策就是这些措施手段的集合体。

环境政策具有协调性。环境政策应同其他政策相互协调，形成有机的整体，这些政策包括：能源政策、财政政策、产业政策、消费政策等。此外，不同部门的环境政策之间也需要保持协调一致。

四、环境政策的分类

环境政策的手段可以分为三类：命令-控制型的环境政策、经济激励型的环境政策和自愿型的环境政策（见图 1-1）。

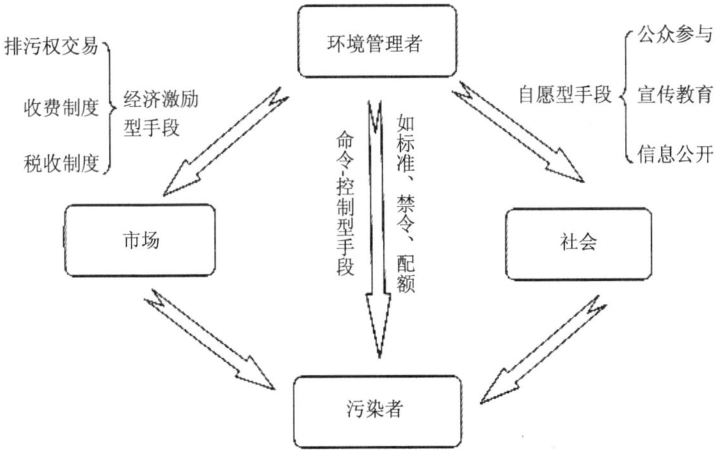

图 1-1　环境政策分类示意图

主要参见：王满船.公共政策制定：择优过程与机制.北京：中国经济出版社，2004：136.

命令-控制型的环境政策是最典型的环境管理手段，在世界各国得到广泛使用，主要包括各种标准、禁令、（不可交易的）许可证和配额，功能区划等。命令-控制型政策适用于问题确定、目标明确，并且有时限要求的领域，比如突发性污染事件的应急管理等。命令-控制型政策具有鲜明的行政驱动和行政强制特征，如果政策目标明确，实施得当，能够很快获得预期的环境效果。但是这类政策缺乏灵活性和应变性，政策的执行需要庞大的行政执法队伍和高额的行政执行成本，对能力和财力的要求有时会让国家财政和环境管理部门无法承受，进而影响环境政策执行效果。此外，命令-控制型政策的强制性执行会引发一些社会问题，如某些地区强制性关停高污染高耗能的企业，引发了失业等问题。命令-控制型政策的环境效果比较明显，但意味政策执行者和被管制者都容易产生懈怠，导致政策效果往往维持不了太长时间。

为了降低执行成本，同时获得理想的环境效果，无论是正在从计划经济向市场经济过渡的国家，还是已经建立了市场经济的国家，在环境管理工作中，都不同程度地运用了经济激励型的环境政策。

经济激励型的环境政策（又称环境经济政策）是通过市场机制纠正环境问题的外部不经济性，使外部费用内部化。基于“庇古税”和“科斯产权”理论，环境经济政策可分为“调节市场”和“建立市场”两类。“调节市场”是“看得见的手”，即政府利用现有的市场来实施环境管理，其核心思想是由政府给外部不经济确定一个合理的价格。例如，征收各种环境税费、取消对环境有害的补贴、建立抵押金制度等。“建立市场”是通过“看不见的手”，即市场机制本身来解决环境问题，包括明晰产权、可交易许可证、国际补偿体制等。

同命令-控制型政策对污染者的“外部约束”相比，环境经济政策则是一种“内在约束”力量，允许污染者选择以最低成本实现环境效果的措施，有利于环保技术创新，具有降低污染治理成本和行政管制成本等优势。但是，以市场为基础的环境政策必须具备比较完备的市场体系、相应的法律保障、配套的规章和机构及相应的数据和信息。在环境经济政策执行中，政策目标实现效果如何，取决于政策执行过程中社会、经济、政治甚至文化等背景条件的约束程度。环境经济政策激励能力的实现程度，对于政策对象来说，要求具备足够强的经济承受能力和足够高的环境意识，外部条件则要求比较完善的法律法规和制度建设。脱离现实的约束条件，对政策对象超前要求，不仅达不到政策目标，而且会干扰政策的实施效果。

自愿型的环境政策，指由环境行政管理部门、工业协会和各类国际组织发起的，通过不受法律法规强制性约束的各种自愿性环境保护宪章、环境行为准则和环境管理标准来推动污染性企业改进环境绩效的行为的环境政策。在这类政策中，政府主要发挥激励引导、信号传递作用，由环境政策的推动者转变为引导者。环境效果主要依靠产品市场中生产者和消费者相互影响程度，企业和公众则为环境政策的积极参与者。自愿型的环境政策取得良好的实施效果需要完备的法制体系，企业的高环保素养、完善的环境监督机制体系、保障契约履行的道德和舆论体系等。

没有哪一种环境政策能够独立应对各种环境情形和污染问题。针对特定环境问题的环境政策选择应遵守相应的标准（见表 1-2），而这些标准取决于环境管理部门和公众对各种标准的侧重点，以及环境问题类型赋予这些标准的不同的权重。最优的环境政策体系应是不同类型的政策手段的组合。

表 1-2 污染控制手段的选择依据

标准	简要描述
费用有效性	能否以最低的成本达到目标？
可靠性	多大程度上可以依靠该手段实现目标？
信息要求	该手段要求污染控制主管部门掌握多少信息？信息获得成本是多少？
可实施性	该手段的有效实施要求多少监测？能做到吗？
长期影响	该手段的影响力随时间是增强、减弱还是保持不变？
动态效率	该手段在污染削减过程中能否在改善产品或生产过程等方面提供持续激励？
灵活性	当出现新信息、条件变化或目标改变时，该手段能否以低廉成本迅速适应？
公平性	该手段的应用对于收入和财富分配的影响是什么？
不确定性使用成本	当该手段在错误信息下使用时，效率的损失有多大？

资料来源：罗杰 · 珀曼，马越，等. 自然资源与环境经济学（第 2 版）[M]. 侯元兆译著主编.北京：中国经济出版社，2002：346.

五、环境政策的发展历程与趋势

20 世纪 60 年代，西方发达国家民众感受到了频繁出现的环境污染事件对生存环境和健康的威胁，环境保护运动高涨，政府开始积极采取措施预防和阻止污染发生，保护生态环境和人体健康。

美国是世界上环境政策非常先进的国家。我们以美国环境政策历程为例，探寻环境政策的发展趋势。

美国 1969 年通过了《国家环境政策法》，明确了国家的职责、联邦机构的职责、公民的环境权利与义务等，以实现最终的环境目标："建立并维持人类和环境之间的充分和谐相处的条件，努力提倡防止或者减少对环境与自然生命物的伤害，增进人类的健康与福利。"《国家环境政策法》为现代意义的环境政策的形成和发展奠定了坚实的基础，标志着环境政策的黄金时代的到来。随后的十年间，美国通过了 20 多部环境保护法律和数百条环境条例、规章和章程。这一阶段环境政策是以强制和管制措施为主。

20 世纪 80 年代开始，由于管制型政策增加了企业的成本，引发了很多社会和经济问题，美国环境政策发展缓慢，美国开始运用成本效益分析环境政策，并逐渐偏向环境经济政策的使用。

20 世纪 90 年代后，美国环境政策呈现了一些新的趋势，一是基于市场的经济手段，特别是总量控制和排污权交易成为联邦和州政府控制污染的重要政策手段，例如，加利福尼亚的区域清洁空气激励市场（RECLAIM）（见专栏 1-4）；二是要求公开环境信息的政策与日俱增，例如不断扩展的有毒物质名录；三是成本效益分析方法逐步得到广泛地运用；四是更加注重环境政策权利和义务的公平分配；五是关注全球气候变化；六是美国政府实施了越来越多的固体废物回收利用行动，并且越来越强调联邦固体废物管理政策的重要性[①]。

由此看出，环境政策发展趋势是首先以命令-控制型为主，控制环境质量继续恶化的局面，建立起完备的法律法规制度体系；由于强制性手段弊端影响到了政策执行效果，政府注重基于市场的经济手段和自愿型环境政策的使用，提高政策执行效率和减少阻碍政策执行的各类因素。

专栏 1-4 加利福尼亚的区域清洁空气激励市场（RECLAIM）

加利福尼亚的区域清洁空气激励市场（RECLAIM）是最具魄力的计划之一。南岸空气质量管理区负责管理大洛杉矶区域，在该区域建立了这项RECLAIM 计划。该项计划规定在下一个十年内 400 名参与计划的污染者每年应减少 5%～8%的氮氧化物和硫排放。污染者可以通过多种灵活措施满足这些要求，诸如从其他排放量低于配额的公司购买排放信用额等。

总量控制和交易制度渗透入命令-控制型领域，改变了监管的本质。识别合适的控制策略的工作已经从控制方转到污染方。从一定程度上看，探寻更加灵活方案的过程推动了这种转变，而且这种转变方式是非常必要的（传统方法无法识别足够合适的技术来实现充分严格的减排）。

这种灵活性为新的控制方案的涌现提供了广阔的空间。不同于传统方法的仅关注于末端控制技术（污染持续产生，只是在被排入环境前将其捕获），这项计划为污染防治（从开始就不会产生污染）提供了一种经济支撑。这是有史以来第一次，所有污染减排政策在公平状态下竞争。

资料来源：Tom Tietenberg，Lynne . Environmental & Natural Resource Economics（8th Edition）[M]. Pearson Education，2009.

未来环境政策的改革趋势是从以分散式控制为主转变到以污染协同式控制为主。环境管理发展之初，为了便于理解和处理环境问题，一般按照环境介质（大气、水、土壤等）、污染物种类或污染行为类型分别制定相关“治理”政策并落实管理。这种分散式控制污染物的方式

① 李剑译. 美国环境政策发展趋向[N]. 《中国环境报》，2005-10-25.

在初期确实使环境质量明显改善。但是，“治理”污染物只改变了污染物的存在形式，并没有消除也不能消除污染物的实体。例如，治理气体污染能使排放的气体变得清洁，但是却又留下了粉尘等固体污染物。有些污染物可以不违法地排入法律管制尚未涉及的环境要素中，例如，将污水注入深层地质中，产生了更加隐蔽、危害更加巨大的环境问题。这就突出了分散式控制的缺陷。环境政策改革的方向是必须超越人为政策体系或组织形式对解决环境问题造成的障碍，对环境问题进行全方位和长期性地考察分析。协同控制必然是环境政策的发展趋势。

第三节　中国的环境经济和政策

一、中国的经济、环境与能源发展概况

（一）改革开放以来的经济与城市化发展

改革开放以来，我国经济以年均 9.9%的增长率持续快速增长，使得经济总量急剧放大（见图 1-2）。GDP 由 1978 年的 3 645.2 亿元人民币增长到 2009 年的 340 507 亿元人民币，增长了近 93 倍。2010 年第二季度经济总量首超日本，成为紧随美国之后的世界第二经济大国。人均 GDP 由 1978 年的 381 元增加到 2009 年的 25 640 元，增长了近 67 倍，年均增长率 9%，但人均 GDP 排名仍然比较靠后，2009 年人均水平仅为 3 600 美元，居全球第 124 位。这说明我国的经济发展任务依然任重道远。

我国三次产业结构逐步演变，基本形成了第一产业比重下降，第二产业规模相对稳定，第三产业比重稳步上升的态势，其中第二产业一

直处于主导地位，且具有长期刚性。同时，我国产业发展水平还相对不高，对资源与环境的利用效率较低，如果不能实现快速有效的生产方式转型，未来产业发展对资源环境的压力依然不容乐观。

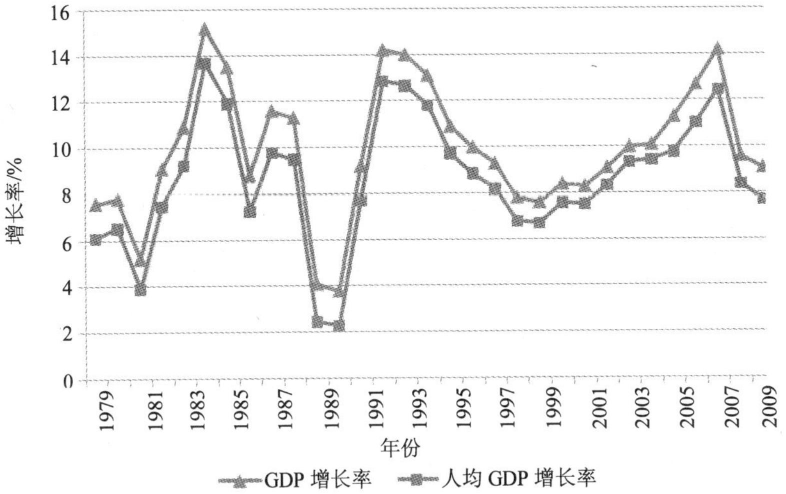

图 1-2　1979—2009 年我国 GDP 增长率与人均 GDP 增长率

我国城市化率从 1978 年的 17.9%提高到 2009 年的 46.6%，年均增长 1.43 个百分点。根据预测，2020 年我国城市化率将达到 55%，城镇人口 8 亿左右。这将带来巨大的环境资源消费压力。在我国部分人口高度密集的大城市（上海、北京、广州），人口负荷超过城市承载力带来的负面环境效应（如城市空气污染、垃圾围城等）已经初步显露。

（二）污染物排放与环境质量

目前我国的工业废水排放相对稳定，而生活污水排放近年来持续增加（见图 1-3）。COD、氨氮等主要水污染物控制取得成效，但是水环境质量依然未有显著改善。2009 年我国国控断面中Ⅳ类和Ⅴ类、劣Ⅴ类水质比例分别为 24.3%和 18.4%，即仍有近 40%的地表水环境受到严重污染。

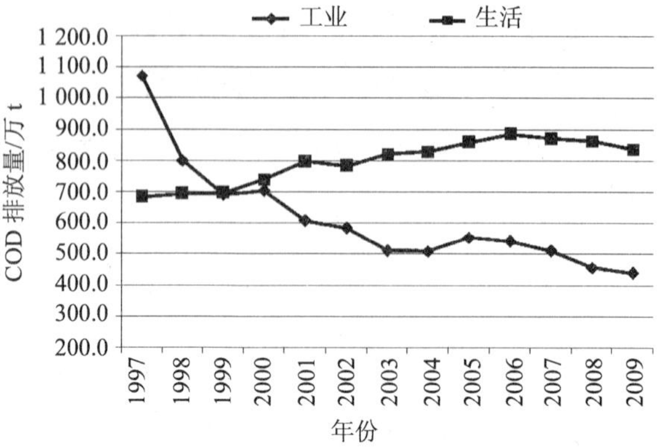

图 1-3　中国工业和生活 COD 年均排放情况

（资料来源：中国环境状况公报 1997—2009 年）

SO_2、烟尘和工业粉尘等大气污染物的排放量均呈下降趋势，我国城市空气质量处于三级及劣于三级的城市比例显著下降，相应的空气质量全面平均水平在良（二级）乃至优（一级）的城市比例大幅增加。但是，中国目前仍是全球最大的二氧化硫排放国。酸雨依然威胁我国东南及长江流域大部分地区（见图 1-4）。

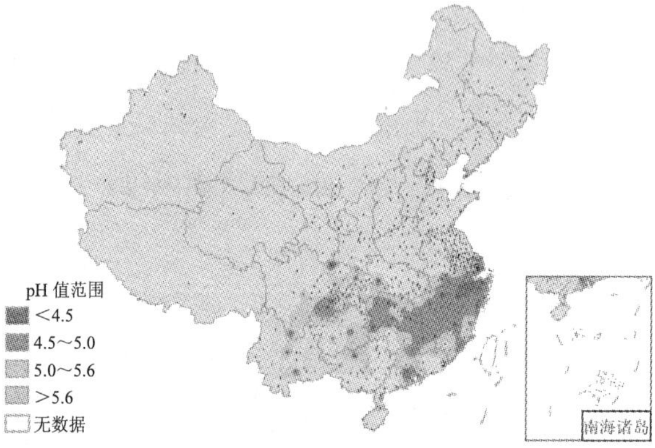

图 1-4　2009 年全国降水 pH 年均值等值线图[①]

① 此图摘自《2009 年中国环境状况公报》。

（三）我国能源消费情况

我国是能源消耗和二氧化碳排放大国。1978 年以来，我国能源消费总量持续增加，2008 年达到 28.5 t 标准煤，是 1978 年的近 4 倍。能源消费以化石能源（煤炭、石油、天然气）为主，长期占 90%以上。虽然能源消费强度不断下降，效率不断提高，但是和世界其他国家相比，还存在相当大的差距（见表 1-3）。

表 1-3 2008 年世界主要国家的能源效率比较

国家	按汇率计算（现价）			按 PPP 计算（现价）		
	GDP/亿美元	能源消费量/万 toe*	单位 GDP 能耗/(toe/亿美元)	GDP/亿美元	能源消费量/万 toe	单位 GDP 能耗/(toe/亿美元)
美国	142 043	2 298.95	161.85	142 043	2 298.95	161.85
德国	36 528	311.11	85.17	29 252	311.11	106.36
日本	49 093	507.46	103.37	43 546	507.46	116.53
中国	43 262	2 002.52	462.88	79 032	2 002.52	253.38
印度	12 175	433.27	355.87	33 885	433.27	127.86
巴西	16 125	228.11	141.47	19 766	228.11	115.41

资料来源：GDP 数据来自世界银行数据库，能源消费总量数据来自 BP Statitstica l Review of World Energy June 2009.

*toe——指吨标准煤，下同。

在能源消费行业中，工业所占比重最大，而交通运输对能源消费的比重上升较快（见图 1-5）。由此可以预见，三次产业中的工业发展和城市化进程将继续造成对能源的大量需求。

总的来说，我国的经济发展水平不断提高，但环境问题的形势依然严峻。高投入、高消费、高污染和低效率的“中国模式”急需面临经济转型和产业结构调整；而大规模城市化带来的环境问题也将陆续全面涌现，为我国环境经济管理工作带来新的挑战。

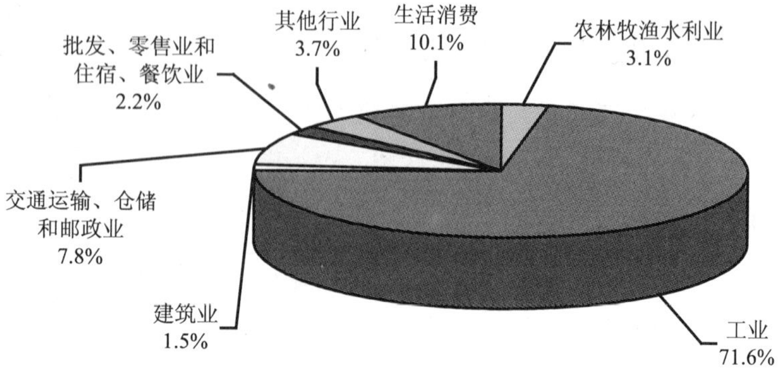

图 1-5 2007 年我国能源消费的行业结构

二、中国的环境经济学

环境经济学是伴随着中国经济的发展和环境问题的发生进入中国的。1978 年中国制定了环境经济学和环境保护技术经济八年发展规划（1978—1985 年），开始组织人力正式开展环境经济学研究和应用。1981 年中国环境科学学会召开了“环境经济学学术讨论会”，并出版了《论环境经济》一书。此后，中国环境经济学逐步发展成为一门独立的经济学学科（见专栏 1-5）。20 世纪 80 年代，环境经济学研究还是以政治经济学为理论背景。90 年代初期开始，随着我国市场经济的不断完善，以及国外环境经济学著作的不断引入，现代经济学方法成为了环境经济学的研究基础。中国环境经济学家不仅重视理论研究，更重视理论与政策实践的综合分析。1998 年以来，由于工业化和城市化进程的快速推进，经济持续保持高速增长，环境污染问题日益严峻，基于环境经济学理论的各项政策工具逐渐受到政府决策部门重视，环境经济学开始进入主流经济学之列。

专栏 1-5 中国环境经济学学科发展的回顾与展望

第一阶段（1978—1997 年），学科自由探索与地位显现阶段。该阶段我国环境经济学总体上尚处于起步期，一批有志于从事环境经济学研究的学者从其他各相关学科转向环境经济学，环境经济学在我国逐渐成为一门新兴的边缘性学科。

第二阶段（1998—2008 年），学科确立与蓬勃发展阶段。在老一辈环境经济学家的带领下，一批接受过现代经济学、环境科学训练的年轻学者茁壮成长，形成了老、中、青结合的环境经济学学科队伍，环境经济学的学科地位正式确立，学科点建设发展迅速。

第三阶段（2009—2020 年），学科建设规模扩大与质量提升阶段。随着社会主义市场机制的建立和不断完善，中国环保事业对利用市场力量的激励型政策需求急剧增加，环境经济学学科建设受到各方高度重视，人才队伍的学历结构、层次结构大大改善，环境经济学成为主流经济学的重要组成部分。

第四阶段（2021 年以后），质量巩固与国际接轨阶段。我国的环境经济学学科发展水平基本上能够做到与国际接轨。我国学者研究成果高度国际化。

资料来源：中国环境科学学会环境经济学分会.中国环境经济学学科发展报告[R/OL]. http：//www. cacp.org.cn/RcadNcws.asp？NcwsID=2375，2009 年 12 月 25 日.

回首 30 多年来中国的环境经济学发展，成绩斐然，主要表现在以下方面：① 环境经济理论紧跟国际前沿水平。从译著《RFF 环境经济学丛书》（尼克斯、马中等，1992）、《世界无末日：经济学、环境与可持续发展》（张世秋等，1993）、《发展中国家的环境与贫困危机》（朱荣法，1994）到国内学者编写的环境经济学教材《环境经济学：理论·方法·政策》（王金南，1994）、《环境经济学》（厉以宁，1995）、《人口、资源与环境经济学》（张相枢，2004）、《环境与自然资源经济学概论》（马中，2006）等都促进了中国环境经济理论的发展和学科教育的完善。② 环境价值评估研究不断深入。绿色国民核算、环境污染的经济损失的计量方法以及环境成本核算方法都是目前中国的研究热点，并开展了一系列的工作。③ 环境经济政策成为中国环境管理的重要组成部分。中国的排污收费制度已经实施近30年，为推动中国环境保护工作作出了巨大贡献。环境税是目前环境政策领域的研究热点，并非常有可能在“十二五”期间实施。总量控制和排污交易已经在许多城市开始试点，并将成为“十二五”期间的政策推广重点。④ 中国环境保护投融资体制和政策正逐步建立、发展和完善。⑤ 借鉴国内外循环经济理论和方法，中国循环经济模式构建和实践是目前研究热点之一。此外，为积极应对产业结构的全球化、环境问题的跨界性，许多环境经济学家都致力于国际贸易与环境、全球气候变化的经济分析等方面的研究。

三、中国的环境政策

中国环境经济学的发展也推动了环境政策的逐步演化和完善。1979年《中华人民共和国环境保护法（试行）》的颁布为中国环境保护建立了法律框架和监督体系。到目前为止，国家已经制定了1部环境保护综合法、8部环境保护专项法、13部与环境保护相关的自然资源、生态保护和能源法，其他多部法律中也有关于环境保护的规定。由于环境管理难度较大，中国环境政策在起步阶段呈现了充分运用命令-控制型手段，努力筹集环保资金，鼓励“防治结合”和“综合利用”等特点。这些年来，环境政策的地位、调控对象、方法和手段逐步发生了变化。中国环境政策从基本国策上升到可持续发展战略中，控制重点从注重污染控制到污染控制和环境保护并举，从末端治理到全过程控制，范围从点源治理到流域和区域的环境治理，措施手段从行政命令为主导转变为法律、经济手段为主导[①]（见表1-4）。自20世纪90年代以来，中国环境政策发生了战略性转变，特别是21世纪以来，中

① 张坤民，温宗国，彭立颖. 当代中国的环境政策：形成、特点与评价[J]. 中国人口·资源与环境，2007年第2期.

国环境政策呈现出更加综合系统性特点。例如，2005 年党的十六届五中全会指出："要加快建设资源节约型、环境友好型社会，大力发展循环经济。"2007 年党的十七大报告提出要"建设生态文明，基本形成节约能源资源和保护生态环境的产业结构、增长方式、消费模式"。标志着中国开始从工业文明向生态文明转变，从资源经济转向知识经济。2010 年《中国政府工作报告》提出："要努力建设以低碳排放为特征的产业体系和消费模式，积极参与应对气候变化国际合作，推动全球应对气候变化取得新进展。"

表 1-4　中国现有环境政策分类

分类	内容
命令-控制型	标准、禁令、行政许可证制度、功能区划、配额、使用限制等，例如污染物排放标准、污染物排放总量控制、环境影响评价制度、"三同时"制度、限期治理制度、排污许可证制度、污染物集中控制制度、环境规划制度等
经济激励型	可交易的许可证、补偿制度、财产权、收费制度（如排污费、使用者付费、资源环境补偿费等）、税收制度（如二氧化硫税、二氧化碳税、产品税、能源税、碳税等）、削减市场壁垒、罚款、信贷政策、环境基金、赠款和补贴、降低政府补贴、加速折旧、环境责任保险、押金-返还、环境行为证券和股票、政府绿色采购等
自愿型	清洁生产、ISO 14001 环境管理体系、环境标志、能源合同管理、公众参与、环境宣传教育、信息公开、考核表彰

部分资料来源：宋国君. 环境政策分析[M]. 北京：化学工业出版社，2008.

由于各国的具体国情、社会背景、文化和价值观念不同，各国的环境保护理论必须结合本国的国情综合考虑。目前，中国经济发展的两个战略性难题：一是人均资源占有率低和人口就业巨大压力之间的矛盾。二是人均资源要素占有率低和现有经济增长方式之间的矛盾。面对激烈的国际竞争压力，我们不得不赶超，不得不坚持高速发展。可是，中国人均资源要素占有率是如此低，不实现可持续发展战略，这种赶超和高速增长也难以长期维持。此外，近 20 年来，中国在经济持续高速发展的态势下，经济地理区位与环境地理区位严重不对称，发展差距还在不断扩大，已经对中国的环境和发展安全构成严重威胁。生态环境的跨界影响和公共服务性质，要求环境政策必须能够驾驭和处理复杂环境问题。中国的环境经济和政策研究就是在这样的国情下展开的，如果脱离中国国情仅仅坚持环境保护的重要性，难以找到解决问题的办法。环境经济和政策是以可持续发展思想为指导的，而中国的可持续发展战略又处于如此复杂的背景之下。因此，我们在研究中国的环境问题的时候，经常会处于环境与发展、环境与贫困的两难选择之中，而环境经济和政策的一个重要任务，就是基于中国国情，努力找寻环境与经济双赢的发展道路。

参考文献

[1] Anthony C Fisher and Frederick M Peterson，Association The Environment in Economics：A Survey[J]. Journal of Economic Literature，1976，Volume 14：1-33.

[2] David Pearce. An intellectual history of environmental economics[R]. Annual Reviews. Energy Environment，2002，27：57-81.

[3] Katar Singh，Anil Shishodia. Environmental Economics：Theory and Applications[M]. SAGE Publications India. 2007.

[4] L. Venkatachalam. Environmental economics and ecological economics：Where they can converge? [J]. Ecological Economics，Volume 61，Issues 2-3，1 March 2007：550-558.

[5] Robert T Deacon，Charles D Kolstad，Allen V Kneese，David S Brookshire，David Scrogin，Anthony C Fisher，Michael Ward，Kerry Smith and James Wilen. Research Trends and Opportunities in Environmental and Natural Resource Economics[J]. Environmental and Resource Economics，1998，Volume 11：383-397.

[6] 罗杰 · 珀曼，马越，等. 自然资源与环境经济学（第 2 版）[M]. 侯元兆译著主编. 北京：中国经济出版社，2002.

[7] 崔民选．2007 中国能源发展报告[M]．北京：社会科学文献出版社，2007.

[8] 国家信息中心经济预测部宏观政策动向课题组. 成就与不足：我国现行产业政策的评估[J]. 中国证券报，2007（4）.

[9] 马中，等译. RFF 环境经济学丛书[M]. 北京：三联书店，1992，12.

[10] 马中.环境与自然资源经济学概论（第 2 版）[M]. 北京：高等教育出版社，2006.

[11] 彭志龙，吴优，等．能源消费与 GDP 增长[J]．中国统计，2007（7）：16-18.

[12] 王金南，逯元堂，曹东.环境经济学：中国的进展与展望[J]. 中国地质大学学报（社会科学版），2006（3）：7-10.

[13] 夏光.环境经济学在中国的发展[J]. 中国人口 · 资源与环境，1999（1）：22-26.

[14] 中国发展研究基金会．中国发展报告 2010：促进人的发展的中国新型城市化战略[R]，2010.

第二篇

理论与方法篇

第二章　基础理论

环境经济学主要的研究任务之一是分析各环境相关主体的行为以及其相互作用机制。本章将重点介绍环境经济学中常见、基本的微观经济学概念、范畴和理论（见图 2-1）。

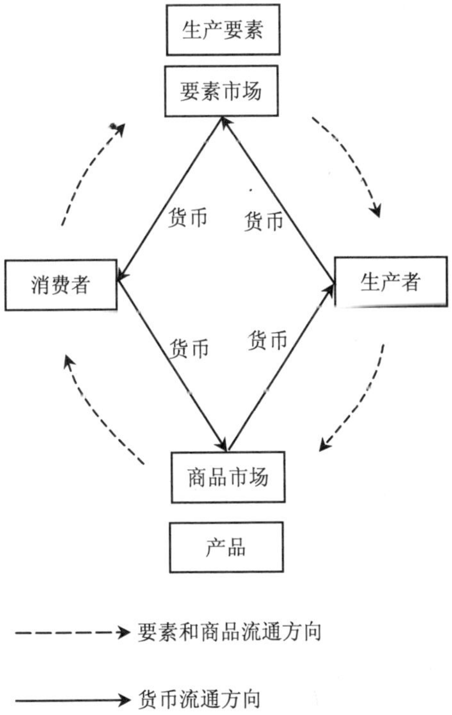

图 2-1　微观经济系统示意图

第一节 需求、供给与均衡

需求和供给是市场机制中供求双方时刻都在发生的行为。比如，消费者每天都在购买各种商品和服务，这就构成了对某一特定商品的需求；反之，生产者或服务者每天的工作就是通过出售商品和提供服务获取利润，这也就构成了这些商品服务的供给。需求与供给是市场的两个基本要素，同时也是商品价格的决定因素。而当供给量与需求量相等时，市场才能够达到均衡[①]。

一、需求

需求是市场机制供求双方中的一方，是决定商品服务价格的关键因素之一。从概念上看，需求指的是在一定时期内，在一定条件下，消费者在某一商品或服务的各种可能价格下对这种商品或服务有意购买并且有能力购买的总量。显然，这种需求的实现需要两方面的约束条件：其一，消费者必须有购买商品或服务的欲望或要求；其二，消费者也应该具有相匹配的对所需商品或服务数量的支付能力。在满足这两个条件的前提下所形成的需求才能构成现实需求，否则只能称为消费者自然的、主观的购买欲望[②]。因此，对于消费者来说，价格越低，购买商品或服务的欲望就可能越强，购买商品或服务的数量就可能增多。更进一步说，由于较低价格的吸引，一些原本可能没有支付能力的消费者也会开始购买某种商品或服务。

在一定时期内，除了商品或服务的价格，其他诸多因素也可能会影

---

① 刘英群. 经济学[M]. 北京：中国金融出版社，2008.
② 高鸿业. 西方经济学[M]. 北京：中国人民大学出版社，2007.

响到消费者对于某种商品或服务的需求。下面将具体介绍几种主要影响因素：

（一）消费者的收入水平

消费者实际的收入水平变化会对某种商品或服务的需求产生重要影响，而这在实际生活中是十分显而易见的。对大多数的商品或服务来说，一旦消费者的收入水平提高，对这些商品或服务的需求也随之增大。相反，若消费者的收入水平降低，则会减少对某些商品或服务的需求。

（二）相关商品价格

市场上很多商品或服务在满足消费者需要的前提下，存在着某种特殊联系。当一种商品或服务自身价格不变的情况下，由于相关商品或服务的价格变化，也会对该商品或服务在市场上的需求产生一定的影响。这里的相关商品包括经济学中指出的替代品和互补品两种情况。

替代品是指那些在一定程度上都可以满足消费者某种需要的商品[①]。比如，猪肉和鸡肉都可以在一定程度上满足人们对食用肉类的需要，大米和白面都可以满足人们对主食的需要。如果两种商品之间是替代商品之间的关系，当其中一个商品的价格上涨，则必然会导致消费者对其替代商品的需求增加。反之，若一个商品或服务的价格降低，则会导致消费者对其替代商品或服务的需求降低。因此，替代品之间一种商品的价格与另一种商品的需求呈同方向变动关系。

再来看互补品的情况。互补品是指那些只有共同使用才能达到满足人们需要的商品[②]。比较经典的例子是台灯和灯泡，眼镜架和眼镜片等。

---

① 平狄克，鲁宾菲尔德. 微观经济学（第 3 版）[M]. 北京：中国人民大学出版社，1997.
② 平狄克，鲁宾菲尔德. 微观经济学（第 3 版）[M]. 北京：中国人民大学出版社，1997.

如果两种商品之间是互补品的关系，当其中一个商品的价格上涨，则必然会导致消费者对其互补品的需求减少。反之，若一个商品或服务的价格降低，则会导致消费者对其互补商品或服务的需求增加。因此，互补品之间一种商品的价格与另一种商品的需求呈反方向变动关系。

（三）消费偏好

消费偏好是指消费者对某种商品喜欢和意愿消费的程度（曼昆，1999）。如果消费者对某种商品的偏好程度增加，那么就会增加对这种商品的需求。反之，若消费者对某种商品的偏好程度降低，则会减少对这种商品的需求。比如，同样材料和质量的手机，不同消费者对某一功能的偏好程度不同就会影响对这一手机的需求。

（四）消费者预期

影响需求的消费者预期可以分成两个方面来看，一方面是对某种商品价格的预期，另一方面是对自己收入水平的预期。从商品价格方面看，如果某种商品的价格当前维持在一定水平，而消费者预测该商品的价格会在未来上升，那么消费者就会增加当前价格水平下对这一商品的需求。反之，若一商品价格当前维持一定，而消费者预测该商品的价格会在将来一段时间内下降，那么消费者预期就会减少当前对这一商品的需求。从消费者的收入水平上看，若商品的价格保持稳定，而消费者预期在未来自己的收入水平会提高，即购买力增强，那么在某种商品当前的价格下的需求就会增加。反之，若消费者预期将来自身的购买力减少，对某种商品的需求也同样减少。

除了上述四种主要影响需求的基本因素外，诸多其他因素也在某种程度上或多或少地影响着需求的变化。比如人口数量、政策、民族习惯、宗教信仰、地理区域以及时间差异都会对需求变化产生影响。

二、供给

作为市场机制供求双方的另一方，供给是决定某一商品或服务价格的另一主要因素。供给是指在一定时期内，在一定条件下，生产者在每一个价格水平上愿意并且有能力提供出售某一商品或服务的数量（高鸿业，2007）。如需求一样，这里的供给也应该是有效供给，即一定要符合两个相关条件。其一是生产者必须有出售某一商品或提供服务的愿望和要求，其二是生产者必须也要有提供该商品销售的能力。否则，只能形成生产者的主观愿望，并不能称为现实、有效的供给。显而易见的是，对生产者而言，某一商品的价格越高，生产和销售商品的动力就越强，生产的商品和销售的商品就越多。另外，同类型的生产者在较高价格的吸引下，也会逐渐进入市场，扩大生产和销售以获取利润，这种行为也会带来供给的增加。

除价格因素外，在一定时期内，在商品可能的价格范畴内，生产者对某种商品的供给也受其他一些因素的影响，具体概括如下：

（一）生产要素价格

商品的单位成本可以看做是生产要素价格的表现载体[①]。在此基础上，当生产者所生产的商品价格不变的前提下，如果生产该商品的成本提高了，则生产者愿意生产和提供的商品数量就必然减少；相反地，若生产该商品的成本降低了，生产者愿意制造和提供销售的商品数量就会增加，因为这样会增加生产者的利润，生产者增加商品的生产就会成为必然。

① 保罗·萨缪尔森，威廉·诺德豪斯. 经济学（第 18 版）[M]. 北京：人民邮电出版社，2008.

（二）相关商品价格

与需求相类似的是，生产者生产的商品之间也存在着替代关系或互补关系。从替代商品的角度看，如果生产者生产的商品间存在着替代关系，那么当某商品价格保持一定水平，而其替代商品的价格上扬，那么生产者就会增加替代商品的生产和销售，这一商品的供给相应就会减少。从互补的角度看，若生产者生产的商品间存在着互补关系，那么当某一商品价格保持一定，而其互补品价格上扬，多生产这一商品就意味着更多的收入和利润，生产者就会主动提高这一商品的生产和销售量，增加供给。

（三）生产者的技术水平

一般情况下，在商品价格稳定的前提下，一旦生产者的生产技术水平提高，就意味着其生产成本的下降和生产、销售某一商品的利润增加。这时，生产者会利用这一优势，生产更多的这种产品，扩大供给，从而达到增加利润的目的。相反，如果生产者的生产技术水平下降了，那么生产该产品的成本就会随之提高，这时生产者就会避免这一劣势给自己带来的损失，减少生产这种商品，缩小供给量。

（四）生产者预期

生产者对某种商品价格的未来预期也会影响生产者对这种商品的供给。在某种商品当前的价格水平下，如果生产者预期该商品的价格在未来会上升，那么生产者就会减少当下对该商品的生产数量，以求得在日后获取更大的利润。这样，该商品的供给就减少了。反之，若某商品在当前的价格水平下，生产者预期其价格在未来会下降，那么生产者会增加当前对该商品的生产，尽可能在其价格下降前获取更多的利润。因此，该商品的供给增加了。

除了上述四种主要影响供给的基本因素外，如政府的政策、灾害、战争或资源条件的变化等都会对生产者的供给产生影响。这里不再赘述。

三、均衡

均衡在经济学中是一个被广泛应用的重要概念。经济学中的均衡描述的是一种相对静止的状态，而这种状态是由经济事物中某一经济变量在一定条件下，在某些其他变量的相互作用下所达到的。均衡状态的实现，有可能是影响一个经济事物的各种因素相互抵消的结果，也有可能是有关该事物的各经济主体的愿望都能得到满足的结果。

在其他因素不变的情况下，由消费者对这种商品的需求量和生产者对这种商品的供给量相等的条件下所形成的价格，称为均衡价格。而这时所对应的相等的需求量和供给量称为均衡数量。某种商品在市场上的需求量等于供给量的状态，我们称之为市场出清。

图 2-2 简单地描述了在市场中需求和供给的关系。其中，纵轴表示一种商品的价格 P，这一价格是在一个既定供应量下买方付出的价格；横轴表示的是需求和供给的商品数量 Q。从中不难看出，当供给量与需求量相等时市场出清，这时称市场达到均衡。其中的 P_0 和 Q_0 即为均衡价格和均衡数量。市场在价格 P_0 和 Q_0 处没有存货。需求和供给并不总是均衡的，当市场状况突然发生变化时，一些市场或许不能很快出清，但其趋势是市场出清。在更高的价格 P_1 处，有剩余生产，即供大于求，价格就会下跌；反之，在 P_2 处，发生短缺，即供小于求，价格就会上扬①。

由于环境物品存在的特殊性，市场机制不起作用，或者更确切地说

① 马中. 环境与自然资源经济学概论（第 2 版）[M]. 北京：高等教育出版社，2006.

环境物品因为不存在市场机制，导致了价格和需求（供给）数量信息往往不存在、不确定或者很有限。要想知道环境物品的价格，首先要知道环境物品的需求和供给曲线。对此，传统的微观经济学没有涉及，环境经济学发展了这方面的理论。

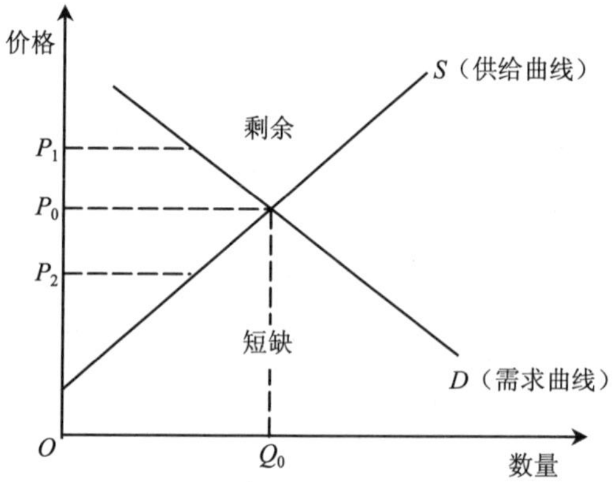

图 2-2　需求供给曲线

第二节　效率与公平

一、效率

微观经济学中，经济效率状态是由帕累托最优状态来表示的，在了解什么是帕累托最优前，我们先来了解一下什么才是有效率。市场中的消费者从生产者处购买了商品和服务，从而达到了某种满足，在这种状况下，我们就称这样的资源配置是有效率的[①]。但是，值得注意的

① 坎贝尔·麦克康耐尔，斯坦利·布鲁. 经济学：原理、问题与政策（第 15 版）[M]. 北京：中国财政经济出版社，2004.

一个问题是，是否存在着另外一种资源配置的方案，可以让消费者获得的满足感更大，即目前的资源配置方式是否是最优效率呢？如果生产者将生产要素重新分配，生产出的产品也进行再配置，最终让消费者获得了更大的满足感，那么就说明原有的要素配置方式存在改进的空间。反之，若进行了要素的重新分配，而不能使消费者获得更大的满足，此时就达到了帕累托最优。

帕累托最优是这样一种资源配置状态：在该状态下，任何资源配置的改变都不可能使至少一个人的福利状况变好而又不使任何人的福利状况变坏。由此可以得出福利经济学的基本定律：任何竞争均衡都是帕累托最优状态。同时，任意帕累托最优状态都可以用一套竞争价格来实现，即经济效率是通过价格实现的[①]。

二、效率的区分

从总体上看，效率可以分为私人效率和社会效率。我们首先来看什么是私人效率。假设市场上的生产者和消费者都是理性的经济人，那么他们在做决策之前就要充分地考虑收益和成本的因素。作为一个理性的生产者，当他的边际收益人于边际成本时，他会扩大生产规模，继续生产，直到所获得的边际收益和边际成本相等时为止；反之，当一个生产者的边际收益小于边际成本时，生产者就会减小生产规模，直到边际收益和边际成本相等。在此情况下，我们可以说任何私人的有效率指的是一个理性经济人在扩大或缩小自己的规模时，达到了边际收益等于边际成本的状态，在边际成本和边际收益相等时是最有效率的，也就是私人效率。

我们再来看社会效率的情况。经济社会中除了有私人的边际成

① 巴里 · 菲尔德，玛莎 · 菲尔德. 环境经济学（第 3 版）[M]. 北京：中国财政经济出版社，2006.

本和边际收益，还存在着社会的边际成本和边际收益。类似于私人效率，当社会的边际成本与社会边际收益相等的时候，这时的社会实现了有效率，即社会效率。那么，私人效率和社会效率在某种情况下能否完全相等呢？当经济活动的外部性完全消失，且所有的经济活动都存在于完全竞争市场中时，私人效率的实现其实就是社会效率的实现[①]。但是，现实生活中几乎不可能达到这种状况，一方面外部性不可能完全消失；另一方面目前也不具备拥有完全竞争市场的条件（见专栏 2-1）。

专栏 2-1　完全竞争市场的一些特点

市场上存在着大量的买者和卖者。任何一方对市场没有绝对的影响力，因为任何一个买方或卖方的需求和供给相对于市场总量来说都是微不足道的。因此个人的购买和需求对价格不会产生影响。

市场上的商品在质量上都是无差异的。厂商的质量、规格、商标、购物环境、售后服务等完全相同。买者无法区分产品的生产厂家，厂家单独提价，其产品将卖不出去；没有必要降价。

总结起来就是：每一个买家或卖家都是市场既定价格的被动接受者。

三、对公平概念的若干理解

在经济学中，公平是一个颇具争议的概念。与效率不同的是，学者们对于公平这一概念有着不同的理解。第一种是由庇古所提出的功利主义者的效用公平理论[②]。这种理论认为总效用是评判公平的标准，只有在财富分配越平均的情况下福利才会越大。因为在边际效用递减的前提下，如果所有人的效用函数相同，则国民收入由富人向穷人转移，

① 高鸿业. 西方经济学[M]. 北京：中国人民大学出版社，2007.
② 张树民，李毅. 中级微观经济学[M]. 重庆：西南财经大学出版社，2008.

可以增进社会总效用。第二种是罗尔斯提出的自由和基本物品公平理论。他把“自由原则”和“差别原则”作为公平的标准，认为每个人对最广泛的基本自由应当有同样的权利，同时对境况最差的人群赋予优先地位。第三种是诺兹克所提出的权利公平理论[①]。他把权利的行使和对权利的尊重作为公平的标准，提出了应得权理论，该理论不是从结果的角度而是从程序或形式的角度评价分配公平。在不考虑个人效用的水平和差别的情况下，这些权利包括生存权、获得个人劳动产品的权利和自由选举权。第四种是能力公平理论。这种理论把功能和能力作为衡量公平的标准，认为以效用和基本商品的满足来判断福利是有缺陷的，因为人的主观愿望与需求具有历史适应性，越是贫穷的人越容易满足（见专栏 2-2）。

专栏 2-2　效率与公平的关系

在经济学理论中，效率与公平之间存在着一种既对立又统一的关系，表现为两者间的相互作用、相互制约。

一方面，效率与公平是对立的，两者存在着相互排斥的关系。这主要表现在效率的实现往往忽视公平问题，主要表现在两个方面：

第一，帕累托最优的实现有可能是极端不公平的分配。假设社会只有两个人，且资源有限，两人的偏好都满足非饱和条件。帕累托最优包括最公平的和最不公平的资源配置，原因在于从任何资源分配方式开始，所有分配均满足帕累托最优的资源配置。换句话说，任何一种再分配，如果给一个人多些，则另一个人必然减少。

第二，帕累托最优作为效率标准有可能会与自由主义等非效率标准相冲突。此时，效率与以自由为衡量标准的公平相冲突。这一悖论也意味着效率与公平有时存在相互限制、相互否定的属性。

另一方面，效率与公平又是统一的。但是，效率与公平间的冲突未必总会出现。这也主要表现在两个方面：

---

① 张树民，李毅. 中级微观经济学[M]. 重庆：西南财经大学出版社，2008.

第一，帕累托最优的实现需要考虑公平问题。我们知道，在完全竞争的经济中，如果存在竞争性均衡，那么这种均衡就实现了帕累托最优。此时的帕累托最优有多种情况存在，有可能是不公平的帕累托最优，也可能是公平的帕累托最优，因为帕累托原则忽视了分配问题。那么如何从无数个帕累托效率点中寻找最优点，即如何使得不公平分配变得公平呢？答案就是通过一次总付转让的方案解决分配不公平的问题。这说明在许多帕累托效率点之中寻找到最优点必须考虑公平的问题。

第二，效率与公平目标的实现都需要市场和政府的双重作用。一方面，帕累托最优只有在完全竞争市场中实现，但实际生活中不存在完全竞争市场，由于垄断、外部性、公共物品和不完全信息等市场失灵因素的干扰，帕累托最优的条件往往不能满足，就出现了对次优和第三优问题的研究，在这一过程中，政府应发挥积极作用，纠正市场的不足，实现资源的最优配置（当然，政府也存在着失灵可能，这一问题将在后面章节中作介绍）。另一方面，公平的实现即需要市场的作用，也需要政府的作用。市场通过竞争才能够实现过程的公平，政府通过相应的政策实现规则公平、程序公平、机会公平和结果公平。

第三节　市场失灵与政府供给

一、市场失灵及其诱因

假设一种理想的状态：在市场经济机制中，当价格或产量发生变动时，偏离了均衡，市场自身会进行调节，重新回到相对均衡的状态，优化资源配置直到达到帕累托最优状态。但事实上，这种理想的假设很难成立，也就是说在理想市场状态下，个体利益最大化能够导致资源的有效配置。当上述条件不能满足时，就会出现资源配置的扭曲，我们称之为市场失灵。

微观经济学认为导致市场失灵的主要原因有以下 4 个：

（一）存在能影响商品价格的市场势力

具体来说，在现实的经济生活中，影响商品价格的市场势力最主要的就是市场上存在的垄断因素。理论上讲，市场结构除了完全竞争以外，还存在着垄断竞争、寡头垄断和完全垄断三种结构（高鸿业，2007）。详见表 2-1。

表 2-1 基于现状的市场类型

市场类型	厂商数目	产品的差别程度	对价格控制的程度	进入该行业的难易程度	商品市场举例
完全竞争	很多	完全无差别	没有	很容易	粮食市场
垄断竞争	很多	有差别	有一定控制	比较容易	房地产市场
寡头竞争	几个	有差别或无差别	相当程度	比较困难	钢铁、石油、航空
垄断市场	唯一	唯一商品，且无接近的替代品	程度很大，但受政府管制	很困难，几乎不可能进入	盐业、水、电

这三种结构都有影响商品价格的能力，而且其影响价格的能力即垄断水平依次提高。正如前面所说的，完全竞争市场只是一个理想的状态，现实中是达不到的。更重要的是，现实中的市场都存在着垄断因素，换句话说，市场竞争是不完全的。任何一个企业的终极目标都是获得利润的最大化，垄断企业也不例外①。在经济发展过程中，由于规模经济或者技术更新等原因，企业间进行了整合与重组，从而形成了部分的垄断组织。垄断企业在追求自身利益最大化的过程中，追求的是企业的边际收益等于边际成本。而此时垄断企业的产量要远小于完全竞争条件下的产量，而其价格又远远高于边际成本。这样，垄断企

① 高鸿业. 西方经济学[M]. 北京：中国人民大学出版社，2007.

业的超额利润就产生了。伴随而来的就是低效率和不公平。对于低效率，从前一节的分析可以看出，指的就是垄断生产的产量不是最优的，也就是说资源配置不充分。从公平的角度上看，垄断者本身就是富有者，富有者在垄断过程中创造并持有了数量巨大的超额利润，拉大了贫富差距，使得穷人越穷，富人越富。所以，垄断的存在不仅会影响资源的优化配置，而且会造成很大的不公平。

（二）外部性

外部性包括外部经济和外部不经济。外部经济性典型的例子是上游居民种树保护水土，下游居民用水安全得到保障，此时的社会收益大于私人收益。外部不经济性的典型例子是上游居民过度砍伐森林导致水土流失，威胁下游居民的农业灌溉、交通运输等经济生活产生不良影响。此时的私人收益大于社会收益[①]。本书将在第三章对外部性的相关内容进行具体介绍，这里不再赘述。

（三）公共物品

公共物品的概念就是具有非竞争性和非排他性特征的产品。对于公共物品的具体介绍和阐述将在本章的最后一节中进行。

（四）不完全信息

不完全信息，又称信息不对称，指的是在市场交易过程当中，交易的双方掌握了不对等的信息。也就是说，有可能一方掌握的信息比较多，另一方的信息比较少，其中的某一方存在着信息优势。产生不完全信息的原因主要有三方面。第一方面，在现代社会中，市场上的信息量是相当大的，人们不可能掌握所有的信息。第二方面，由于人们

① 马中. 环境与自然资源经济学概论（第 2 版）[M]. 北京：高等教育出版社，2006.

的认知能力有差别，还要受自身环境，社会环境等因素影响，每个人或企业的信息处理能力都是有限的。此外，当今社会中的信息已经可以被用做商品来交换或买卖，而购买所有信息的费用有时候是很昂贵的。第三方面，对于某些信息来说，流通渠道是非常有限的，其中可能受一些客观因素的影响，如地理位置、通信手段等。但更常见的现象是，拥有较多信息的人不愿意透露给他人。因为在商品买卖过程中，信息拥有量较多，信息比较完善的一方普遍拥有较强的议价能力。

二、政府供给及其特点

从之前的分析我们可以得知，由于垄断、外部性、公共物品和不完全信息的存在，可以导致市场的不完全竞争，从而造成资源的非合理性配置。进一步地，经济效率降低，社会公平度下降。因此，经济学家们探讨了政府作为一个参与者进入市场的可能性。政府供给的概念也就产生了。

所谓政府供给，是指政府为了适应经济发展和社会需要的情况，通过政府公共部门及政府投资兴办的事业单位和经济实体所提供的各种公共物品和服务①。因此，政府供给是政府为满足社会需要和市场经济有序运行的要求而发生的一种行为的总称。

全面、系统的政府供给应该具有以下一些特点：

（一）非市场性

政府的劳务供给是非竞争的，所以不具有市场性。它通过设置不同的职能机构分别履行不同的职能，机构之间是按分工原则提供劳务，没有竞争的约束；政府所属的事业单位和经济实体也具有限制性竞争

① 高鸿业. 西方经济学[M]. 北京：中国人民大学出版社，2007.

的非市场特点，政府供给的收费标准和运作过程均有明确规定，非市场性明显，行业垄断性也十分明显。

（二）非等价性

政府供给不是等价有偿交换的，受益者一般不需要直接支付费用或成本，收益与负担是分离和不等价的。即使是部分国有事业或经济实体的有偿供给，也往往是不等价的，其价格不是按市场规则双方协商的结果，而是政府的单方定价。私有物品的交换则强调等价有偿原则。

（三）强制性

政府供给是以国家强制力作保证的，对于每个公民来说，无论是受益还是受损，需要或不需要，都得接受其提供的“服务”。对于公众唯一能做的就是被动接受政府供给。虽然政府供给拥有自身监督，也允许公众监督，但正是因为具有强制性的特征，使其在是否真正有效上尚有疑问。

（四）时滞性

对政府作用的效果常常难以做出即时、直接的客观评价。现代各国对政策的可持续发展日益重视和强调，其原因就在于此。也就是说，现在的行为可能对将来产生重大影响，如经济政策的战略性调整，可能在短期内没有太大影响，或其短期成效远不能等同于长期成效，那么若干年后对后代或环境的影响（包括正面影响和负面影响）却不容忽视。

（五）有限性

因为政府供给具有成本，政府由于受到收入来源的约束，受到信息和政府官员的能力等约束，所以不可能具有无限的供给能力。不因地制宜地调整政府供给将可能导致供给成本增加或供给过剩，直接损害资源配置。

上述这些特征决定了政府供给具有两种可能性后果：一个国家，既有可能维持有效率的制度，也有可能维持无效率的制度。同这两种后果相对应，便有经济的增长或停滞，也就是政府供给有效或政府供给失效。

第四节　政府职能与政策失灵

一、政府职能

政府职能，又称行政职能，指的是国家行政机关依法对国家和社会的公共事务进行管理时承担职责所具有的功能（曹闻民，2008）。政府职能反映的是公共行政的基本内容。政府职能同时反映着公共行政的基本内容和活动方向。

这里我们需要简单介绍一下公共产品的内容。公共产品指的是那些与公共利益和公共需求直接相关的公民公有性消费品，比如国防、大型基础设施建设等。公共产品有着非竞争性、非排他性的特征。非竞争性是指一个消费者对一种公共产品的消费不影响其他消费者对该产品的消费和使用；非排他性是指公众的任何一员都不能被排除在对该公共产品的消费之外，都可以享受这种产品。公共产品的这些特性导致了公共产品在供给上的相对稀缺，只有在政府职能的统一安排下进行组织生产并形成供给，这也是构成政府职能的一项重要因素。

除此之外，政府职能还存在着以下特点[①]：

① 曹闻民. 政府职能论[M]. 北京：人民出版社，2008.

1．公共性。政府职能涉及国家大量日常公共事务的处理，根本目的是为所有社会群体和阶层提供普遍的、公平的、高质量的公共服务。

2．法定性。政府职能的法定性是指政府的一切活动都要在宪法和法律的范围内进行，宪法和法律规定了一国政府职能的边界，使公共行政有法可循。

3．执行性。政府作为贯彻和执行国家意志的机关，其职能具有明显的执行性。

4．强制性。政府职能的强制性是指其以国家强制力为后盾，行政相对人不得阻碍政府职能的正常行使。

5．动态性。政府职能始终是变化的，取决于市场经济条件下政府与市场关系的动态性、政府与社会关系的力量对比以及政府与自然界的关系演变。

6．扩张性。政府职能的扩张性是指随着现代社会中公共事务、公共问题日益增多且日益复杂，公众需求的日益个性化、多样化，政府承担了越来越多的职能，并逐渐扩展至社会各层面。

在市场经济环境中，政府职能的一大重要表现就是其政府经济职能。政府的经济职能指的是政府为国家的经济发展、社会经济生活提供服务和进行管理的职能。中国的政府经济职能主要有三个方面：① 经济调节职能；② 公共服务职能；③ 市场监督职能。

二、政策失灵

政策失灵指的是由于行政政策的执行，使生产者的边际成本低于生产要素的真实成本，导致生产要素的无效使用和过度使用，引起资源退化和环境污染[①]。从前文中的介绍我们可以知道，市场失灵为政府干

① 马中. 环境与自然资源经济学概论（第 2 版）[M]. 北京：高等教育出版社，2006.

预提供了机会和理由，但市场失灵是政府干预的必要条件而不是充分条件。有效的政府干预必须满足两个条件：第一，政府职能干预的效果一定要好于市场机制的效果；第二，政府职能干预的成本也要小于政府干预的收益。

理论上，政府可以通过政策体系的建立来干预和纠正市场失灵。例如，上游地区过度采伐森林破坏植被，造成下游地区的洪水灾害和经济损失，政府就可以通过行政和法律手段对上游地区进行干预。通过提高征税，限额采伐等方法抑制上游地区对森林的破坏，同时给予补贴鼓励上游地区植树造林。

但事实上，有时政府制定的政策不但不能够有效地抑制和纠正市场失灵，反而会使市场进一步扭曲和加重失灵，在这种情况下政策失灵就产生了。与市场失灵不同，引起政策失灵的主要原因来自于政府的管理体制和运行机制。在环境角度下，引发政策失灵有两种情况：一种是宏观经济政策的不良影响，另一种是环境政策本身的失误。但从宏观上看，导致政策失灵主要有以下几种原因：

（一）决策判断失误

制定政策的过程并不是一个由经济市场决定的过程，因此很难避免判断失误的风险存在。比如，政府用政策去纠正可能并不实际存在的市场失灵，或者纠正程度不当，会使政策产生负的边际收益。

（二）利益集团影响

出于自身利益的考量，各利益集团会竭尽所能地影响政府决策部门，使之做出有利于自己的政治决策。比如，产业部门会说服政府建立保护价格，保证超额利润的产生。

（三）决策信息不全

现实社会中，对于许多公共物品的需求信息是不完善的，政府在不能获取足够信息支持的条件下做出的决策，很有可能产生超额的社会成本。比如，不了解居民对清洁水的支付意愿，导致水价过低。

（四）体制障碍

有些政策的出发本意是非常好的，但是可能由于体制上存在的缺陷和执行能力上的不足，导致政策失效。比如上一级的政策在下一级单位由于领导者的观念和能力不足而导致政策执行发生偏差和背离。

那么，政策失效可能会带来哪些效果呢？具体如下：

1．本来正常运行的市场机制发生扭曲。

2．自身政策目标是成功的，但是对于环境产生外部不经济性（见专栏 2-3）。比如对化肥的补贴就鼓励农民多使用化肥，然而对土壤和水资源造成不利影响。

3．政策失效的结果比市场失灵更差。

4．当市场失灵需要政府干预时，政府没有反应。

专栏 2-3　墨西哥城市政府的空气清洁法案

墨西哥城市政府为了净化该市的空气质量，推出了一系列的方案和举措。其中一项就是颁布了一部极其严厉的法案：每个工作日的早 5 点到晚 10 点，对市区内的车辆进行严格的限行控制。因为当地政府认为，汽车尾气是造成城市大气质量急剧下降的主要原因。法律颁布并实施以后，受到了多方的质疑，并经过研究发现：这个方案的实施并没有缓解墨西哥城的空气质量，反而造成了市民更大规模的购车行为，使原本就拥堵的市区交通情况更糟糕。原因很简单，由于限行的约束，很多依靠汽车出行的市民选择购买第二辆或者更多的车辆来避免限行对他们造成的影响，这使得墨西哥城的机动车保有量迅速提高。同时政府的信贷政策较为宽松，并且鼓励贷款，也导致了居民消费能力的增强，买更多的车来躲避限行的现象也就不足为奇。这个以保护环境，提高大气质量为初衷的法律行政手段自然也就形同虚设了。

这是一个典型的政策失灵的案例，虽然政策的出发点很好，但是由于考虑不周全，或实施过程中有疏漏，导致了最终方案的流产，并且对环境产生了外部不经济性。墨西哥城的案例只是诸多失败案例中的一个，但是其经验和教训是值得很多发展中国家借鉴的。

第五节　私人物品和公共物品

微观经济学认为，私人物品就是那些能够直接在市场上买到的商品，如蔬菜、图书、文具等。私人物品具有明确的产权特征，在形体上可以分割和分离，消费或使用私人物品有明确的专有性和排他性。如果某人已经消费了某个商品，另一个人就不能再消费同一件商品了；如果一个人通过支付某件商品的价格而占有了该商品，不通过交易，另外一个人就不可能也占有同一件商品[①]。

与私人物品相反，在现实生活中还存在着大量不具备明确产权特征，形体上难以分割和分离，消费时不具备专有性和排他性的物品，我们称之为公共物品。从前文的介绍中可以得知，公共产品指的是那些与公共利益和公共需求直接相关的公民公有性消费品。比如国防、大型基础设施建设等。公共产品有着非竞争性非排他性的特征（见表2-2）。

① 高鸿业. 西方经济学[M]. 北京：中国人民大学出版社，2007.

表 2-2　私人物品与公共物品的特点与举例

		专有性	
		有	无
排他性	有	私人物品： 个人电脑、书本、较为拥挤的收费公园	有排他性无竞争性： 付费电视信号、收费的不拥挤的公园
	无	公共资源： 渔业资源、森林资源、较为拥挤的免费公园	公共物品： 国防、火车站、供人休憩的绿地

公共物品的重要特点是供给的普遍性，即非竞争性。就是在给定的生产水平下，向一个额外消费者提供商品或服务的边际成本为零。一个人对该物品的消费，不会减少或影响另一人对同一物品的消费。

公共物品的另一个特征是消费的非排他性，任何人不都能因非自己的消费而排除他人对该物品的消费。其结果是很难或者不可能对使用公共物品收费。公共物品的这种性质使得私人市场缺乏动力，不能有效地提供公共物品和服务。

参考文献

[1] 安德森. 改善环境的经济动力[M]. 北京：中国展望出版社，1989.

[2] 巴里 · 菲尔德，玛莎 · 菲尔德. 环境经济学（第 3 版）[M]. 北京：中国财政经济出版社，2006.

[3] 曹闻民. 政府职能论[M]. 北京：人民出版社，2008.

[4] 高鸿业. 西方经济学[M]. 北京：中国人民大学出版社，2007.

[5] 坎贝尔 · 麦克康耐尔，斯坦利 · 布鲁. 经济学：原理、问题与政策（第 15 版）[M]. 北京：中国财政经济出版社，2004.

[6] 罗尔斯. 正义论[M]. 北京：中国社会科学出版社，2001.

[7] 曼昆. 经济学原理[M]. 北京：北京大学出版社，1999.

[8] 马中. 环境与自然资源经济学概论（第 2 版）[M]. 北京：高等教育出版社，2006.

[9] 尼可 · 汉利，杰森 · 绍格瑞，本 · 怀特. 环境经济学教程[M]. 北京：中国税务出版社，2005.

[10] 保罗 · 萨缪尔森，威廉 · 诺德豪斯. 经济学（第 18 版）[M]. 北京：人民邮电出版社，2008.

[11] 平狄克，鲁宾菲尔德. 微观经济学（第 3 版）[M]. 北京：中国人民大学出版社，1997.

[12] 汤姆 · 泰坦伯格. 环境与自然经济学（第 5 版）[M]. 北京：经济科学出版社，2003.

[13] 张树民，李毅. 中级微观经济学[M]. 重庆：西南财经大学出版社，2008.

第三章　外部性理论

作为经济学中一个经久不衰的话题，外部性理论起源于19世纪末，盛行于20世纪六七十年代，之后与生态经济学和环境经济学接轨并成为其理论基础。但是外部性的定义至今仍是一个难题，如蒂博尔·希托夫斯基认为“外部性是经济学文献中最难捉摸的概念之一”。此外，经济学界对于采取何种环境经济政策以最大限度地实现外部性的内部化也存在很大的争论。针对这些问题，本章主要阐述外部性的定义、内涵和类型、外部性对资源配置的影响以及外部性内部化的手段等问题。

第一节　外部性的定义与内涵

一、外部性的定义

马歇尔最早系统地提出外部性理论，在1890年出版的《经济学原理》中指出扩大一种商品生产规模的经济有两种：一种是依赖于这种工业的一般发达所造成的经济，另一种是依赖于从事这种工业的个别企业本身资源、组织和经营效率的经济，分别称为外部经济和内部经济。而庇古首次使用了外部性的概念，提出私人和社会边际成本、私人和社会边际收益等概念，用现代经济学的方法从福利经济学的角度系统研究了外部性问题。外部性概念从产生至今一直在争议中蹒跚而行，不同的经济学家对外部性给出了不同的定义，详见专栏 3-1。

专栏 3-1　外部性定义小结

1. 马歇尔（Marshall，1890）：相似性质的企业聚集会导致生产工具、工艺方法和技能等得到迅速交流，辅助工业也相应产生，从而使这些企业的生产率提高。

2. 庇古（Pigou，1920）：私人成本（收益）与社会成本（收益）的差异。

3. 米德（Meade，1952）：外部性是这样一种事件，即它给某些单位或某些人带来好处（或造成损害），而这些单位或个人却又不是直接或间接导致此事件发生的一方。

4. 希托夫斯基（Scitovosky，1954）：一个生产者的利润受到其他生产者的行为影响时就有外部性。

5. 赫勒和斯达雷特（Heller and Starret，1976）：对于某些商品，如果没有足够的激励形成一个潜在市场，而这种市场的不存在会导致非帕累托最优均衡，此时就出现了外部性。

6. 兰德尔（Randall，1989）：外部性是用来表示“当一个行动的某些效益或成本不在决策者的考虑范围内的时候所产生的一些低效率现象；也就是某些效益被给予，或某些成本被强加给没有参加这一决策的人”。

7. 萨缪尔森和诺德豪斯（Samuelson and Nordhaus，1999）：外部性指那些生产和消费对其他团体强征了不可补偿的成本或给予了无须补偿的收益的情形。

8. 泰坦伯格（Tietenberg，2003）：当某些人的福利，不管它是企业或者家庭，不仅取决于他或她自身的活动，同时还取决于其他行为人的活动时，外部性就产生了。

用数学语言来表达，外部性是在没有市场交换的情况下，一个生产单位的生产行为（或消费者的消费行为）影响了其他生产单位（或消费者）的生产过程（或生活标准），如果

$$F_i = f(X_i^1, X_i^2, X_i^3, \cdots, X_i^m, X_j^n) \qquad i \neq j \tag{3-1}$$

则生产者（或消费者）j 对生产者（或消费者）i 存在外部影响。其中，F_i 是生产者 i 的生产函数或消费者 i 的效用函数；X_i^m 是生产者（或消费者）i 的内部影响因素；x_j^n 是生产者（或消费者）j 对 i 施加的影响。

尽管上述两种定义考察的角度不同，但是二者在本质上具有一致性。即外部性是某个经济主体对另一个经济主体产生一种外部影响，而这种外部影响不能通过市场价格进行买卖，只能由非价格机制传递。外部性通常分为外部经济性（或正外部性）和外部不经济性（或负外部性）。前者是指 i 因为 x_j^n 的存在而受益，却并未向 j 支付费用，该情形下社会效益大于私人收益。如上游居民种树，保持水土，下游居民的用水得到保障。后者指 i 因为 x_j^n 的存在而受损，却并未获得 j 赔偿，该情形下社会成本大于私人成本。如上游伐木造成洪水泛滥和水土流失，对下游的种植、灌溉运输和工业生产产生不利影响。

图 3-1 和图 3-2 分别对外部经济性和外部不经济性进行了简要的分析。

由图 3-1 可见，当存在外部经济性时，边际社会收益 MSB 大于边际私人收益 MPB，二者的差额即为外部环境收益 MEB。当植树者植树造林时，其投资行为由边际私人收益 MPB 和边际成本 MC 决定，此时私人植数量 Q_1 小于由 MSB 和 MC 决定的有效植树量 Q。如果要求私人植树量达到 Q，则必须降低植树的成本。因此，如果外部经济性得不到有效补偿，会导致资源配置的失误。

由图 3-2 可见，当存在外部不经济性时，边际社会成本 MSC 大于边际私人成本 MPC，二者的差额为外部环境成本 MEC。当伐木者砍伐森林时，其砍伐水平由边际私人成本 MPC 和边际收益 MB 决定，这时私人砍伐水平 Q_1 大于由 MSC 和 MB 决定的有效水平 Q。当要求砍伐水平达到 Q 时，必须提高伐木的价格。因此，如果外部不经济性得不到有效纠正，也会导致资源配置失误。

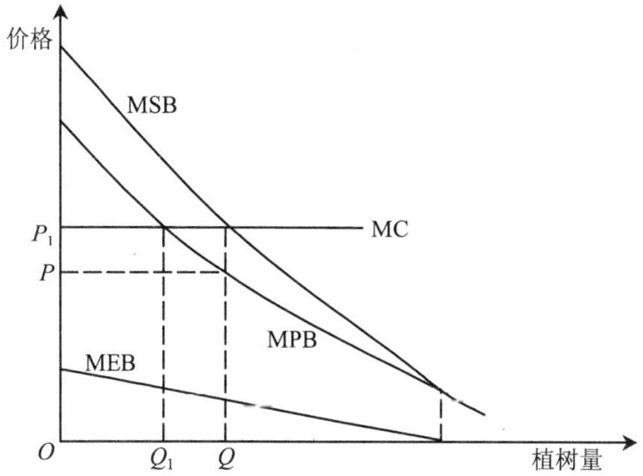

图 3-1　外部经济性

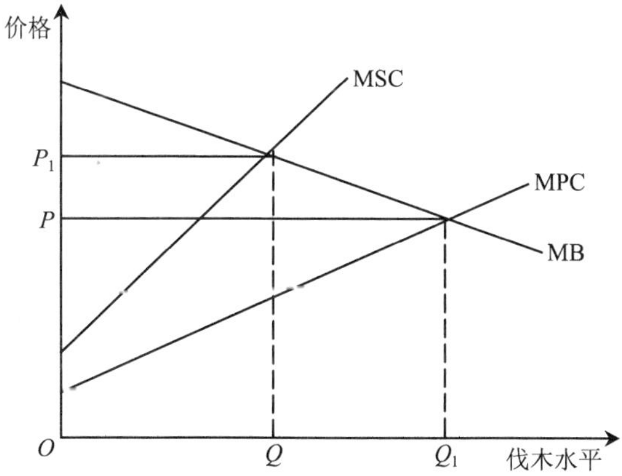

图 3-2　外部不经济性

二、外部性的内涵

（一）物质平衡理论与外部性

基于对生产和消费等传统经济学概念的认真思考，克尼斯（Allen V.

Kneese，1991）将传统经济学的“一般均衡”概念和物理学中的“质量守恒与能量守恒原理”综合于一个模型之中，提出了物质平衡理论，证明了由于环境外部性的普遍存在，市场自由配置资源无法达到“帕累托最优（最适度)”，推翻了现代福利经济学的基本观点，揭示了环境污染经济学的本质（见专栏 3-2)。物质平衡和一般均衡模型的详细解释见附录。

专栏 3-2　克尼斯对现代福利经济学的基本观点

如果环境同化污染物的能力是稀缺的，除非满足以下条件：①所有投入全部转换成产出，在生产过程中没有产生污染物；全部最终产出在消费过程中彻底消失；或者②明晰财产权，使所有相关的环境因素为私人所有，并且可以在竞争性市场中交换这些所有权；否则，市场的自愿交易过程就不可能解决没有补偿的外部不经济性问题。在一个现实的经济系统中，这些条件没有一个可望实现。因此，外部不经济性是普遍存在的。现代福利经济学认为，在竞争市场条件下，通过价格和自愿交易就能够实现资源的最优配置的观点并不正确（克尼斯，1991)。

物质平衡理论（Material balances）是基于物理反应和化学反应都遵从的质量守恒定律（Law of conservation of mass）提出的，即物质反应前后的质量是不变的，物质既不会被消灭，也不会被创造。经济系统之所以遵从质量守恒定律，这是因为生产和消费活动就是在进行一系列的生产、加工、销售和消耗等物理和化学反应。作为携带某种服务的载体，在经过生产过程和消费过程之后，商品的物质实体并没有消失，而只是从原来有用的物质变成了无用的污染物。综上所述，物质平衡理论的基本定义为：在一个足够长的时期内，制造的产品的质量（已被消费的和未被消费的)，加上生产和消费过程中产生的污染物的质量，必然大致等于最初从自然界获取的质量。

虽然根据物质平衡理论可以推断，为了保证一定的生产和消费水平，必须不断投入新的环境物质。但新物质的投入可以随着能量转换和物质利用效率，以及污染物回收效率的提高而减少。类似地，在其他条件相同的情况下，用于固定资产的积累，如汽车、建筑物、机器和其他耐用消费品的使用时间越长，用于补偿损失、磨损、报废所需要的新物质的量就越少。

因此，为了进一步考察环境与经济的物质平衡关系，根据物质流动关系和功能不同，以及污染物处理已经成为现代经济系统基本功能的现实，将传统的只包含生产和消费部门的经济系统改造为能量转换、物质加工和污染物处理等多个部门。

改造后经济系统内部的物质平衡关系进一步阐述了物质平衡理论的基本概念和内涵：① 在一个封闭的（没有进口或出口）、没有物质（植物、设备、储备、耐用消费品和建筑物）净积累的经济系统中，排入自然环境中的污染物量必然大致等于进入经济系统的食物、原材料加上从大气中获得的氧。② 减少污染物对环境的危害，除了对其进行回收利用外，还可以对其进行处理（见图 3-3）。然而处理污染物并不能使污染物消失，而只是改变了污染物存在的形式。例如，如果用湿式去除法净化烟道气，污染物被排入下水道，然后随污水进入河流。结果是当地空气质量得到了改善，代价是污染了河流。同样，如果市政和工业污水的治理水平很高，主要依靠焚烧污泥和固体废弃物，虽然保护了水体和土地资源，却污染了空气。因此，只有当某种环境容量未被充分利用时，末端处理的方法才是有效的，否则，必然会造成某种形式的污染，而不能最终解决环境问题。相比之下，提高污染物循环利用水平和采用清洁生产工艺，才是更为有效的方法。

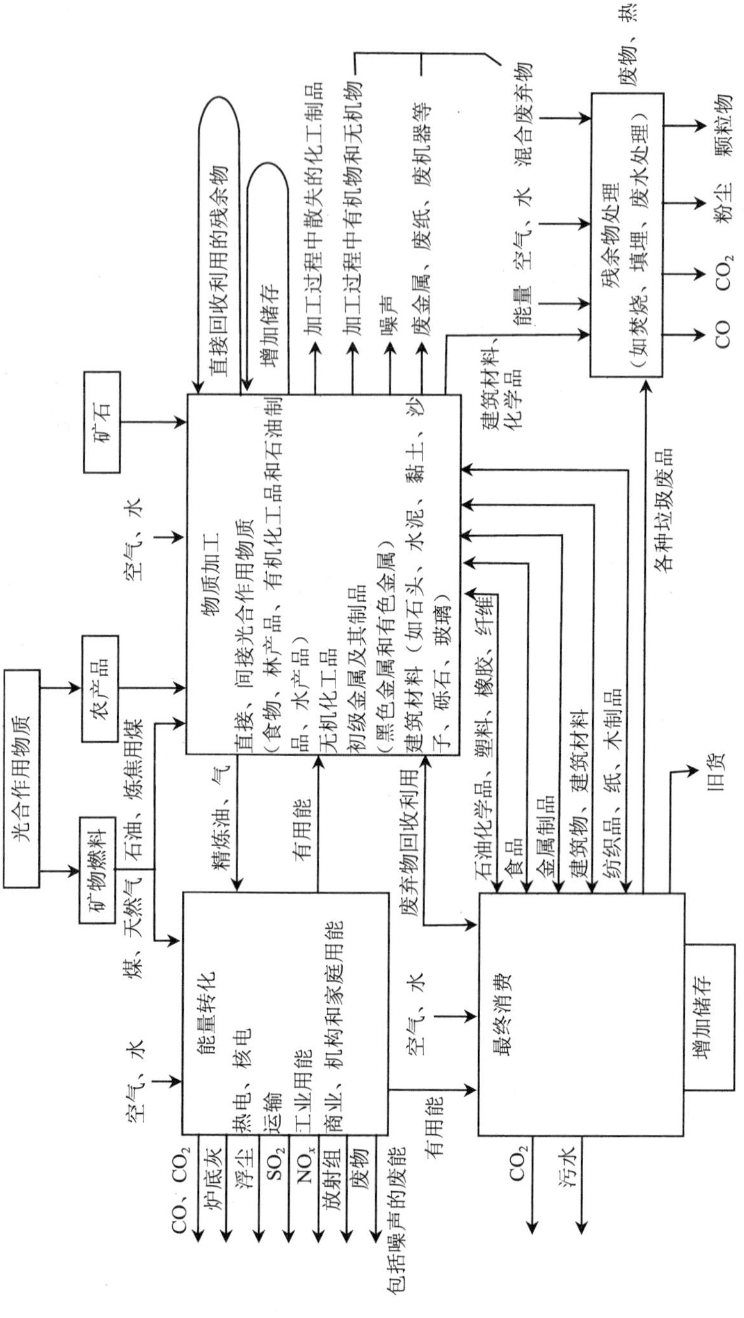
光合作用物质
矿物燃料
农产品
煤、天然气、石油、炼焦用煤
矿石
空气、水
物质加工
直接、间接光合作用物质
（食物、林产品、有机化工品和石油制品、水产品）
无机化工品
初级金属及其制品
（黑色金属和有色金属）
建筑材料（如石头、水泥、黏土、沙子、砾石、玻璃）
直接回收利用的残余物
增加储存
加工过程中散失的化工制品
加工过程中有机物和无机物
噪声
废金属、废纸、废机器等
建筑材料、化学品
能量
空气、水
混合废弃物
残余物处理
（如焚烧、填埋、废水处理）
CO
CO_2
粉尘
颗粒物
废物、热
各种垃圾废品
精炼油、气
有用能
空气、水
能量转化
热电、核电
运输
工业用能
商业、机构和家庭用能
CO、CO_2
炉底灰
浮尘
SO_2
NO_x
放射组
废物
包括噪声的废能
有用能
空气、水
废弃物回收利用
石油化学品、塑料、橡胶、纤维
食品
金属制品
建筑物、建筑材料
纺织品、纸、木制品
旧货
最终消费
增加储存
CO_2
污水

图 3-3 物质流动关系图

此外，长期以来，经济学家只研究生产和消费部门的价格关系，他们假定环境（如水、空气等）不论作为资源还是作为污染物的倾倒场，只是一种没有价值的公共物品。这种认识造成了经济活动的两种无效率：一是与“外部性”相关的无效率——由于不考虑外部性的费用和效益而造成的无效率；二是与“使用者费用”相关的无效率——对环境资源利用的唯一制约是现行费用，而不是未来收益的机会成本。因此，在这种条件下得出的“帕累托最优（最适度)”只是一种“次优”。即使在私人领域里市场能有效地配置资源，一旦涉及公共物品，市场就“失灵”了。因此，当从环境与经济关系的角度，全面考察生产和消费活动时，就会发现还有很多市场机制没有解决的问题。

（二）对外部性内涵的进一步讨论

外部性问题的内涵是由于市场中存在着尚未界定清楚的权利边界，从而导致资源的市场价格与相对价格严重偏离，外部边际成本就是资源的市场价格与相对价格的差值。对于环境外部性问题的解决方案就是明晰产权和市场交易，因为环境资源产权一旦明晰，就能使环境资源的相对价格在市场交易中反映出来，使环境资源的市场价格等于相对价格，从而纠正价格扭曲，使外部成本内部化，使价格机制可以发挥正常作用，进而实现市场对环境资源的优化配置。

应根据外部性产生的影响判定其存在与否，在竞争均衡状态下，当资源最优配置的边际条件被破坏时，帕累托相关的外部性才会出现，此时，如果通过改变 x_j^n 使 i 境况改善，同时 j 至少不遭受损失，则可能出现帕累托改进。但是，这只是外部性存在的必要条件，而非充分条件。判断外部性需要考察过程的起因，以及导致假定的最优条件被破坏的经济现象。如果能够从确定的经济条件推导出破坏条件的原因，并且认为产生这种破坏的形式是确定的，才可以使用上述外部性的定义。

专栏 3-3 关于外部性的进一步解释

外部性包括如下两方面的内容：

1. 设经济主体 A 的效用或生产函数包括了一些实际（即非货币的）变量，当其他主体（个人、公司、政府）考虑 A 的价值关系时，如果忽略了这些变量对 A 福利效果的影响，外部性就出现了。

2. 其活动影响他人效用水平或进入他人生产函数的经济主体，如果没有以赔偿的形式，为其活动接受（支付）等于对他人造成的效益（或费用）的价值量，就会产生外部性。

考察外部性定义时，应注意以下两个问题。①外部性不仅仅等同于经济主体之间的相互作用关系。例如，城市居民吃的粮食依靠农民提供，但二者之间不一定存在外部性，因为农民不能直接决定某一个城市居民明天吃多少克小麦。因此，城市居民的消费也没有直接进入农民的生产函数。②外部性不包括有的主体故意影响他人福利的情况。如果一个人开车时故意把泥水溅到他不喜欢的某个行人的身上，虽然这个行人无法选择他“消费”的泥水数量，但这种影响不可以视为是一种外部性。

一般来说，当满足内容 1 时，不管支付是否发生，就可以确定外部性存在。这是因为，如果合理征税或收费，就会迫使污染者减少污染物的排放量（但并不是把排放减少到零，这样做在经济学上也被认为是低效率的），至少可以把外部性降低到一个相对合理的水平。更重要的是，只使用内容 1 作为外部性的定义，可以不用事先假设产生效率和帕累托最适度的定价措施，管理部门就能够从中推导出符合政策目标的价格和税收。

如果外部性产生的都是不经济影响，包括与此相关的无效率和资源配置不当，就需要第二项内容。长期以来，人们一直认为合理定价或税收补贴能够消除外部性，但是在现实社会中，问题往往要复杂得多。因此，内容 1 和内容 2 加起来构成“帕累托相关外部性”，即妨碍满足帕累托最适度必要条件的外部性。

专栏 3-4 对外部性概念的批判

很多经济学家对外部性的概念进行了批判，张五常和杨小凯是其中的典型代表，他们分别是新制度经济学和新古典发展经济学的代表人物。两位经济学家的主要观点如下：张五常对外部性理论主要进行了三方面的批判：首先，在产权没有明确界定的情况下，外部性概念模糊不清；其次，之所以外部性概念模糊不清，是因为合约本身的不完全性或不完善性，而它们又是由于获取信息时需要支付成本造成的；最后，既然外部性概念模糊不清，以合约理论取代外部性理论更符合现实世界。杨小凯等人采用超边际分析方法将张五常的观点模型化，认为有了交易费用概念就不需要外部性概念，传统的外部性问题就是交易费用问题，即节省界定及行使产权的交易费用与节省不明晰产权带来的扭曲之间的两难冲突问题。因此，应该用内生交易费用与外生交易费用来替代外部性概念。

第二节 外部性的类型

基于外部性的影响范围、表现形式等方面的差异，可以从不同角度对外部性进行分类。

一、公共外部性和私人外部性

公共物品两个最基本的性质为：供给的普遍性和消费的非排他性，而许多外部性具有公共物品的性质。这两种性质可能同时存在，却不一定相互依存。例如一个城市的大气污染对本地区及周边地区的居民而言是一种公共“损害”。同样，一座能够被所有路人观赏的花园是一种公共“享受”，只要观赏者的数量不会引起拥挤，花园就产生一种对所有观赏者的外部经济性。而且，现行市场机制对于防治大气污染的公共“损害”和扩大公共花园的公共“享受”，都不能有效发挥作用。造成该现象的重要原因是公共物品的供给是非竞争的，即增加一个人对某种物品的消费不会减少或影响他人对该物品的利用。公共物品的非竞争性又来源于供给的普遍性。很显然，许多环境外部不经济性是非竞争的，如水、空气、噪声污染以及公共场所的垃圾污染等。

与非竞争的外部性相对应的，是竞争的外部性。例如，第二次世界大战之后燃料曾经极度短缺，在欧洲的一些地区，许多人花很长时间，沿着铁路捡过往火车掉落的煤。显然这是一种竞争的外部性，因为一个人多捡了一点，别人就会少捡一点。铁路局之所以不收集散落在铁道上的煤，是由于铁路局认为收集这些煤在经济上不合算，否则铁路局将会由于有利可图，采取措施消除这种外部性。再如，甲把垃圾倾倒在乙的院子里，那么垃圾就只对乙产生危害。在这个例子中，有一个外部损害，而且外部性的受害者是明显的。与大气污染不同，垃圾污染具有竞争的外部性，受害者是明确的，即一个受害者对外部性的消费减少了他人的类似消费。此时，重要的资源配置问题是如何以最小的社会成本处理垃圾。

简言之，外部性可以具有两种形式：公共（非竞争）形式和私人（竞争）形式。研究外部性的主要目的是如何改变人们对外部性的刺激机制，引导最优的社会资源配置。总体上说，对于非竞争和竞争的外部性，政策措施基本相同，只是后者有时可能需要一些辅助措施。

二、货币外部性和技术外部性

瓦伊纳（Viner，1931）最早提出了货币外部性和技术外部性的概念。前者指生产者彼此之间通过市场所产生的外部性，产生于经济活动中相关产品投入和产出的价格变化。例如，鞋的需求量增加会提高皮革的价格，因而影响皮包消费者的福利。后者指由技术或其他方面而产生的外部性，例如大量废气排放使得洗衣店的成本增加，进而导致洗衣价格上升。由此可见，货币外部性和技术外部性都可能引起相关变量的价格和价值的变化。

但是，二者存在明显的差异。货币外部性不一定导致市场无效率或资源配置不当，有时它也被称为假外部性。原因在于货币外部性介入之后，如果所有资源投入像以前一样使用，并且存在一个合理的收入再分配机制，以补偿作为外部性调节手段的价格变化对收入的影响，则所有经济成员将保持原来的效用水平。相反，技术外部性可能会导致市场无效率或资源配置不当。这是由于技术外部性介入以后，它作为一个自变量将改变生产者的生产函数或消费者的效用函数；作为一个因变量，它将改变生产者的产出水平或消费者的效用水平。在有技术外部性和没有技术外部性这两种情形下，投入向量在所有经济成员间的分配会存在差异。

下面分别以鞋的需求量增加对皮包价格的影响以及空气污染对洗衣店成本的影响为例，说明货币外部性和技术外部性的区别。一方面，由于皮革资源量既定，鞋的需求增加使制造皮包所需的皮革量减少，进而引致皮包价格上升。事实上，皮包的高价格只表明从皮包的购买者或制造者向皮革供应者的收入转移，或者从皮包购买者向牧场土地所有者的收入转移。但是投入的初始集合仍可能产生产出的初始集合，因而可能使每个经济成员的状况同鞋的需求没有增加时一样。然而空气污染增加了洗衣店的肥皂消耗和劳动成本，如果要保持外部性不存在时同等数量的资源投入，要么少洗衣服，要么衣服洗不干净，此时产出集合已经发生变化。另一方面，对鞋需求的增加，也可能引起鞋与其他商品相对产量和相对成本的增加，但是这种变化是沿着生产可能性边界进行的，任何社会和私人边际替代率之间均不会产生偏移。反之，空气污染导致洗衣店的产出变化时，生产边界也发生了移动。

上述分析说明，货币外部性与竞争条件下的市场均衡优化不相关。

在纯粹竞争条件下，货币外部性不一定产生资源配置失误。因为货币外部性作为把投入转变成为经济成员效用水平的一种方式，没有构成生产过程实际效率的任何变化。实际上，构成货币外部性的价格效果，对于响应需求或要素供给变化的资源重新配置来说，只是正常的竞争机制。此外，货币外部性在私人和社会边际替代率和转换率之间不产生偏移，它们在最优条件和竞争均衡的特征之间也不创造任何区别。假定竞争系统其他必要的均衡条件（如存在适当的凸凹要求）被满足时，即使存在货币外部性，竞争均衡仍将产生最优资源配置。

三、代内外部性和代际外部性

外部性问题的影响存在于一定的时间和空间范围内，如诸多环境问题（环境污染、生态破坏等）常常为跨区域、跨代际的外部性问题。根据外部性影响的时间尺度，可以将其分为代内和代际外部性，该分类方法源于可持续发展的理念。按照一般标准，将 20～25 年划分为一代，若特定外部性问题的影响在此年限范围内消失即为代内外部性，反之为代际外部性。例如城市污水处理厂的建设、流域水质管理等具有代内正外部性，城市地下水过度开采、固体垃圾深海填埋等具有代际负外部性。环境问题的影响具有长期性、潜在性和复杂性，对于那些目前尚无法界定影响时间的环境问题应遵循“从严处理”原则，尽量将其不利影响放大到最大，从而引起足够的重视消除此问题，对于代际外部性都应该由中央政府负责。

此外，依据外部性影响的空间尺度，可以将其划分为市内、市际、省际和全球外部性问题，该划分方法由外部性的影响范围及我国行政区域划分体制决定。但是，目前清晰界定的产权仅限于国家层面，诸多资源的不可分割性以及凌驾于国家之上的全球政府尚不存在，使得在更小范围或更大范围内明晰产权并不可行。因此，在空间范围角度明晰产权并不可行，如法律不能规定某一流域的水只归 A 省所有，其他省市的居民和企业无权使用；法律也无法规定空气只归某个国家或地区所有，其他国家或地区的居民不能使用。表 3-1 以环境问题为例说明了外部性影响的时空范围。

表 3-1　外部性影响的时空范围（以环境问题为例）

类别	代内	代际
市内	TSP/PM_{10}、固体废弃物污染、噪声污染等	有毒有害固体废弃物污染等
市际	PM_{10}、$PM_{2.5}$、BOD、COD 污染、固体悬浮物（SS）等	省级自然保护区等
省际	污水处理厂建设、流域水污染防治、河湖富营养化等	流域城市地下水开发、先进污水处理技术研发、国家级自然保护区等
全球	危险废物跨境转移等	全球变暖防治、生物多样性保护、湿地保护等

资料来源：宋国君，等. 环境政策分析[M]. 北京：化学工业出版社，2008：22.

四、单向外部性和交互外部性

OECD（1996）编写的《环境管理中的经济手段》一书中最早提出了该分类。前者指一方对另一方所带来的外部经济或外部不经济，如化工厂从上游排放废水导致下游渔场产量减少，而下游渔场既没有给上游渔场产生外部经济效果，也没有产生外部不经济效果，这时就成化工厂给渔场带来单向外部性；后者指所有当事人都有权利接近某一资源并可以给彼此施加成本（通常发生在公有资源产权下的资源上）。例如，所有国家都对生态环境造成了损害，彼此之间都有外部不经济性。其中，大多数外部性为单向外部性。

交互外部性的一个特例就是双向外部性，即两个经济主体彼此都存在外部性，主要形式有三种：一是甲方和乙方相互之间的外部经济；

二是甲方和乙方相互之间的外部不经济；三是甲方对乙方产生外部经济性而乙方对甲方产生外部不经济性，或者反之。例如，养蜂人与果园园主之间的关系，蜜蜂要酿蜜，离不开花粉，也就是说果园园主对养蜂人具有外部经济效应；相反，果树开花后要结果，离不开蜜蜂传授花粉，这时，养蜂人对果园园主具有外部经济效应。当然，养蜂人与果园园主之间给对方所带来的外部经济效果的大小不一定相等。若二者恰好相等，说明外部经济效果相互抵消；若二者不相等，说明有的经济主体从中占了便宜，有的经济主体从中吃了亏。

五、不可转移的外部性和可转移的外部性

根据外部性的稳定性及可否转移，可以将其分为不可转移的外部性与可转移的外部性。前者相对较稳定，易于人们掌握，也可以通过各种协调方式使其内部化，外部性理论的文献大多数研究的是不可转移外部性。后者指受害者有机会向第三方“转移”外部性的现象。以垃圾为例，受害者对别人堆放在自己院子里的垃圾可以采取再转移到别人院里的措施解决。简单地说，就是受害者通过向他人转移外部不经济性，以避免外部性对自己的损害。对于这种现象，显然需要某种形式的刺激，引导受害者以及外部性的制造者采取有效率的行为。如可以采取对受害者征税的形式，以解决任何形式的外部性转移。更确切地说，受害者必须支付的税额应等于向他人转移外部性引起的社会边际损害。

例如，在以上关于垃圾的案例中，第一个外部性的受害者应当面对一个庇古税率表，该表显示相对于不同转移方案的社会边际损害。很明显，这会导致一个有效率的结果。社会最优解决方案是把垃圾堆放在净损害（转移成本净值）最小的地方。假定第一个受害者发现，他把垃圾堆放在其他任何地方所必须支付的税额都超过了如果他作为垃

圾的接受者受到损害的价值，他将不会选择转移外部性。这显然是社会最优结果，因为对第一个受害者的损害小于其他后续的潜在受害者。相反，如果第一个受害者发现有人愿意接受垃圾，是因为他的开价更低，那么转移将会发生，这显然也是有效率的。

总之，在可转移外部性这一特例中，受害者必须遵守税额等于转移活动引起的社会边际损害这一规则。应当明确，这种税在本质上仍然是庇古型的，是庇古型政策的一种扩展，包括任何受害者在保护自己不受外部性损害时实施的活动。而所有外部性的制造者，不论他们可能发挥什么作用，都必须因为其对别人的（边际）损害而付费。

第三节　外部性与资源配置

诸多经典理论都已经证明，存在外部性时，由于私人成本、私人收益与社会成本、社会收益并不一致，在利润最大化动机的驱使下会导致资源配置低效率。此时，只会实现某些个体的福利最大化，却无法使社会的福利最大化。本章第一节对外部经济性和外部不经济性进行的简要分析中已经初步说明了该问题（见图 3-1 和图 3-2）。下面以位于河流上游的化工厂与位于下游的果园为例，进一步说明外部性对资源配置的影响。

由于化工厂将生产过程中产生的废弃物排放到河流中，使得位于下游的果园只能用被污染的水源进行灌溉，导致果园的产量下降。在市场机制作用下，化工厂不会承担污水排入河流对果园造成的损失，即污染物的排放对于化工厂而言成本为零。因此，化工厂在决定其产量和排污量时，不会考虑污染成本，河水不能达到有效配置。下面分别说明污染对化工厂和果园的影响（见图 3-4 和图 3-5）。

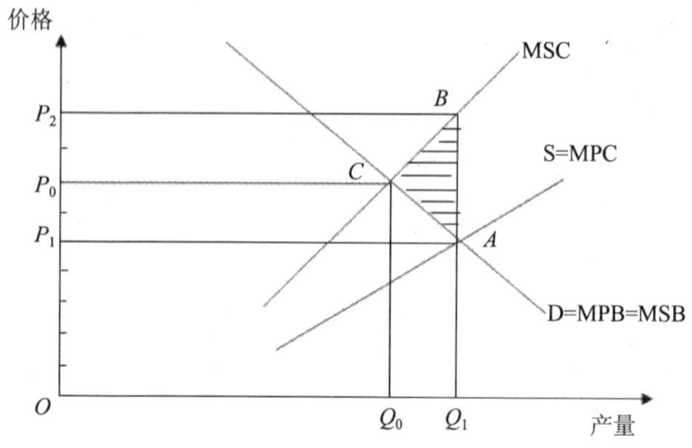

图 3-4　水污染对化工厂的影响

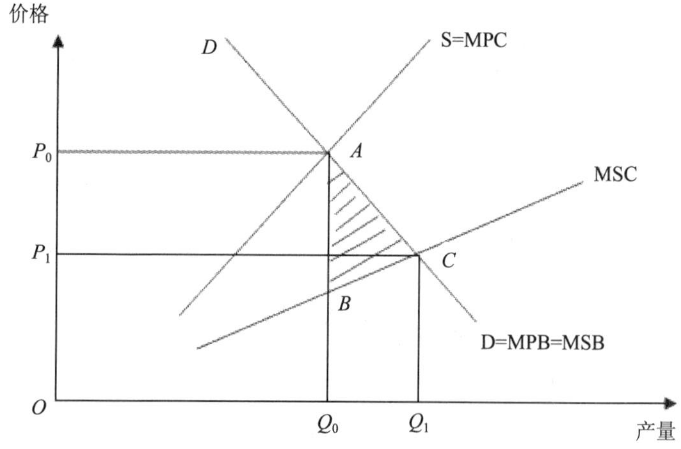

图 3-5　水污染对果园的影响

由图 3-4 可见，在市场的自发作用下，将在 A 点达到市场均衡状态，此时化工厂将生产 Q_1 单位产品，并以 P_1 价格出售，此时社会边际成本（MSC）大于边际私人成本（MPC）。若用机会成本来度量，化工厂使用机会成本为 P_2 的资源生产 Q_1 数量的化工产品，给社会带来的收益仅为 P_1。因此，当 Q_1 数量的化工产品被生产出来后，社会福利水平下降，降低幅度为 P_2-P_1，即为图中 A、B 之间的垂直距离。同样推理，从 Q_0

到 Q_1，化工厂每生产一单位产品，都会造成社会福利下降，过度生产造成的社会福利损失总价值等于阴影三角形 ABC 的面积。如果要使社会福利最优化，化工厂的最佳生产点应该在 C 点，最优生产水平和价格分别为 Q_0 和 P_0。市场结果没有使资源配置最大化的根本原因在于化工厂并未承担全部生产成本，而是将污染成本转嫁给整个社会。即污染制造者有过度生产的动机，从而使得社会福利低于最优水平。

接下来考察果园的情况。图 3-5 中，A 点为市场均衡状态点，此时果园将以 P_0 价格卖出 Q_0 单位的水果。对于每一单位产出，边际社会成本（MSC）小于边际私人成本（MPC）。这是因为在市场机制下，没有任何力量能使化工厂自愿清洁河水，而为了避免污水灌溉对水果的危害，果园必须先清洁河水。此时，清洁成本就成为果园成本的一部分。如果要使社会福利最优化，果园的最佳生产点应该在 C 点，最优产出水平和价格分别为 Q_1 和 P_1。由于边际社会收益（MSB）大于边际社会成本（MSC），从 Q_0 到 Q_1，如果果园产出达到最优 Q_1，社会获得的福利将增加，增加总价值也等于阴影三角形 ABC 的面积。然而，由于 C 点的边际私人成本大于边际收益，因而坚持利润最大化的果园主会做出理性的决定，即将生产维持在 A 点，从而导致资源配置无效率。由此可见，污染受害者承担了污染成本，从而产生了紧缩生产的动机，也使社会福利低于最优水平。

上述讨论说明，外部性会造成资源配置缺乏效率，进而导致社会福利受损。在市场经济条件下，资源的配置大多是通过市场来实现的。正常工作（如产权明晰、信息完全）的市场通常是资源在不同用途和不同时间配置的有效机制。然而在有些情形下，市场不能有效地配置资源，会产生很多严重的社会问题。如市场机制不健全、市场机制扭曲，或根本不存在市场往往会造成环境恶化、能效低下。因此，纠正外部性问题，探索外部性内部化手段都是亟待解决的问题，解决外部性的对策将在下节进行详细论述。

第四节 外部性对策与纠正

最大限度地减弱以致纠正外部性向来被视为环境经济政策的主要目标之一。关于外部性内部化，长期以来都存在着庇古和科斯手段之争，虽然两种手段不断发展变化，但是并没有偏离最初的思想，因此本节着重介绍这两种手段。

一、庇古手段

庇古从“公共产品”问题出发，最先提出了外部性内部化的对策。通过分析商品生产过程中社会成本与私人成本的问题，庇古认为企业生产排放的污染物影响了人们正常的生产和生活条件，造成了社会的损失，但企业生产成本中并没有包括这个损失，使得私人边际成本与社会边际成本、私人边际收益与社会边际收益不一致，结果使完全竞争厂商按利润最大化原则确定的产量与按社会福利最大化确定的产量严重偏离，造成市场配置资源失效。由于市场不能自行消除外部性，因而需要政府通过征税或者补贴来矫正经济当事人的私人成本。只要政府采取措施使得私人成本和私人收益与相应的社会成本和社会收益相等，资源配置就可以达到帕累托最优状态。该方法即为“庇古税”方案，它体现了污染者付费原则（PPP），一方面可以使企业改变生产技术和流程或投入预防性措施减少污染物的排放，促使企业发展新的环境技术；另一方面又可以使消费者和公民增加环境保护责任。

基于企业利润最大化的基本假设，最优庇古税所要满足的条件为：

$$\max . p \cdot q_i - c_i(q_i, a_i) - t \cdot e_i(q_i, a_i) \tag{3-2}$$

其中，p 为产品价格；q 为产量；i 为某个企业；c 为产品的生产成本；a 为污染削减量；e 为污染物排放量；t 为每单位污染征收的庇古税，产量和削减成本恒为正。一阶充要条件为：

$$\begin{aligned} p &= c_q' + t \cdot e_q' \\ c_a' &= -t \cdot e_a' \end{aligned} \tag{3-3}$$

由此可见，庇古手段存在一定的局限：首先，庇古税的制定对于信息有很高的要求，决策者必须掌握企业的生产函数和污染物排放情况，只有这样，政府才能确定最优的税率和补贴水平，现实中的信息不完全成为对庇古方法的最大挑战。其次，上式中并未考虑征收成本问题，如果政府干预的成本支出大于外部性所造成的损失，从经济效率角度看消除外部性就不值得了。最后，在税收的征收过程中可能出现寻租活动，从而导致资源的浪费与资源配置的扭曲。详见专栏 3-5。

专栏 3-5　典型国家对庇古税的实践

20 世纪 80 年代以来，OECD 国家越来越多地在环境管理中使用税费的手段。截至 1995 年，OECD 国家已经有 50 多项在大气、水和噪声污染控制、废弃物处理等领域应用税费的实例。本专栏介绍几个典型国家征收排污税的案例：

1. 法国、日本等国实施大气污染排放税。法国将收费作为刺激企业采用污染削减技术的手段，如果企业采用推荐控制技术，其所交的税可以以投资补贴的形式返还给企业。日本征税的目的在于建立为空气污染受害者提供补偿的基金，征税水平与往年所交纳的补偿金的数量有关。英国通过对有铅汽油和无铅汽油使用差别税率，间接对铅排放征税。瑞典通过对轿车和重型车实行差别税率和补贴，鼓励消费者购买低污染的发动机和使用催化转化器。

2. 德国自 1981 年开始征收水污染税。由德国政府直接对天然水体排污的单位和个人征收，以废水的污染单位（相当于每个居民一年的污染负荷）为基准，实行全国统一税率，并从 12 马克开始逐年提高，到 2007 年税率已达 35.79 欧元/污染单位。同时按照《废水纳税法》规定，废水纳税收入专款专用于保持和改善水域资源的措施。①

3. 荷兰对水资源同时开征水污染税和地下水税。水污染税由省政府所属的水资源委员会根据排污量和成分，对地表水及净化工厂排污单位或个人征收。2007 年税率为 46.06 欧元/污染当量，各水务局税率为 40 ~ 62 欧元。水污染税的收入按照专款专用原则，在财政中设置专用资金为水资源的保护和净化提供财力支持。2005 年荷兰全国用于水务管理的年财政预算总额约 36 亿欧元，其中约 80%用于污水处理，其余 20%用于改善地表水的相关项目，而且该税种的激励作用较强，有关研究表明有 43%的厂商认为他们采取防治水污染的措施主要原因是考虑到水污染税的征收。

4. 英国自 1996 年推行垃圾填埋税，针对所有通过填埋方式处理的废物垃圾。划定了官方批准的填埋地点，填埋税率从 1996 年的 7 英镑/t 开始逐年上调，到 2007 年已经达到 21 英镑/t，较好地激励了企业削减垃圾排放和回收再利用，比征税之前的垃圾填埋量减少了近 20%。

综上所述，大多数实践案例中，税率一般都设置在较低的水平，相应的影响也较低。荷兰的税率相对较高，水质改善程度也最为显著。瑞典对轿车和重型车以及英国对无铅汽油采用的差别税率也非常有效。此外，排污税基本都坚持专款专用的原则，所得收入专门用于特定的环境保护和污染防治目的。

二、科斯手段

科斯对庇古思想进行了根本性的批判，进一步巩固了经济自由主义的根基，表明市场自身也能解决外部性问题，并且将庇古税理论纳入到自己的理论框架之中。科斯主要观点如下：到底是允许 A 伤害 B，还是允许 B 伤害 A，需要产权的界定，不能武断地对某一方征税；在交易费用为零的情况下，双方可以通过协商达到资源的最优配置，科斯交易即可消除任何资源使用的偏差，此时对庇古税或补贴没有需求；

① 德国《废水纳税法》第 4 章第 13 条“使用”，1998 年 8 月 25 日修订版.

在交易费用不为零的情况下，解决外部性问题的手段要根据成本-收益的总体比较，可能是庇古手段有效，也可能是科斯方法有效。在科斯条件下，庇古税本身可能会造成资源配置失误（见图 3-6）。

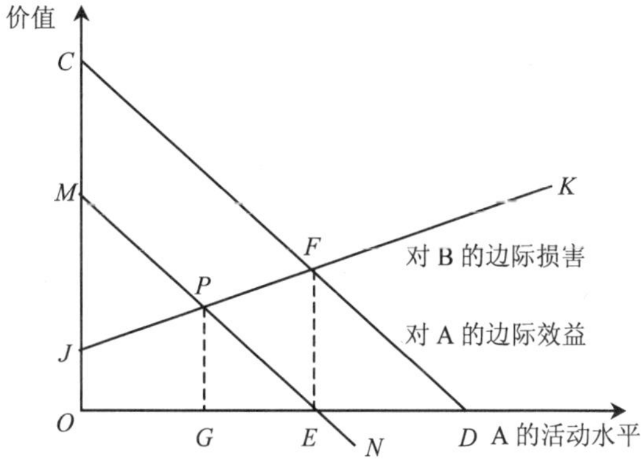

图 3-6　庇古税造成的资源配置失误

在图 3-6 中，横轴是 A 的活动水平，曲线 *CD* 是 A 活动产生的边际效益，曲线 *JK* 是由于 A 的活动对 B 产生外部性而造成的边际损害。在没有任何特别刺激的情况下，A 的效用最大化行为将导致一种活动水平 *OD*，此时，A 的边际效益为零。在 *P* 点处实现帕累托最优，这是因为该点处的社会边际效益为零，对 A 的边际效益正好被对 B 的边际损害所抵消。此时，A 的活动保持在 *OE* 水平。在科斯交易的背景下，B 可以付钱给 A，使其把活动削减到 *OE*。由于任何位于 *OE* 右边的活动，对 B 的边际损害超过对 A 的边际收益。因此，可以从交易中获得潜在的收益，科斯均衡是 *OE*，在 *F* 点为正确的社会产出。然而，假设对 A 征收相当于 *OE* 水平时所造成的边际社会损害税，这个税为每单位活动水平 *EF* 的税额，其效果可能使 A 的边际效益曲线下移到 *MN*，*MN* 表明 A 完税后的边际效益。当科斯交易在有税的情况下进行时，将导致 *F* 点移至 *P* 点，最优活动水平由 *OE* 转为 *OG*。由此可见，在科斯背景下，庇古税不仅是多余的，其本身也变成了资源配置失误的原因。

科斯认为如果向外部性的受害者进行赔偿，则会引起受害者策略行为的改变，使得外部不经济性的受害者寻求进一步限制外部性的产生量，而那些喜欢外部经济性的人寻求社会过量的外部性产出。例如一个洗衣店有 A、B 两家洗衣工厂：A 厂位于发电厂附近，B 厂远离发电厂。B 厂虽然不受污染损害，但运输成本很高。洗衣店发现让 A 厂多干活更有利可图，因为 A 厂的生产能力越高，受到的边际损害就越大，由此电力部门缴纳的赔偿费就越多。从社会福利的观点看，其结果显然将是一个低效率的电力产出。因此，在对外部性的制造者征收庇古税的同时，为了实现经济效率，也有必要对受害者征税。因为如果受害者的策略是故意和过量接受外部性的损害，借此来提高对污染者的征税额，那么就要对受害者征税，以控制这种反社会的对策行为。

专栏 3-6　美国电力行业排污权交易

近年来环境问题日益加剧，各国都在积极探索实现外部性内部化的具体途径，科斯手段随之被投入到实际应用之中。在环境保护领域的排污权交易制度就是对科斯手段的一个具体运用，它在实践中的表现形式为可交易的排污许可证。本专栏对美国电力行业的排污权交易进行回顾:

美国从 20 世纪 70 年代开始实践排污权交易制度，针对铅、SO_2、氮氧化物及颗粒物等污染物质进行了排污控制，其中以针对电力行业排放的 SO_2 而实施的许可证总量交易模式最为成功，并为许多国家所借鉴。1990 年美国国会通过了《清洁空气法案》修正案，提出了“酸雨计划”，主要目标是到 2010 年，美国的 SO_2 年排放量将比 1980 年的排放水平减少 1 000 万 t，该计划明确规定通过电力行业实施 SO_2 排放总量控制和交易政策，分两个阶段来实施这一目标。排污权交易政策体系由参加单位的确定、初始分配许可、许可证交易、审核调整许可 4 个部分构成。

> 美国推行 SO_2 排污权交易后，取得了重大的生态和经济效益，在第一阶段结束的 1999 年，联邦环保局发放了 700 万 t 的 SO_2 许可证，而所有受控电厂的实际排放量只有 490 万 t，与 1980 年的 940 万 t SO_2 排放量相比减少了 450 万 t，超额 28.57%完成计划。参加 SO_2 排污权交易的电厂 1999 年 SO_2 的排放量比 1990 年减少了 45%，而没有参加交易体系的电厂的 SO_2 排放量增长了 12%。同时污染控制费用显著节省，在 SO_2 排污权交易市场建立之前，各专家对 SO_2 减排成本评估后认为成本为 1 000 美元/t，美国环保局也认为价格在 750 美元/t 上下，但第一阶段实际市场上的交易价格为 69～212 美元/t。这一方面说明，实行交易政策后边际成本低的电厂承担了更多的治理责任，从而使社会平均治理成本降低；另一方面说明了“在决定控制 SO_2 成本是多少，市场比决策分析家要聪明得多”。

当然，科斯理论也存在局限性。第一，由于科斯手段强调利用市场自身来解决外部性问题，因而在市场化程度不高的经济中，科斯手段很难发挥作用。特别是对发展中国家而言，有的仍保留明显的计划经济痕迹，有的仍处于过渡经济状态，与真正的市场经济相比差距较大。第二，自愿协商方式需要考虑交易费用问题。自愿协商是否可行，取决于交易费用的大小。如果交易费用高于社会净收益，那么，自愿协商就失去了意义。在一个法制不健全、诚信缺失的社会，交易费用必然十分庞大，从而极大地限制了该手段应用的可能。第三，自愿协商成为可能的前提是产权明晰。而事实上，像环境资源这样的公共物品产权往往难以界定或者界定成本很高，从而使得自愿协商失去前提。

总之，庇古手段和科斯手段作为减弱外部性、实现外部性内部化的有效方法，均在实践中被广泛应用，并被后人不断发展完善。概括来说，两种手段都有自己的适用范围，在人数少的情况下，如果外部性对决策行为有经济刺激，对污染者征收庇古税的同时也对受害者征税，这一点至少在理论上是有意义的。如果污染者和受害者的数量都很少，庇古税的方法可能就不实用了，因为只为几个人制定税的成本太高，这时，科斯的产权方法可能是控制外部性最有效的途径。在相关人数少的情况下实施科斯交易，应当注意避免同时使用庇古手段。但是最普遍、最严重的环境问题往往涉及大批人群，对此应用庇古税却可能产生最优结果。

参考文献

[1] Andreas A Papandreous. Externality and Institutions[M]. Oxford：Oxford University Press，1998：304.

[2] Tibor Scitovosky. Two Concepts of External Economies[J]. Journal of Political Economy，1954：143.

[3] Marshall A. Principles of Economics[M]. London：Macmillan Company Inc.，1890：226.

[4] Arthur Cecil Pigou. The Economics of Welfare[M]. London：Macmillan Company Inc.，1920：111.

[5] William J Baumol，Wallace E Oates. The theory of environmental policy（2nd edition）[M]. Cambridge：Cambridge University Press，1988：25-26.

[6] Viner J. Cost curves and supply curves[J]. Zeitschrift fur Nationalokonomie，1931：23-46.

[7] Coase R H. The Problem of Social Cost[J]. Journal of Law and Economics，1960，Ⅲ：1-44.

[8] 马中. 环境与自然资源经济学概论（第 2 版）[M]. 北京：高等教育出版社，2006：37-38.

[9] 马中，蓝虹. 产权、价格、外部性与环境资源市场配置[J]. 价格理论与实践，2003(11)：24-26.

[10] 张五常. 佃农理论：应用于亚洲的农业和台湾的土地改革[M]. 北京：商务印书馆，2000：31.

[11] 杨小凯，张永生. 新型古典经济学和超边际分析[M]. 北京：中国人民大学出版社，

2000：86-87.

[12] OECD. 环境管理中的经济手段[M]. 张世秋，李彬译. 北京：中国环境科学出版社，1996.

[13] 夏普，雷吉斯特，格兰姆斯著. 郭庆旺译. 社会问题经济学（第 15 版）[M]. 北京：中国人民大学出版社，2003：87-89.

[14] 罗杰 · 珀曼，马越，等著. 自然资源与环境经济学（第 2 版）[M]. 侯元兆译著主编.北京：中国经济出版社，2002：361.

[15] 杜放，于海峰. 生态税·循环经济·可持续发展[M]. 北京：中国财政经济出版社，2007.

[16] 方灏，马中. 美国 SO_2 排污权交易的实践对我国的启示[J]. 南昌大学学报（人文社会科学版），2008（9）：73-74.

第四章　环境产权理论

第一节　产权与环境产权

一、产权理论简介

（一）产权理论的起源

产权理论起源于对解决外部性问题的讨论。

在第三章外部性理论中谈到，由于公共物品外部性的存在，导致市场机制出现“失灵”。以庇古为代表的福利经济学们认为，可以通过税收或补贴手段对外部成本或外部收益进行内部化，从而使得外部性问题得到解决。科斯等人则认为，外部性问题导致的“市场失灵”，并不是因为市场机制本身的缺陷所引起的，而是由于对公共物品的产权界定不清，导致市场交易机制对资源配置的失效。

诺贝尔经济学奖得主罗纳德·哈里·科斯先后于 1937 年和 1960 年发表的《企业的性质》《社会成本问题》等论文，奠定了产权理论研究的基础，被公认为是新制度经济学派关于产权理论的开山之作。在《社会成本问题》一文中，科斯证明在交易费用为零的前提下，无论产权在初始状态下如何分配，资源最终都能得到最有效的配置。科斯之后，阿尔钦、德姆塞茨、威廉姆森、张五常、菲吕博滕、佩杰威齐等为进一步丰富和发展产权理论作出了重要贡献。

（二）产权的定义与内涵

对产权（property rights）一词原文的直译是“财产权利”。但是，相对而言，产权理论中的“产权”更倾向于经济关系，与“财产权”、“物权”等法律概念有所区别。德姆塞茨（1967）认为，“所谓产权，意指使自己或他人受益或受损的权利。”其意是说：交易一旦在市场里达成，两组产权就发生了交换。菲吕博滕与佩杰威齐对产权的定义是：“产权不是指人与物之间的关系，而是指由于物的存在及关于他们的使用所引起的人们之间相互认可的行为性关系……它是一系列用来确定每个人相对于稀缺资源使用时的地位的经济和社会关系。”在权威的《新帕尔格雷夫经济学大辞典》中收录的定义是阿尔钦给出的，他认为，“产权是一个社会所强制实施的选择一种经济物品的使用权利。”

正如科斯所说，经济学所要决定的是存在的合法权利，而不是所有者拥有的合法权利（科斯，1960）。总的来说，经济学分析的“产权”是指社会中相互交往的人们事实上达成的权利安排和结构（蓝虹，2005）。

产权包括了多重含义。

第一，产权是使用经济物品的规则，这种规则不仅取决于文明社会的政治制度和法律体系，而且来自于人类生存和发展中最基本的经济关系，并由法律、习俗、道德、宗教等各类社会规则来维护。产权具有强制性、排他性。

第二，正如产权（property rights）一词原文所指出的，产权是一组而不是单项的权利。产权包括对经济物品的所有权和由此派生的占有权、支配权、使用权、收益权等。广义的产权还包括实现上述权利所必须具备的各种权能体系和规则。

第三，产权是一种行为权利，其反映的并不是人与物之间的关系，而是人与人之间一组被相互认可的行为性关系。产权也是一组行为规范，体现了人们在使用经济物品时的责、权、利关系。在不同的产权制度安排下，人们使用经济物品的态度和行为方式将产生不同变化，造成经济物品的使用绩效差异。因此，产权制度安排能够形成对经济物品使用过程中的激励机制。

（三）产权的几种常见形式

世界范围内常见和通用的产权安排有如下几种形式。

1．私有产权

私有产权是由一个特定的人获得对特定经济物品的一组完整的权利，或其中一项或几项独立而互不重合的权利。由于产权的排他性，一旦一组权利或其中一项权利被一个人所有，他人就不能同时也拥有该组或该项权利。因此，行使该组或该项权利的决策完全由私人作出。

在一些实行私人所有制的西方国家，其社会内部的产权安排即以私有产权为主，如私人所有的耕地、森林、工厂、矿山等。

2．共有产权

共有产权是由且仅由共同体内的每一成员共同分享对特定经济物品的特定权利，但共同体内部的成员并不相对于共同体而独立拥有相应的权利。在共同体内，每一个成员在对特定经济物品行使其所拥有的某项权利时，并不排斥其他成员对该物品行使同样的权利。共有产权在成员个体之间是完全重合和不可分割的。由于共有产权在共同体内部不具有排他性，因而在某些成员行使权利时，通常对其他成员造成外部效应。

共同产权安排在社会中十分普遍。如家庭成员对家庭财产的共有，或者全人类对清洁空气的共有。家庭中某个成员打扫了居室后，其他成员享受到了整洁的环境，获得了共同体内部的外部正效应；而汽车使用者排放尾气所造成的空气污染，却对其他人造成了外部负效应。

3．集体产权

集体产权是由一个集体行使对特定经济物品所拥有的一组或某几项权利，但集体内部的成员并不相对于集体而独立拥有相应的权利。集体产权与共同产权有所不同，共同体中的某个成员在行使权利时无须与其他成员协商，而集体产权下，对特定经济物品行使的权利，必须由集体作出相应的决策和安排。集体可以作为一个独立的经济个体，与其他各种形式的经济个体一起参与对经济物品的配置。

包括中国在内的一些国家存在集体所有制制度安排。典型的集体产权安排有集体所有的土地、集体所有的企业等。

4．国有产权

国有产权是指由国家占有对特定经济物品的一组完整的权利，或其中一项或几项独立而互不重合的权利。通常来说，国家会按照一定的政治程序决定这些权利的利用方式，以及对某些权利在国家内部的分配、让渡规则，并由国家选择的代理人来具体实现这些安排。

对于国家选择的代理人来说，对决策的成本和最终的收益都不存在完全的权利。因此，代理人会降低对经济效率的追求，同时，国家对行使相应权利的代理人进行充分监督和激励的成本十分昂贵，从而导致国有产权条件下的外部性。

由各个国家为主体占有的经济物品通常是社会发展最根本所需的资源，或具有重要价值的自然或人文资产，如土地、森林、矿藏、海洋、河流、湖泊，以及国家公园、国家博物馆、各类其他自然或人文遗迹等。

现实社会往往存在多种产权关系的组合，如国家和公民个体共同分享对某种自然资源的一组权利，或者个人、某些共同体、某些集体一起参与对某种资源的分配。如果不同的产权主体对特定经济物品的权利存在重合，就形成了多重产权。多重产权将造成产权主体对经济物品权、责、利的纠纷，导致对经济物品的不合理利用，降低其经济效率。

二、环境产权

产权理论虽然起源于公共物品外部性的讨论，但并非针对环境物品这一类典型的公共物品，而是广泛地应用到各类普遍性的经济现象研究中。关于环境物品的配置，环境经济学家们特别地提出了环境产权的概念。

环境产权（environmental property rights）是指行为主体对某一种环境资源具有的所有、使用、占有、处置以及收益等各种权利的集合（蓝虹，2005）。

“环境产权”一词中的“环境”沿用我国《环境保护法》（1989）中对环境的定义：“环境是指影响人类生存和发展的各种天然和经过人工改造的自然因素的总体，包括大气、水、海洋、土地、矿藏、森林、草原、野生动物、自然遗迹、人文遗迹、自然保护区、风景名胜区、城市和乡村等。”

相应地，环境产权的客体“环境资源”是参与社会经济活动并能对人类生活和生产发展产生直接或间接影响的空间及各种自然因素和社会因素的总称。环境资源既包括自然要素和人工要素，也包括有形的资源和无形的服务。无论是大气、水、海洋、土地等自然环境要素，还是人文遗迹、风景名胜等人工环境要素，都存在广泛的相互联系和相互作用，具有整体性、公共性等特点。因此，环境资源的产权边界很难进行明确的界定，产权客体存在不确定性。这是环境产权的特点之一。

从产权主体看，自然环境资源具有显著的公共物品特征，具体表现为消费的非排他性、非竞争性和供给的不可分性，因而其产权主体应为全体公民，并通常由国家代表。一般情况下，政府作为社会公共权力的代理人，履行管理、利用和分配环境资源的权力。与之相比，人工环境要素则具有不明显公共物品特征（准公共物品），即只具有部分的非排他性、非竞争性或不可分性，因而其产权主体既可以是全体公民，也可以是某个社会经济实体或公共组织。此外，从代际关系来看，环境产权的主体既包括当代人，也包括后代人（详见专栏 4-1）。

专栏 4-1　不同尺度上的环境产权主客体

在关于环境问题的讨论中，“生态”“环境”等词汇通常同时出现并相互通用，且不断被引用到其他领域，衍生出一系列新复合词汇，造成读者的不少困扰。这里以环境产权主体和客体为例作以下辨析。

1. 广义的“生态”概念。以地球为界，包括人类在内的地球生态系统是最大尺度的生态系统。广义的“生态”即以这一生态系统为考虑，并把人类视作其中的一个生物种群。从这个角度上来说，全球生态系统中的各类资产和服务应属于全部“地球公民”所有，而不应仅仅由人类享有产权。因此，人类在自身的活动之外，应为其他生物物种保留栖息地，维持物种多样性，减少对地球生态系统的各种干扰。

2. 广义的“环境”概念。现实中的人类社会是以人类自身为中心的，因而，对于人类而言，环境即是自身以外所有要素的总体，正如本文引用的中国《环境保护法》（1989）对环境的定义。这一环境的空间范围通常是地球和人类已经认识到的宇宙环境。这一层面上的“环境资源”是最为广义的，相应的环境产权客体最为复杂和完整，而环境产权主体则为全人类及其内部的不同个人和组织。

3. 通用的“环境”概念。环境资源包括自然环境要素和人工环境要素，同时也包括要素之间的相互作用。对于人工环境要素及其相互作用对人类的相互影响，已经在社会科学领域建立了成熟而完整的研究体系。因此，环境学科所研究的主要对象是自然环境要素，包括其与人工环境要素的相互作用，及其与人类活动的相互影响。这一范围的环境也是最通用的环境概念。相应的环境产权客体包括各类自然环境要素，环境产权主体同广义的环境产权主体。环境经济学和环境产权理论研究中涉及的主要也是这一范围的环境中各类资源的配置问题。

4. 通用的“生态”概念。自然环境要素中包括除人类之外的自然生态系统。除生态学外，常见的各种讨论所涉及的“生态”即以这一尺度的自然生态系统为考虑。人类以外的自然生态系统拥有人类可以利用的各类生态产品和服务，通常被作为环境产权客体，其产权配置是环境经济学和环境产权理论最主要的研究内容。

5. 狭义的“生态”概念。自然环境中包括生物要素和非生物要素。生物个体的生存状态、生物之间、生物与环境之间的相互影响构成了生态一词的概念，这同时也是生态学的主要研究内容。对生态系统中生物要素提供的生态产品和服务进行的产权安排是环境产权安排的一部分。

6. 狭义的“环境”概念。自然环境中的非生物要素与生物要素存在密不可分的相互联系与相互作用。狭义的环境科学主要研究环境要素的物理、化学、生物等科学机理，并侧重于各类非生物环境介质在环境中的各种影响和作用。狭义的“环境”即指这些非生物环境要素或环境介质，以示与狭义的“生态”有所区别。狭义的“环境”所提供的最重要的环境资源是环境容量，虽然从实质上说，环境容量是由生态系统所间接提供的资源或服务，但是由环境介质为载体而直接供以使用。在实际应用中，环境容量资源有时被简称为环境资源，是环境资源的最狭义解释。对环境容量资源的产权配置是环境产权理论研究的典型问题。

第二节 环境产权配置

一、科斯定理

产权理论的核心内容是科斯定理，这是产权经济学对产权安排和资源配置思想的集中表述。

科斯定理是由三个定理组成的定理组（蓝虹，2005）。

科斯第一定理：如果市场交易费用不为零，不管权利初始安排如何，当事人之间的谈判都会导致那些财富最大化的安排，即市场机制会自动地驱使人们谈判，使资源配置实现帕累托最优。如果产权的初始安排能够保证资源的最优配置，那么就不必进行产权的调整。但是这种情况极少存在，即便存在也是极为短暂的。因此，产权就必须进行不断地调整，使得权利安排适应最优配置的要求。如果市场交易费用为零，权利的初始安排向新的安排（即人们通过交易调整产权）转变没有任何阻力和代价，即使权利的初始安排并不合理，市场机制也会自动地、无代价地改变这种初始安排，最终实现资源配置的帕累托最优。

科斯第二定理：科斯之前的经济学通常使用“市场零交易费用”这一假设分析经济问题，而科斯是“交易费用”的发现者和“交易费用学说”的创立者，他并不认同“交易费用为零”这一假设，认为交易费用是大于零的。因此，科斯定理的核心并非科斯第一定理，而是其反定理，即科斯第二定理：在交易费用大于零的范围里，不同的权利界定会带来不同效率的资源配置。也就是说，由于交易是有成本的，在不同的产权制度下，交易成本各不相同，从而对资源配置的效率产生不同影响。因此，为了优化资源配置，以市场外的某种方式对产权的初始安排和重新安排的选择是有必要的。

科斯第三定理：制度本身的生产是有成本的，因而不同的产权制度将导致不同的资源配置效率。合理、清晰的产权界定有助于降低交易成本。因此，选择产权制度要从成本收益比较的角度进行衡量。

二、环境产权对资源的优化配置作用机制

环境产权在对资源的合理配置中主要解决两个问题，即消除环境资源消费中的外部性并对环境资源进行合理定价。

（一）外部性和环境资源配置

从上文的讨论中可以总结，现实的环境资源消费中存在的外部性来自：①环境资源自有的特性；②某些产权形式自身造成的外部性；③产权不明晰或多重产权造成的外部性。

根据科斯定理，消除外部性的根本前提是明确界定环境资源的产权，即进行一种初始但明晰的产权安排，之后，市场机制会自动形成对环境资源的优化配置。

以对环境容量资源的配置为例来讨论这个问题。假设在某种情况下，对于一种环境介质，同时存在且仅存在污染者和污染的受害者。考虑以下两种不同的产权安排：

1．污染受害者拥有产权。这种情景下，受害者对环境介质提供的环境容量资源拥有全部权利，而排污者没有权利消费这种资源，即无权排污。这时，谈判的起点在原点（见图 4-1）。原点是一个极端，但双方并非不可谈判。假设双方移到 *D* 点，这时候排污者将得到 *OABD* 的净收益，而受害者将付出 *OCD* 的成本。但是，由于 *OABD* 大于 *OCD*，排污者可以付给受害者一定的补偿弥补受害者的损失，补偿的额度介于 *OCD* 和 *OABD* 之间，这样，排污者和受害者都会从中受益，也就是

说，从原点 O 移向点 D 是一种帕累托改进，同理，进一步移向 Q_1 也是如此。但是，如果从 Q_1 继续向右移动，排污者的收益将小于受害者的损失，排污者无法继续向受害者提供补偿，那么，谈判就失去了基础。因此，如果污染受害者拥有产权，谈判始于原点，在 Q_1 达到均衡。

2．污染者拥有产权。这种情景下，污染者对环境介质提供的环境容量资源拥有全部权利，即有权排污，而受害者没有权利享受这种资源。这时，谈判的起点在 Q_2。如果向 G 点移动，受害者损失的减少将小于排污者收益的减少，即单位资源向受害者配置获得的边际效益大于向污染者配置的边际效益，受害者可以给予污染者一定的补偿，补偿额度介于 FGQ_2 和 $HEGQ_2$ 之间。Q_2 向 G 点的移动是帕累托改进，同理，移向 Q_1 点也是帕累托改进。因此，如果污染者拥有产权，谈判始于 Q_2 点，在 Q_1 达到均衡。

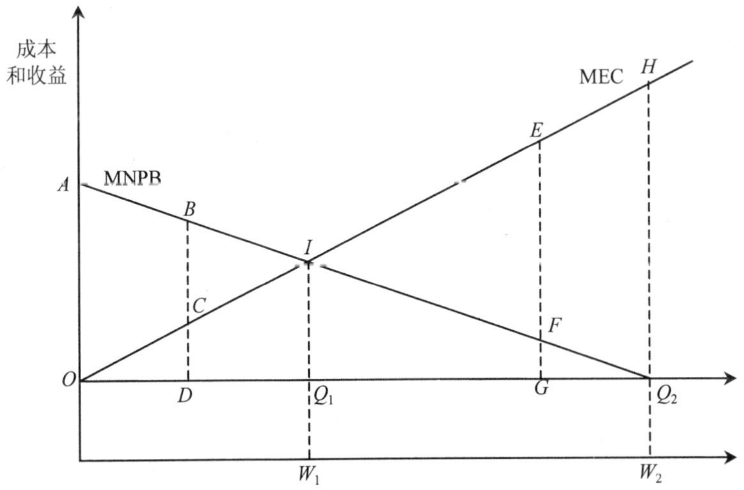

图 4-1　产权谈判模型

因此，无论谁拥有产权，都存在向社会最优点移动的自然趋势。只要排污者和受害者谈判，市场将自然达到社会最优。当然，实现谈判的前提是排污者和受害者之间存在明晰的产权结构。

专栏 4-2 黑河分水制度

黑河位于我国西北地区，干流全长 821 km，流域面积 14.3 万 km^2；其发源于祁连山脉，流经青、甘、蒙三省（自治区），是河西走廊、丝绸之路上的重要水系之一。

水是西北干旱地区最宝贵的自然资源，对水资源的“争夺”也成为河西走廊历史上的主要社会矛盾之一。黑河流域内的水利纠纷主要表现为三个层次：① 流域上下游各县级行政区之间的纠纷；② 同一县内各渠、各坝之间的纠纷；③ 同一渠坝内各户之间的纠纷。第一、第二类纠纷程度最为激烈，往往诉诸武力，且相互进行控诉。乾隆《古浪县志》记载：“河西讼案之大者，莫过于水利，一起争讼，连年不解，或截坝填河，或聚众毒打，如武威之吴牛、高头坝，其往事可鉴已。”

《甘州府志》和《甘肃七区纪要》记载，时清陕甘总督年羹尧赴甘肃等州巡视，道经镇夷五堡，当地居民跪满街道告状，“具诉水利失平”。年羹尧了解情况后，会同甘肃各级官员商议章程，首定黑河“均水制”。

“均水制”规定：每年芒种前十日寅时起，至芒种之日卯时止，十天内高台上游镇江渠以上十八渠一律封闭，所均之水前七天浇镇夷五堡地亩，后三天浇毛（目）、双（丰）二屯堡地亩。均水期间，由鼎新（今甘肃省金塔县）知事兼巡河道，严格执行。均水期间，授权下游县官到上游督察，官升一级；派出由下游各县组成的水使 181 名，坐守各渠口，对玩忽职守或私偷卖水者，连坐处理，官员不从罢官，百姓抗拒杀头。均水完毕后回本毛目县行使七品官的职责。均水的范围相当于今天的甘肃省张掖市至金塔县，处于黑河的中游。实行均水制后，水事纠纷骤减。

年羹尧后，分水制度在河西走廊地区通行。各县府往往把各种类型的分水方案及管理制度等文件刊诸碑石，立于县署或龙王庙，称为“水例”或“渠坝水利碑文”，以便于居民遵行和政府管理。各级政府同时制定了相应的技术、人事制度安排，以保障分水制度的实行。自清代起，分水制度一直沿用到新中国成立前夕。

新中国成立后，有关部门在原均水制度的基础上，先后经过五次调整，到 20 世纪 60 年代形成了较为稳定的一年两次均水制度。进入 20 世纪 90 年代以后，由于河西走廊地区水资源进一步短缺，生态环境日益恶化，黑河流域下游的额济纳旗居延海地区成为中国最大的沙尘源之一。经过研究论证和反复协商，中央有关部委批复了《黑河干流水量分配方案》，自 2000 年起，由甘肃省张掖市向内蒙古额济纳旗跨省分水，调度水量达到黑河水量的一半以上。

新调水方案实施后，使得黑河下游地区的生态环境得到极大改善，曾干涸十年的东居延海于 2002 年重新恢复水面，曾干涸 42 年的西居延海于 2003 年重新恢复水面；自 2004 年 8 月 20 日以来，东居延海持续保有一定水面，实现连续三年不干涸[①]。而自古有“塞上江南”之称的张掖市在调出一半水量之后，正视这一地区将长期存在的缺水问题，积极调整产业结构，大力发展节水型经济，力图走上真正的可持续发展道路[②]。

点评：

年羹尧的“均水制”可以被认为是通过行政手段进行产权配置的典型。通过“均水制”或“水例”“渠坝水利碑文”界定和保障的，至少是流域内不同使用者对水资源的使用权。由于产权明确，如在本案例中详细列出的“均水制”以具体时限作为资源产权分割的依据；且具备相应的制度保障，大大减少了水权纠纷。

在清代分水制基础上调整并实施的黑河新分水制度，统筹考虑了流域内不同地区间的水权配置，将水资源配置到生态环境严重恶化的下游额济纳旗，以生态保护为目的，可以认为单位水资源在这一地区能够获得更大的边际效用；而对于中游张掖市来说，可用水资源的减少促进了这一地区用水效率的提高；对于全流域来说，水资源得到了最优利用。因此，这种行政化的产权配置实现了产权理论的初衷：明晰的产权促进了资源的优化配置。

资料来源：1. 黑河分水考. [DB/OL]. 2003[2007-07-20]. http：//www.yellowriver.gov.cn/trsweb/heihe/ hycz/200707/t20070720_ 23796.htm.

2. 王培华. 清代河西走廊的水资源分配制度——黑河、石羊河流域水利制度的个案考察[J]. 北京师范大学学报：社会科学版，2004，3（183）：91-98.

① 水利部黄河水利委员会黑河流域管理局. 黑河水 6 年内 15 次回归尾闾 东居延海连续三年不干涸已成定局. [N/OL].2007. http：//www. yellowriver. gov. cn /trsweb/heihe/hhyw/200707/t20070720_24578. htm.

② 张燕. 黑河分水，一曲绿色的赞歌. [N/OL]. http：//news. xinhuanet. com/zhengfu/2002-04/24/content_721890. htm.

（二）市场交易与环境资源的合理定价

长期以来，人们习惯免费或近乎免费的方式获取并利用各类环境资源，并总是认为环境资源是无限供给的。环境问题的出现促进了人们对环境资源稀缺性和环境资源价值的认识。然而，如何对环境资源进行合理的定价又成为新的问题。环境产权理论的发展，明确了市场交易机制在环境资源合理定价中的重要作用。

以图 4-1 所阐述的产权谈判模型为例。假设不存在第三者，实际上污染者和受害者形成了对同一种环境介质环境容量资源的竞争性利用。当环境容量资源的产权归属尚未确定时，即使污染者和受害者均具有进行市场交易的欲望（即他们可能都希望“购买”尽可能多的资源，或尽可能地“出售”自己的权利），但是，他们无法明确是否应当向对方“购买”或“出售”，同时也无法明确自己可以“出售”多少资源。因此，市场交易的谈判无法进行。至于环境资源的价格，虽然污染者和受害者双方对自己的收益和成本有一定的预期和了解，但是如果不通过市场交易的方式，这种收益和成本的价格就无法最终体现。

当产权明确后，无论是在哪种初始产权配置模式下，最终都可以在 Q_1 点达到均衡。在这个排污水平上，边际净私人收益（MNPB）和边际外部成本（MEC）相等，同时它们都等于环境容量资源的价格。因此，通过产权交易，环境资源的价值得到了充分表达。

对于参与经济活动的不同主体来说，当环境资源不再是免费而是有一定市场价格时，他们会考虑减少对环境资源的消费，如减少污染物的排放，或者提高资源的利用效率，以降低自己的成本；同时，那些拥有产权的主体会考虑增加对环境资源的供给，以使自己获得更多的收益，如清洁的空气一旦存在市场价格，那么植树造林的活动将相应增加。因此，环境产权交易能够减少污染和消耗，改善环境质量。

专栏 4-3　东阳水权交易

2000 年 11 月 24 日，浙江省东阳市和义乌市之间达成了我国首例水权交易。根据协议内容，义乌市以 2 亿元人民币的价格购买东阳市横锦水库每年 5 000 万立方米水资源的永久引水权。2004 年，横锦水库引水工程完工，东阳市的清水通过管道流入了义乌市的千家万户①。

点评：黑河分水制度仅仅完成了对水资源产权的初始配置及其调整，却没有对水权进行市场化的交易。在水权配置的调整中，特别是现代新分水制度中受益的下游额济纳旗地区，为了获得水权所支付的仅仅是行政协商的成本，而且这种成本并没有反映在市场价格上，即从表面上看，这一地区是“免费”获得水资源的。行政协商的成本虽然从一定程度上体现了不同主体对自身收益或成本的预期，但无法保证能够准确地反映边际成本和边际收益，无法保证实现帕累托最优。因此，黑河的新、旧分水制度，理论上均无法实现对水资源的优化配置。

东阳水权交易是在产权明晰的前提下，通过市场机制调整产权分配的典型案例。首先，这一案例中不存在产权所属争议，即所有人都认可这一产权归属：横锦水库所蓄的水资源属于东阳市。其次，通过协商，双方确定了参加交易的水资源量及其价格：每立方米水资源永久引水权的价格为 4 元人民币。我们可以认为这一价格反映了现状下每一单位水资源对义乌市地区发展的边际总效用，也反映了东阳市供给每一单位水资源的边际总成本。随着两地社会经济的不断发展，单位水资源对地区发展的总效用可能会降低，也可能会提高；单位水资源的供给成本也可能降低或提高。未来两地之间的水权配置格局可能保持不变，也可能发生不同情况的改变：义乌市继续增加向东阳市的购买量，或者东阳市反向义乌市回购一定量的水资源，而市场价格会根据当时的社会边际成本和边际收益来确定。最终，通过多次谈判和交易，水资源会在两地之间维持一定时间的最优配置。

① 岳德亮，吕煊，钱启仁. 全国首例异地水权交易：义乌人花 2 亿喝上东阳水[N/OL]. 现代金报//搜狐网. http：//news. sohu. com/20050107/n223821308. shtml，2005.

第三节　环境产权理论的实践

一、排污权交易

对第二节中的环境产权谈判模型作进一步的完善，就可以成为现实中进行的排污权交易。

排污权交易的客体是环境容量资源，这是指某一个区域范围内某种环境介质所能容纳污染的最大负荷。因此，在限定的区域内，环境容量资源是有限的，在发展中地区，这种资源正表现出越来越严重的稀缺性。

当环境容量资源较为充裕时，人们缺乏明晰产权的动力，因为明晰产权的成本很高，而明晰产权的收益很低。当环境容量资源变得稀缺时，将出现对资源的竞争性使用，此时明晰产权的收益将迅速增加，人们会产生将产权明晰的动力。

同时，如果不明晰产权，则人们在消费环境容量资源时，无须付出与资源相对价格相应的现实价格，导致环境容量资源消费的私人成本和社会成本之间产生差异。资源的稀缺度越高，这种差异就越大，并导致资源被过多地配置到高消费（即高污染）部门。从而使得污染更加严重，环境容量资源进一步紧缺。

排污权交易的设计目标是希望充分利用市场机制的力量，确定环境容量资源排他性产权的收益，从而进一步推动产权的界定，最终达到环境容量资源的优化配置。其实质是一个环境容量产权明晰的制度变迁过程。

排污权交易的原理是：环境容量资源形成一定的初始产权配置后，

利用市场机制进行价格谈判，从而形成环境容量资源（即排污权）的市场价格。当排污权的市场价格较高时，人们会积极寻求治理污染的技术和方法来减少对环境容量资源的消费（即减少排污），只要治理污染的成本小于购买排污权的成本，人们就会选择治理污染而非消费环境容量。由于不同的排污者之间存在污染治理成本的差异，污染治理成本低的排污者，就可以凭借其优势大幅度减少消费甚至出让自己拥有的环境容量资源产权，从而在市场交易中获得较大利润。按照这种模式，人们出于追求利润最大化的目的，将推动污染治理技术的不断提高和污染治理成本的持续下降，而污染治理成本的下降又将促进污染治理技术的普及和推广。由此，排污权交易是一种有效的治理污染、改善环境的方法。

最早成功实施的是美国的 SO_2 排污许可证交易。其后，世界各国对不同环境介质的环境容量资源进行了产权交易尝试。对排污权交易的进一步理论解释和案例的具体情况参见第三篇第十章。

专栏 4-4　清洁生产（CDM）机制下的碳排放权交易

CO_2 并不是一种传统意义上的环境污染物。然而，越来越多的人认识到，以 CO_2 为代表的一类温室气体对全球气候变化具有重要影响，为减少这种影响，应尽可能地减少 CO_2 等气体的排放。

《联合国气候变化框架公约》是世界上第一个为全面控制 CO_2 等温室气体排放，以应对全球气候变暖给人类经济和社会带来不利影响的国际公约，也是国际社会在对付全球气候变化问题上进行国际合作的一个基本框架。清洁发展机制（CDM）是《联合国气候变化框架公约》第三次缔约方大会（京都会议）通过的附件 I 缔约方在境外实现部分减排承诺的一种履约机制。其目的是协助未列入附件 I 的缔约方实现可持续发展和有益于《公约》的最终目标，并协助附件 I 所列缔约方实现遵守第 3 条规定的其量化的限制和减少排放的承诺。CDM 的核心是允许发达国家和发展中国家进行项目级的减排量（CERs）抵消额的转让与获得，也就是俗称的碳排放权交易或碳交易。

发展中国家各类新能源和可再生能源项目（包括风能、水能、生物质能、沼气发电等领域），以及有潜力在钢铁、水泥、化工等大型工业建筑业进行节能的技术和项目，或者能够大量回收甲烷气的垃圾发电和煤层气回收的项目，都可以按照国际公认的 CDM 方法学计算，把替代下来的传统方式产生的温室气体量算为减少了的温室气体排放量，经严格核准和批准后，与《公约》缔约方中的发达国家交换技术和资金。

通过碳排放权交易，发展中国家获得了切实的技术和资金收益，增强了发展新能源、可再生能源、节能等项目的意愿，从而减少了全球的温室气体排放量。目前，CDM 框架外的各类碳排放权交易、"碳汇"交易机制正在不断地被开发出来，而全球碳市场的规模也在不断扩大。根据世界银行《碳市场发展状况与趋势分析年度报告（2009）》，2008 年全球碳市场交易额已达 1 264 亿美元。

二、环境税

政府干预和市场调节是实现资源配置的两大主要手段，而从经济学角度来看，实现环境资源优化配置的核心是实现环境资源的合理定价。上节已经证明，环境产权的市场交易是揭示环境资源稀缺程度、实现环境资源合理价格的有效方法，而在政府干预的诸多手段中，环境税的本质也是通过界定环境资源的价格来调整资源配置。环境税就是政府为环境资源确定的价格，当税额逼近和较为真实地反映环境资源的相对价格时，环境税就能够达到纠正市场价格扭曲，实现合理配置环境资源的目的。

根据庇古理论，环境税的设计原则是谁污染谁付费，即污染者付费原则（PPP）。但是，庇古税隐含了一个产权界定的假设前提，即环境资源的全部产权都归国家，或全体公民所有。当污染者造成了一种普遍性的污染，受害者人数较多时，受害者寻求补偿的过程中会产生外部性，导致受害者和污染者之间以补偿为目的的市场交易存在较高的交易费用。政府的介入，会降低这种交易费用。由政府作为受害者的代表，向污染者收取补偿，既是征收环境税的过程，同时也是一次市场交易，是政府和污染者之间进行谈判的结果。如果受害者和污染者之间进行谈判的交易费用高昂，那么政府作为受害者代表进行的谈判，其交易费用将大为降低，根据科斯第三定理，这是一种更为有效的选择。因此，对于污染现象比较普遍，污染者和受害者数量众多时，对污染者征收环境税，有利于高效率地配置环境资源。

三、生态（环境）补偿

经济学意义上的生态（环境）补偿，是指向生态（环境）服务功能付费，并恢复、维持生态系统的稳定，其核心的原则是污染者付费（PPP）和受益者补偿（BPP）（王金南等，2006）。对于一些环境资源来说，其产权边界的界定还存在一定的技术障碍，使之无法分割而明晰地界定给多个产权主体。因此，地方政府往往成为区域内某些生态（环境）资源、服务的产权代理人。通过不同形式的谈判交易，代理人可以向污染者收取破坏自然生态（环境）的补偿，也可以向所有生态服务和环境资源的普通消费者收取供应这些服务与资源的成本。自然生态系统提供的一些生态服务很难进行量化，为了简化补偿的工作难度，通常会选择一些具有代表性又易于量化的资源或服务进行替代。即使是这样，对生态（环境）资源、服务进行完全市场化的交易还是存在很多障碍。因此，各种经济上的生态（环境）补偿通常是通过隐含了市场交易思想的行政协商实现的，对于揭示生态（环境）服务功能的相对价格还存在一定的缺陷。

例如，森林周边地区的居民享受到了清洁的空气，而森林地区的居民却有不发展工业经济的机会成本。单个的森林地区居民显然不会向单个的森林周边地区居民谈判以收取森林的生态服务补偿，因为这样做的产权界定成本和谈判费用会相当之高。如果森林地区和森林周边地区的政府分别代表自己的全体公民进行谈判，那么产权界定和谈判费用就会大幅度降低（但依然存在）。提供清洁空气的服务具有整体性，从技术上无法精确地确定这项服务的投入产出，也很难对其进行质和量的精确衡量，比如没有办法精确计量清洁空气的体积。因此，谈判双方会尽可能选择一些可量化的指标，例如：森林面积、树木数量等，来替代性地量化这项服务。同时，由于这种谈判是不充分的，即生产者和消费者都无法确定自己和对方所生产、消费服务的质和量，那么，对于服务价格的谈判，也是基于其他具有替代性的福利考虑，例如森林地区的机会成本，或者周围地区因之减少的医疗支出等。最终的价格会存在一定的偏差，而这种偏差，还需要等待各种技术和方法的进一步发展来消除。

专栏 4-5　国内外实施生态（环境）补偿的部分案例

1. 1998 年，新《森林法》确定了森林生态效益补偿基金的法律制度，是我国生态补偿研究和实践的一个重大突破。自 1998 年以来，我国生态补偿研究进入了理论和实践相结合的阶段，研究领域也从完善森林和矿区的生态补偿，扩展到区域生态补偿、流域生态补偿、自然保护区生态补偿、生态工程（退耕还林、还草，退田还湖，退牧还草）补偿等各个领域（杨光梅等，2007）。

2. 根据 2005 年实施的《浙江省生态环保财力转移支付试行办法》，根据“谁保护，谁得益”“谁改善，谁得益”“谁贡献大，谁多得益”以及“总量控制、有奖有罚”的原则，全面实施省对主要水系源头所在市、县（市）的生态环保财力转移支付制度[①]。

3. 福建省于 2007 年起实施江河下游地区对上游地区森林生态效益补偿方案。根据方案，以 2005 年城市工业用水和生活用水量为依据，综合考虑生态区位及其对流域的贡献大小和经济发展水平，确定下游各地区应承担的补

① 浙江省人民政府办公厅关于印发浙江省生态环保财力转移支付试行办法的通知. 浙江省财政厅. http：//www. zjczt. gov. cn/zwgk/zxwj/5696. htm，2008.

偿资金额度。补偿资金通过年终计算上解省级财政，并通过省财政厅和省林业厅将所募集的补偿资金以每亩 2 元的标准对全省生态公益林的所有者进行补偿，并向各级林业单位进行补偿资金定额下拨①。

4. 针对流域内的跨界环境污染，河北省率先进行了子牙河流域生态补偿的实践。2008 年，河北省政府下发了《在子牙河水系主要河流实行跨市断面水质目标责任考核并试行扣缴生态补偿金政策的通知》。根据这一通知，子牙河水系涉及的石家庄、沧州、衡水、邢台、邯郸等市的主要河流跨市断面接受省环境监测中心站每月一次的监测。根据监测水质，在超标倍数不等的情况下，扣缴不同额度的生态补偿金。最低扣缴额度为 10 万元，最高扣缴额度为 300 万元。同一设区的市范围内，所有超标断面累计扣缴。所有生态补偿金由省级财政进行扣缴，并专项用于子牙河水系的水污染综合整治减排工程。通过为期一年的实践，子牙河水质得到了明显的改善，各跨市断面的水质达标率有效提高，说明子牙河流域的生态补偿机制获得了良好的效果②。

5. 为了控制太湖流域的污染状况，江苏省于 2008 年公布了《江苏省环境资源区域补偿办法（试行）》，率先在省内太湖流域部分入湖河流断面试行。各控制断面的水质进行每月监测，凡是断面当月水质指标超过控制目标的，上游地区设区的市应当给予下游地区设区的市相应的环境资源补偿金；直接排入太湖湖体的河流，断面当月水质指标超过控制目标的，所在地设区的市应当将补偿资金上交省级财政。环境资源区域补偿因子及标准暂定为：COD 每吨 1.5 万元；氨氮每吨 10 万元；总磷每吨 10 万元。单因子补偿资金 =（断面水质指标值 − 断面水质目标值）× 月断面水量 × 补偿标准。补偿资金为各单因子补偿资金之和③。

6. 德国是欧盟各国开展生态补偿较早的国家之一，比较成功的案例是易北河的生态补偿政策。易北河贯穿两个国家，上游在捷克，中下游在德国。1980 年前从未开展流域治理，水质日益下降。1980 年以后，两国达成了共同整治易北河的协议，成立双边合作组织，目标在于长期改良农用水灌溉质量，保持流域生物多样性，减少流域沿岸排放污染物。在易北河流域整治的

① 福建省人民政府. 关于实施江河下游地区对上游地区森林生态效益补偿的通知[EB/OL]. 福建省林业厅网站，2007[2010-10-2]. http：//www. fjforestry. gov. cn/InfoShow. aspx？ InfoID=12599&InfoTypeID=5.

② 河北省人民政府办公厅. 关于在子牙河水系主要河流实行跨市断面水质目标责任考核并试行扣缴生态补偿金政策的通知[EB/OL]. 河北省政府门户网站，2008[2008-06-16]. http：//www. hebei. gov. cn/article/20080616/998910. htm.

③ 江苏省环境保护厅. 江苏省环境资源区域补偿办法（试行）. [EB/OL]2008[2008-11-10]. http: //www.jshb.gov.cn/jshbw/zcfh/zc/dfzc/200909/t20090901 106779.html.

过程中，德国多方筹集资金和经费，其中包括下游对上游的经济补偿。仅在 2000 年，德国环保部就拿出 900 万马克给捷克，用于建设捷克与德国交界处的城市污水处理厂，在满足各自发展要求的同时，实现了互惠互赢。通过一系列的整治，目前易北河上游的水质已经基本达到饮用水标准。

7. 在亚洲，日本很早就已经认识到建立水源区利益补偿制度的必要性。在 1972 年，日本制定了《琵琶湖综合开发特别措施法》，并在 1973 年制定的《水源区对策特别措施法》中将其作为普遍制度固定下来。目前，日本的水源区所享有的利益补偿共由 3 部分组成：水库建设主体以支付搬迁费等形式对居民的直接经济补偿；依据《水源地区对策特别措施法》采取的补偿措施；通过“水源地区对策基金”采取的补偿措施。

8. 美国作为当今世界上的经济大国和强国，在经历了传统的工业发展道路之后，也面临着生态环境建设与保护的许多问题，其中，生态补偿作为一种选择越来越引起人们的重视，同时也进行了多项生态补偿的实践（赵玉山，朱桂香，2008）。

Pecos River 流经美国新墨西哥州和得克萨斯州，上游的新墨西哥州使用了超过配额的水量，并使水质严重盐化，下游的得克萨斯州不得不使用经过过滤的水来灌溉庄稼，使得得克萨斯州的农民收入减少。因此得克萨斯州要求新墨西哥州赔偿 5 000 万美元损失，但经分析，把水用在新墨西哥州的边际受益比用在得克萨斯州的边际收益要大。最后经最高法院裁决：新墨西哥州赔偿 1 600 万美元给得克萨斯州，并从其他渠道给得克萨斯州供水。

美国纽约市 900 万市民的饮用水，有 90%来源于上游卡茨基尔河和特拉华河流域。20 世纪 80 年代后期开始，微生物污染引起了越来越多的关注。1989 年美国环保局要求，所有来自于地表水的城市供水，都要建立水过滤净化设施，但那些已有水处理环节或自然条件能够提供安全饮用水的企业可以例外。纽约市估算，要建立新的过滤净化设施需要投资 60 亿~80 亿美元，加上每年 3 亿~5 亿美元的运行费用，成本非常高。而如果对上游卡茨基尔河和特拉华河流域在 10 年内投入 10 亿~15 亿美元以改善流域内的土地利用和生产方式，水质就可以达到要求。另外，这项费用的主要来源是对用水户征收 9%的附加税，为期 5 年，而要新建一座水过滤厂，其税率可能需要提高 2 倍。纽约市最后决定投资购买上游卡茨基尔河和特拉华河流域的生态服务。资金的来源分为 3 个部分：政府对用水户征收的附加税、纽约市公债以及信托基金。具体的实施方式是纽约市为该流域内采取最好管理措施的奶牛场和林场经营者提供了 4 000 万美元，让他们采用环境友好的生产来改善水质。绝大多数农场主都表示，只要发放的补助可以抵消所有新增成本，他们都同意参加该项目（高彤，杨姝影，2006）。

参考文献

[1] Coase R H. The Problem of Social Cost[J]. Journal of Law and Economics，1960，Ⅲ：1-44.

[2] Baumol W J，Oates W E. The Theory of Environmental Policy[M]. Cambridge：Cambridge University Press，1988：27-28.

[3] 高彤，杨姝影．国际生态补偿政策对中国的借鉴意义[J]．环境保护，2006，10A：71-76.

[4] 王亚华，胡鞍钢，张棣生．我国水权制度的变迁——新制度经济学对东阳义乌水权交易的考察[J]. 经济研究参考. 2002（20）：25-31.

[5] 《环境科学大辞典》编委会．环境科学大辞典[M]．北京：中国环境科学出版社，1991，326.

[6] 刘凡、刘允斌，等. 产权经济学[M]. 武汉：湖北人民出版社，2002.

[7] 蓝虹. 科斯定理与环境税设计的产权分析[J]. 当代财经，2004（4）.

[8] 蓝虹. 环境产权经济学[M]. 北京：中国人民大学出版社，2005.

[9] 马中. 环境与自然资源经济学概论[M]. 北京：高等教育出版社，1999.

[10] 马中. 环境与自然资源经济学概论[M]（第 2 版）. 北京：高等教育出版社，2006.

[11] 王金南，万军，张惠远. 关于我国生态补偿机制与政策的几点认识[J]. 环境保护，2006，19：24-28.

[12] 杨光梅，闵庆文，李文华，等．我国生态补偿研究中的科学问题[J]．生态学报，2007，27（10）：4289-4300.

[13] 庄国泰，高鹏，王学军．中国生态环境补偿费的理论与实践[J]，中国环境科学，1995，15（6）：413-418.

[14] 赵玉山，朱桂香．国外流域生态补偿的实践模式及对中国的借鉴意义[J]．世界农业，2008（4）：14-17.

第五章　公共选择、政府管制与信息公开

第一节　公共选择

一、概述

（一）公共选择的定义及研究范围

公共选择理论产生于20世纪40年代末50年代初，经过几十年的发展和完善，已经成为当代西方经济学领域中的一个重要分支。经济学家丹尼斯·缪勒将公共选择定义为对非市场决策的经济研究，或者简单地说是经济学在政治学中的应用[①]。公共选择以新古典经济学的基本假设和研究方法来分析和研究政治市场的运行过程及其主体的行为，它的研究主题包括：国家理论、投票规则、投票者行为、政治经济学和官员政治等。皮科克（Alan Peacock）认为按照政策操作过程，公共选择理论的研究范围可以划分为三个政治市场：① 初级政治市场。政治家将政策卖给选民，选民则为政治家支付选票。在这个市场中，公共选择理论分析不同投票规则及其结果，如一致同意的投票规

① 丹尼斯·缪勒. 公共选择[M]. 张军译. 上海：生活·读书·新知三联书店上海分店出版，1993：1.

则，少数服从多数的投票规则和中间人定理等理论。② 政策供给市场。政府官员为实现政府的政策目标所提供的不同的行政手段。官员经济理论、政府增长理论和政府失灵理论等构成这个市场的研究重点。③ 政策执行市场。在这个市场主要分析政策执行所带来市场主体的行为影响[①]。

（二）公共选择的研究方法

公共选择理论的方法论主要具有以下特点：① 方法论个人主义。以个人作为决策的基本单位，社会发展是个人之间的相互作用，各种社会政治活动归根到底是其中个体的行为；② 经济人假设。公共选择理论认为“政治人”与“经济人”一样：是利己的、理性的、效用最大化的。如布坎南所说：“当个人由市场中买者或卖者转为政治中的投票者、纳税人、受益者、政治家或官员时，他们的品行不会发生变化”[②]；③ 政治市场交易活动假设。公共选择理论认为经济学是一门交易科学，政治过程和经济过程一样，其基础是交易和行为，是利益的互换。集体行动可以被看成为集团内全部成员之间的复杂交易和契约。由此可见，公共选择对政治问题的分析完全不同于传统政治学理论，认为在政治市场中不存在利他主义和超个人利益，政治市场的主体——选民、政治家、官僚、利益集团的动机和目标都是以追求自身利益最大化为原则。公共选择理论认为，公共选择和市场选择具有相似性，两者都是理性经济人之间自由交易稀缺物品的过程。但是，同市场选择相比，公共选择具有以下不同的特征：第一，公共选择参与决策主体主要是政治家、投票者和官僚；第二，公共选择的主要作用媒介和方式是投票；第三，公共选择中个体的选择行为与最终结果不存在一一对应的关系；第四，由于个人决策在集体选择中并非发挥决定性作用，

① Alan Peacock. Public Choice Analysis in Historical Perspective[M]. UK: Cambrigde University Press,1992.
② 布坎南. 宪法经济学[M]. 刘军宁等编. 市场社会与公共秩序. 北京：三联书店，1996：341.

因而同市场选择相比，个体更加缺乏了解相关信息的激励，理性程度会更低；第五，在公共选择中，投票规则通常会使个体所付出的成本与获取收益之间不存在对应性。

（三）公共选择理论的渊源和存在理由

公共选择理论的渊源可以追溯到 19 世纪，维克塞尔的公共财政理论，林达尔的公共产品理论，庞塔雷奥尼和德·维蒂等人的公债理论和国家学说，霍布斯、洛克等人的社会契约说和弗兰克·奈特的经济自由学术学说是构成公共选择理论产生的理论渊源。

公共物品的特性和外部性的存在构成了公共选择存在的理由。公共物品是指同时具有非排他性和非竞争性的物品，如国防、法律政策、环境保护、社会保障等。公共物品的特性决定其不能通过市场实现有效率的生产和供给。公共选择可以决定公共物品方面如何生产、为谁生产和生产多少的问题，以及公共物品的消费者应为公共物品的供给应承担的税收份额。外部性是指一个经济主体的行为影响了其他经济主体的福利，而市场交易中并未反映出这种影响。庇古税和科斯条件是解决外部性问题的传统手段，但这些手段的实施效果又取决于信息掌握情况和交易费用的高低。政府通过公共选择过程可以尽可能获取有关公共物品最优配置的信息并降低交易成本。

二、投票规则

在实践过程中，投票是个人参与公共选择的最为重要的方式，投票人通过一定民主程序将个人对于公共产品的偏好理性地传递并转换为公共政策。每种公共物品或服务应有一个单独的税种作为资金基础，公民需承担的税收份额的大小取决于公共物品的生产成本。投票人最偏好的选择结果是他所需承担的税收份额等于该公共物品或服务带给他的边际效益。投票规则是将个人偏好汇合成集体决策的手段，不同的投票规则、税收份额以及公共物品的效益在投票人之间的分配状况决定了投票的结果。

一般而言，投票规则可分为一致性同意规则和多数通过规则两大类。

（一）一致性同意规则

一致性同意规则，是指所有投票人都拥有否决权，针对任何一项备选议案，只有全体投票人一致投赞同票才能获得通过的投票规则。克努特·维克塞尔（1986）是第一个将所有人都能从集体行动中获益的可能与一致性同意规则联系起来的人。一致性同意规则的具体操作方式：首先，针对某一公共产品或服务的数量进行投票时，存在一位“中间人”负责汇集每一轮投票的所有投票人的相关信息，并根据一定规则加工和修改，并反馈到所有投票人中，开始新一轮投票，直到全体通过。一致性同意规则是唯一能够实现资源配置的帕累托效率的投票规则。但是，一致性同意规则具有的交易成本过高、马拉松式的讨价还价等缺陷导致其在实际中未得到普遍采用。

（二）多数通过规则

多数通过规则是指当某项议案须经过超过半数的投票人赞成时才能通过的一种投票规则。多数投票规则又可以分为简单多数规则、最多投票规则、孔多塞规则、黑尔系数等。

简单多数规则是最简单和现实政治经济生活中使用比较普遍的一种多数通过规则。根据中间投票者定理，在简单多数规则下集体选择的结果是由中间投票者所偏好的公共产品或服务的数量所决定的，中间投票人是指对公共产品需求持中间态度的人。同时出现两个以上备选方案的时候，这种广泛应用的投票规则就会存在一定的弊端，一是有可能出现“投票循环悖论”问题，就是在多个备选方案中无法达成均衡者而是不断在各种选择之间循环；二是投票交易，特殊利益集团会愿意就那些与其关系重大的问题进行投票交易，通过互投赞成票，操纵投票过程以及投票结果。

（三）不同规则的成本比较

公共选择的成本可以分为两部分：外在决策成本和决策时间成本。外在决策成本是指集体选择中，非单个投票者可控范围内，由其他人的行动通过集体决策结果强加上的成本。一致性同意规则的公共选择中个人偏好和选择结果一致，外在决策成本等于零。多数通过规则中，同个人偏好和选择结果一致的投票人越多，外在决策成本则逐渐降低。决策的时间成本是指单个投票者为了使集体决策得到所需的赞同人数规模而花费的时间和努力，投票人数越多则成本越高。一致性同意规则的决策时间成本会非常大。只有一人做主的投票规则的决策时间成本为零。因此，从成本角度分析，公共选择的最优投票规则是两类成本之和最小的最优多数通过规则。

三、利益集团

个人对公共物品的需求除了通过投票方式实现，也可以通过组建或参与某一集团的方式来谋求他的需求。公共选择经济学家认为政府的政策主张不仅能够改善经济配置效益，而且能够创造、提高和分配垄断租金。那些拥有共同利益目标的个人就会组成实体性组织来对政府政策施加影响，以求获得政府政策上的倾斜，这种组织通常称为利益集团。社会决策或公共选择通常是通过许多强大的利益集团的相互作用而实现的，它是公共选择过程中不可忽视的重要力量。利益集团影响政府决策通常采取的手段包括：① 利益集团直接向政府官员提供贿赂资金以求获得更多垄断租金；② 利益集团为政治家提供竞选资金和选票，从而使其当选后为其服务；③ 通过院外游说者，向政府传递信息并影响立法；④ 通过各种媒介传播有利于集团的信息，说服选民按照集团的意愿投票；⑤ 通过同其他利益集团合作进行投票交易等。

著名经济学家奥尔森（1965）认为，追求自身利益最大化的经济人不会为实现他们共同或者集团的利益采取行动，除非存在强制或者其他刺激手段[①]。刺激手段可以是积极性的奖励措施，或者负面的惩罚措施。环境税是一种负面的刺激手段，个人污染环境将受到征税的惩罚。各种社会组织采取集体行动的目标无一例外的都是争取重新分配财富，而不是为了增加社会的总产出——换句话说，他们都是“分利集团”。强大的利益集团通过影响政府对社会财富的再分配，为自己获得更多租金的同时必然会损害其他人的利益，就降低了社会的经济效率，或者利益集团之间出现的寻租竞争增加了社会的立法成本，造成社会的资源浪费。此外，利益集团为了维护其成员的利益，会阻碍新技术的采用与资源自由流动配置，阻碍社会经济改革进程，长期来看会影响经济增长。

因此，政府进行公共选择的过程中往往会受到各种压力的影响，政治家为了自身的利益往往会对特殊利益集团的寻租活动作出响应，有可能会通过一些无效率的政府决策，即出现“政府失灵”。

四、政府失灵

（一）政府失灵的定义、原因和表现

政府失灵是指政府决策未能改善经济效率，或者将收入分配给本

---

① 曼瑟尔·奥尔森. 集体行动的逻辑. 陈郁，等译. 上海：上海三联书店，1995.

不应享有这部分收入的人群。政府失灵的原因可归因于 3 个方面：① 政府决策的成员都是追求个人利益最大化的理性人；② 不经济的寻租活动影响政府决策；③ 信息不完全。政府决策面临着信息不完全问题，有可能产生无效率的资源配置。政府失灵的主要表现是：① 政府决策并未代表广大选民的利益，而是代表了极少数利益集团的利益和偏好；② 政府官员目光短浅和决策短期化，导致诸如环境保护等长期性公共物品的决策过程冗长或无疾而终；③ 政府干预经济活动的结果使经济效率损失更大。公共选择理论认为，政府是由理性的经济人组成，面对选民不同的偏好和利益集团的不同压力，不可能实现最优的社会福利函数，也就是说政府失灵是必然的。

（二）如何纠正政府失灵

公共选择理论如何纠正政府失灵呢？只有个人偏好真实显示才能使得公共选择的结果具有帕累托效率，新的、可靠的偏好显示机制成为公共选择学家的研究重点。伊尔 · 汤普森（1966）提出了一种偏好显示机制，为了防止投票人最不赞成的议案获得通过，个人购买保险来体现或显示他对不同备选议案的偏好评价[①]。20 世纪 70 年代，克拉克和戈罗夫斯设计了一种称为“收费投票法”的显示机制。首先，每位选民以货币量形式估计从其偏好的议案中所获得的好处，然后将每个备选议案的货币量加总排序，获得选民偏好最高的议案便为公共选择的结果。1979 年，海伦德和内科豪塞提出了“配给投票法”，每一位选民都获得一定量的选票货币，允许选民根据他们的偏好程度在不同的备选议案中分配这些选票货币，政府根据每个议案所获得投票货币的多少确定最终议案。公共选择理论认为纠正政府失灵应从如何改善政治市场的运行效率、抑制政府机构过度膨胀和减少政府干预的低效

① E A Thompson. A pareto optimal group decision process[J]. Public Choice,1966 Volume 1, Number 1, 133-140, DOI: 10. 1007/BF01718990.

率入手，威廉·尼斯卡兰在 1971 年的《官员与代议制政府》一书中，认为解决问题的方法是在机构之间引入竞争机制，重构公共部门的刺激机制，并将一些有公共部门提供的服务改由私人部门提供。许多公共选择学家更加欣赏米尔顿·弗里德曼提出的负所得税（即向贫困线以下的家庭提供收入补贴）和购买券（取消免费提供公共物品的制度，但同时分配给贫困者一些购买券）的方案，认为最好的社会政策是充分发挥市场机制解决问题的政策，而不是取消或限制市场机制的政策。

对于经济活动的负外部性问题，如环境污染，公共选择理论提出了一些解决方法。一是使用需求显示法解决负的外部性。以环境保护为例，社会成员对自然环境都会有价值评判，通过需求显示法可以构建考虑到某种个人偏好的准市场机构，从而寻找到一种制度，实现最优的污染水平。二是建立新产权制度。通过明晰产权可以解决许多负的外部性，比如环境污染领域广泛应用的排污权交易。

第二节　政府管制

一、政府管制概述

（一）政府管制的产生

产业革命促生了政府管制，随着新技术的发明和应用，传统的自由放任思想面临很大的挑战，政府在经济中的作用逐渐凸显。铁路运输的发展需要大量固定资本投资，而单靠自由竞争市场难以迅速聚集所需的大量资金，英、美等国政府成立了政府管制部门；20 世纪 30 年代，以美国为首的西方国家在经济大危机期间，对具有自然垄断特征的公用事业部门进行了政府管制；此后西方国家政府管制逐渐覆盖了社会和经济生活的绝大多数领域。

政府管制的理论起步于 18 世纪古典政治经济学派的政府职能学说。亚当·斯密提出的“看不见的手”并没有否认政府在市场经济下的应有职责，由于市场机制下，市场自身不能完善发挥资源配置的基础作用，政府管制便出现在社会实践中。其后，新古典经济学①的代表人物马歇尔提出了“外部效应”思想，庇古提出了以税收或补贴形式进行政府干预的思想等，为政府管制问题的研究提供了重要的理论基础。

（二）政府管制的概念

政府管制又称为政府规制，源于英文“governmental regulation”，regulation 具有规则、规章、法规、调整多重含义，中译为管制或规制。管制强调政府的监管和合法性，规制强调规定和规则性，学者说法不一，目前并无统一认识。但不影响政府管制理论的研究和发展，本书不做区分。

何为政府管制，不同学者由于研究视角、分析框架、强调重点以及所在制度环境等不同而不同。根据丹尼尔·F. 史普博（Daniel F.Spulber）②的定义，经济学中“规制”是指由行政机构指定并执行的直接干预市场配置机制或间接改变企业和消费者的供需关系决策的一般规则或特殊行为。“规制代表了国家的一种企图，即改变原先控制市场交易的行政及法律制度框架。”日本著名学者植草益③定义为“规制是指依照一定的规则对构成特定社会的个人和经济活动主体的活动进行限制的行为”。余晖（1997）④则认为“规制是指政府的许多行政机构，以治理

① 此处“新古典主义经济学”是指以马歇尔为代表的，从 19 世纪 70 年代起至 20 世纪 30 年代凯恩斯主义之前的一个历史阶段。

② 史普博（D. F. Spulber）. 管制与市场[M]. 上海：上海人民出版社和上海三联书店，1999.

③ 植草益（Uekusa，M. ）. 微观规制经济学[M]. 北京：中国发展出版社，1992.

④ 余晖. 政府与企业：从宏观管理到微观规制[M]. 福州：福建人民出版社，1997.

市场失灵为己任，以法律为根据，以大量颁布法律、法规、规章、命令及裁决为手段，对微观经济主体（主要是企业）的不完全公正的市场交易行为进行直接的控制或干预”。尽管学者定义各不相同，但统一的共识在于，政府具有强制力，管制是强制力的应用，政府管制是一种对管制对象自由的限制和干预行为。

政府管制的研究是政治学、经济学、法学、行政学等的交叉学科的研究。从政治学意义上讲，政府管制是出于政治家政治目的，即权力扩大，利益扩大的驱使；法学意义上，政府管制与法律约束的区别在于，管制主要用于规定行为，法律用于禁止行为；最广泛应用的经济学意义上，政府管制是强调公共利益，协调个人利益的行为。

通过国有化和宏观调控干预经济的活动基本上可以归为政府的宏观行为，反垄断和管制属于政府的微观行为。政府干预从经济性质来看，可以分为宏观调控与微观规制。政府管制属于政府的微观经济管理职能，它与旨在保证经济稳定与增长的宏观经济调控一起构成政府干预经济的两种主要方式。

（三）政府管制的研究对象

根据管制对象属性的差异，政府管制一般分为两大类。

第一类为经济性管制。简单来说即是对经济性活动的管制。通常是针对某一行业，产业的纵向管制，包括政府对价格、产品质量、行业服务标准、进入或退出某行业、投资、信息的管制。主要是解决由自然垄断、信息不对称和过度竞争所产生的问题，如垄断租金、欺诈竞争、强行交易、公用事业，服务行业质量等，消除垄断带来的负面效应，保证公众能享受到合理的服务。

第二类为社会性管制，也称“HSE 管制”，这是由于目前经济学家对于医疗卫生（health）、安全（security）、环境（environment）问题研究较多而得名。对社会活动进行的管制主要源于对工人、消费者的健康、安全的关心和对环境的责任。主要针对外部不经济性和内部不经济性的问题，前者是市场交易双方在交易时，会产生一种由第三方或社会全体支付的成本。后者是交易双方在交易过程中，一方控制信息但不向另一方完全公开，由此造成的非合约成本由信息不足方承担。社会性规制是近年来在各国逐渐施行的，主要通过设立相应标准、发放许可证、收取各种费用等方式进行。关于社会管制的研究相对经济管制较弱。环境管制是典型的社会性管制。

二、政府管制的理论

市场失灵是政府管制的起源，没有市场失灵就没有规制的必要。政府规制主要解决导致市场失灵的几大因素：公共物品、外部性、垄断（包括自然和人为垄断）和信息不对称。市场失灵导致了政府管制的发展。政府管制理论的研究随着社会发展出现了不同的流派。下面对几大重点理论进行梳理。

（一）公共利益管制理论

公共利益管制理论是现代意义上政府管制产生以来最早出现的关于政府管制的理论，是传统的政府管制理论。

理查德·博阿纳斯（1974）[①]将规制公共利益理论的前提条件陈述为："一方面，自由放任的市场运行特别脆弱且运作无效率。另一方面，政府规制根本不花费成本。"政府管制的目的是通过提高资源分配效率，提高整个社会的福利水平。理论中政府被看做是公共利益的代表，响应公众的要求，矫正市场经济活动带来的无效率和不公平，从而保护公众的利益。可分解为两方面：一是对市场存在失灵的认定。不被

① 博阿纳斯. 法律的经济分析[M]. 北京：中国大百科全书出版社，1997.

规制的市场中存在失灵导致其运行不能达到帕累托最优，从而使政府规制的必要性得以显现；二是寻求“最优”的政策来矫正市场失灵的现象，使政府规制的效率显而易见。该理论中存在着 3 种假设：① 市场自行运转容易出现失灵；② 政府对失灵会做出无成本有效率的反应；③ 政府是利他的，为社会最大福利而存在。

然而，随着研究的深入和对政府管制效果的评估凸显出实际管制无效率等问题，公共利益理论遭质疑。政府管制是否处于公共利益的考虑很难评估，这种对政府利他性的质疑产生了部门利益理论。

（二）部门利益理论（政府俘虏理论）

施蒂格勒（Stigler，1971）[①]运用规范的经济学分析方法，对政府部门利益理论进行了开创性的研究。他的研究结论是“规制由产业谋取，并主要根据其利益来设计和运作，”“规制结果有利于生产者，生产者总能赢”，更高的效率和更低的价格并不必然出现无政府规制的产业。

政府俘虏理论的基本观点是：无论管制方案如何设计，政府对某个产业的管制都是被该产业俘虏，其提高了产业利润而不是社会福利。例如航空业，管制降低了竞争者数量，提高了价格。

该理论推翻了公共利益理论关于政府是慈善者的假定。从公共选择理论引入了政府是经济人的概念，政府也只为自身利益最大化服务，其代表的是利益集团的利益。因此政府管制成全了部门利益。换句话说，管制的目的变成了特殊利益集团寻租的结果。

（三）放松管制理论

随着规制经济学的发展，政府管制的效果研究成为热点。随着管

① Stigler，George J. The Theory of Economic Regulation[J]. Bell Journal of Economics and Management, ScienceII,Spring,1971.

制的发展，政府管制过程中出现了不容忽视的问题，制度僵化、腐败问题严重、管制成本提高。在政府管制效果堪忧的状态下，政府失灵的概念被提出。对比市场失灵，公共选择理论创始人布坎南提出了政府失灵。基于政府是经济人的论断，政府同样存在难以克服的缺陷。

鲍莫尔（Baumol）、潘扎（Panzar）和威利格（Willig）[①]等人提出了竞争市场理论，认为只要取消人为的进出壁垒，依靠科技进步和技术发展尽量消除沉淀成本，自然垄断行业可以形成可竞争市场。政府的作用仅为确保受管制行业的潜在的竞争压力。

（四）激励管制理论

它在保持原有规制结构的条件下，给予受规制企业以竞争压力和提高效率的正面诱因，促使受规制企业努力提高内部效率。主要有如下几个代表理论：

特许投标制理论，是德姆塞茨（Demsetz）[②]在凯德维克（Chadwick，1859）和威考尔克斯（Wilcox，1910）研究基础上提出的。强调要在政府规制中引入竞争机制，通过拍卖的形式，让多家企业竞争在某产业或业务领域中的独家经营权，从而在投标阶段对服务质量及最佳服务价格形成比较充分的竞争，最后报价最低的企业将取得特许经营权。

区域间标尺竞争理论，也称区域间比较竞争理论，由雪理佛（Shleifer，1985）[③]提出。其基本思路是以独立于本区域的其他区域中与本区域受规制垄断企业生产技术相同、面临需求相似的垄断企业的生产成本为参照，制定本区域垄断厂商的价格和服务水准，以刺激本区域垄断企业提高内部效率、降低成本、改善服务。

---

① William J Baumol, John C Panzar, Robert D Willig . Contestable markets and the theory of industry structure[M]. San Diego: Harcourt Brace Jovanovich,1988.

② Demsetz，H. Why Regulate Utilities? [J]. Journal of Law and Economics,11. 1968.

③ Shleifer,A. A Theory of Yardstick Competition[J]. Rand Journal of Economics，16,1985.

RPI-X 价格上限规制，由李特查尔德（Littlechid，1983）[①]提出。价格上限规制的确定原则就是行业价格上涨不能高于通货膨胀率(RPI，零售价格指数)，同时考虑到由技术进步率带来的劳动生产率（用 X 表示）的提高，行业的价格下降。价格上限是最典型的剩余索取合同。剩余索取合同的意义在于，当规制机构与被规制企业之间存在着信息不对称时，通过赋予垄断企业更多利润支配权的方式使其在一定程度上得到信息租金，以换得提高生产效率的激励，同时赋予被规制企业在不超过价格上限的情况下自由调整个别价格的灵活定价权，以提高社会配置效率。

（五）现代政府管制理论

现代政府管制理论在管制中考虑了信息问题，其基本要点为：由于存在信息不对称，效率和信息租金是一对共生的矛盾，在得到效率的同时，必须留给企业信息租金，而信息租金会带来社会成本。可见，规制控制并不是免费午餐，虽然管制可以避免企业得到垄断利润，但必须付出效率的代价。为得到最好的规制政策，政府需要尽可能地利用企业的私有信息。

三、政府社会性管制体制

本书的重点在于研究环境经济与政策，着重政府管制在环境领域的应用。因此，下文着重讨论社会性管制，将其应用到环境管制中。提到社会性管制体制，首先明确管制体制要素，包括社会管制主体、管制对象、管制目的、管制内容，然后分析管制依据、管制执行过程、管制效果评估。

---

① 陶爱萍，刘志迎. 国外政府管制理论综述[J]. 经济纵横，2006，6：60-63.

（一）政府社会性管制体制要素

第一，管制的主体，即管制者，它是由政府中立法机关设立的、相对独立的行政机构，通过立法或其他形式授予管制权。作为管制的主体，在法律权威性下，管制机构具有政府强制力。美国的环境管制机构为联邦环境保护署（EPA）。

第二，社会性管制的对象，被管制者，主要是市场经济主体，包括企业和个人，主要是企业。

第三，管制的目标，王骏豪[①]认为管制目的在于“限制负外部性，保障人类社会可持续发展，激励正内部性，促进社会全面进步，保障信息劣势方的利益。”这主要由管制的起源确定的。

第四，社会性管制的内容、范围。根据政府管制理论，政府管制与否，管制范围多大，一直是学术界争议的问题。完全的不管制和全面的都管制都是不对的，管制内容和范围通常由管制效果确定，如果管制的费用效益分析结果显示管制利益大于管制成本，则该领域适宜被管制。但目前对管制的费效分析由于各方面原因难以得出准确结论。理论上，管制的范围建立在企业、消费者、NGO、管制机构的协议结论中。根据植草益的研究，定性描述社会性管制范围为：与劳动者和消费者的安全、健康、卫生、环境保护、防治灾害相关的物品生产活动和伴随着提供它们而产生的各种活动。[②]

（二）政府社会性管制执行

政府社会性管制过程首先是立法赋权，即通过立法确定管制机构，并赋予管制机构权威性和制定、执行、监督相关具体的管制措施的合法性。政府管制相关法律的制定是管制执行的基础和管制的依据。

① 王骏豪．政府管制经济学导论[M]．北京：商务印书馆，2001.
② 植草益（Uekusa，M.）．微观规制经济学[M]. 北京：中国发展出版社，1992.

在立法赋权的过程中，由于法律本身不能够面面俱到规定各个需要管制的行业对象的行为规范、控制原则。因此法律也同时赋予了管制机构制定相关法律规范的权力。史普博认为："由管制机构实施的实体性法规是以下一系列复杂过程的结果：① 对建议法规的听证；② 法规的颁布；③ 新法规实施下对市场均衡的仔细观察和评价；④ 对现行法规的修正建议。不能绝对地说法规是管制机构人为设计的产物，相反，出台的法规必须反映市场参与者的一致利益并有助于消除它们之间的冲突。"[①]因此，管制机构立法的原则应当保证：以人为本，社会利益优先，同时考虑成本收益；做到公平公正和公开透明。

在此基础上总结可得管制机构具有如下的特征：① 集立法权、行政权、准司法权于一身；② 机构具有专业性，主要针对某一行业，例如环境保护，食品安全；③ 管制机构独立性，理论上讲，管制机构由法律授权独立，具有与其他部门协调共同决策的权力，其人事行为，职权与政府其他机构独立。但事实上，管制机构仍然会受到其他部门的关联和影响，独立性难以保证，也导致管制效率低下。

在管制机构的管制规则确立以后，管制进入执行阶段。以环境管制为例，国家最高管制机构依据环境介质（如美国）或者流域（如德国）或者行政区划（如中国）设立分支机构，辅助执行管制工作。很多国家采取的是中央管制机构立法，分权给地方管制机构。例如由地方管制机构实施（如排污收费，排污许可，罚款，监督等）具体措施。

政府管制中存在一个问题，就是假定管制机构追求社会利益最大化，但现实中管制机构并未能总是追求社会利益最大化。因此也需要通过一系列方法，如立法、公众监督等对管制机构的行为进行监督和约束。若失效通常造成管制低效。

---

① 史普博（D. F. Spulber）. 管制与市场[M]. 上海：上海人民出版社和上海三联书店，1999.

四、环境管制

环境管制的兴起一方面是由于市场失灵，从经济管制推延作用领域到社会层面上而来；另一方面，从道德层面上，环境污染对人类健康造成极大威胁，特别工业革命后出现的环境公害事件，使人们认为环境保护是对人类未来、地球的未来负责。

环境管制就是政府在污染者、环保主义者以及未组织起来的一般社会公众等各种利益群体的行为约束下对环境所有权的一个再分配过程。政府环境管制可以被界定为政府以保障环境的可持续发展为目的，通过制定实施一定的法律制度、政策以及环境质量标准等措施，调节规范各种经济主体的行为，并对造成环境污染或环境损害的行为者进行限制、禁止的管理活动。

（一）环境管制的必要性

环境问题是21世纪世界发展面临的重大阻碍问题。全球气候变暖、土地沙化、水质污染等致使环境问题的解决迫在眉睫，采取相应的管制措施是合理且必要的。

窥其本质，环境问题的产生根源源于环境要素作为一种公共物品，其使用交易过程存在外部不经济性。外部性是指在缺乏任何相关交易的情况下，一方所承受的、由另一方的行为所导致的后果。有正负外部性之分。环境污染是负外部性，即外部不经济性的典型表现。例如，沙尘暴是由于部分人不顾环境保护，砍伐树木，导致土地荒漠化，从而使大气颗粒物污染增加，出现沙尘暴天气，而砍伐者无须为此付出代价。因此纠正这种外部不经济性，即环境管制是必要措施。

（二）环境管制手段

环境管制现存主要手段有 3 类：命令控制型手段、经济刺激型手段、劝说鼓励类手段。分别如下：

1．命令控制型手段。命令控制型手段主要是指，环境管制机构根据相关的法律法规、标准等，达到对生产者的生产、工艺或使用产品的管制，禁止或限制某些污染物的排放以及把某些活动限制在一定的时间或空间范围内，最终影响排污者的行为。①具体主要有环境标准的制定，排污许可证制度和污染限期治理等。以环境标准为例，环境标准是目前各国解决环境污染问题的最主要管制方法之一，它制定环境污染物质的排放标准或产出标准。规定排污企业必须达到排放标准，否则被政府管制惩罚。制定排放标准以达到环境保护的管制目的需要政府了解和制定最优管制标准所需的被管制者的信息，同时被管制者的违规处罚率应达到百分之百。

2．经济刺激型手段。也称市场导向手段。是政府管理当局从成本-效益入手，影响经济当事人进行选择，以便最终有利于环境改善的一种政策手段②。可分为科斯手段和庇古手段。常见的包括排污收费、排污权交易、环境税、押金-退还制度等。例如排污收费。根据污染者付费原则，政府强制地向环境污染施放者按照一定的标准收取费用，提高环境污染者的生产成本，从而达到控制其产量的目的。排污收费主要有两种方式：一种是对排入环境的污染物，不论排污量大小，一律征收排污费，理由是任何污染物排放都会污染环境，我国采用的是这种方式；另一种是对超出规定排放标准的部分收取费用，美国采用的是这种方式。这一管制方法的关键在于如何来确定合理的收费水平，使得环境污染施放者的产量正好与最优环境污染的产量相吻合。另一

① 宋国君．环境政策分析[M]．北京：化学工业出版社,2008.
②沈满洪．环境经济手段研究[M]．北京：中国环境科学出版社，2001.

类重要手段是排污权交易。将外部性内部化是解决环境外部性的本质方法，产权明晰是环境公共物品外部性的解决方案之一。排污权交易即是一定程度上产权明晰的一种手段。排污权交易指排污者之间在市场上对政府发放的排污许可权进行自由交易。由政府确定污染的总排放水平，并将其按照一定的标准量转化成污染排放权利。排污权确立以后，可进入市场交易，对降低污染成本，减少管制成本具有很大的优越性。需要建立在排污许可证的基础上。美国的 SO_2 排污交易制度是一个典型的成功案例。

3．劝说鼓励类手段。劝说鼓励类手段是一种基于意识转变和道德规劝影响人们环境保护行为的环境管制手段。例如信息公开、环境宣传教育。信息公开，不仅包括环境信息公开，也包括管制机构决策、执行过程中的公开，在社会性管制体制中提到对政府管制机构进行权力制衡的主要方法就是信息公开，以防管制机构与企业勾结。

（三）中国环境管制体制

1. 环境管制机构和职能。中国的环境管制最高权力机构是中华人民共和国环境保护部，统筹全国环境保护事宜。各省、县（市）设有环保局（厅），负责本地环境保护相关事宜。环境保护部指导省级环保局管制工作，省级指导县（市）级。地方环保局在人事、财权方面受地方政府支配。6 大督察中心独立于行政单位，直属环保部。

一般环保部制定规章制度，各地方环保局配合环保部要求在本省、县（市）执行各项规范，并制定尚未在全国实现统一的相关规范或地方性规范，实施环境管制。6 大督察中心按环保部要求，督察地方环保局对环保部政策执行情况，负责本区域内一些跨行政区，跨流域环境问题。详见专栏 5-1。

专栏 5-1 中华人民共和国环境保护部机构设置与职能

环保部下设有办公厅、规划财务司、政策法规司、行政体制与人事司、污染物排放总量控制司、污染防治司、自然生态保护司、核安全管理司、环境监察局、国际合作司、宣传教育司、直属机关党委、驻部纪检组监察局。

负责环境保护制度建立健全，重大环境问题统筹协调监管，落实国家减排目标责任，提出环保领域固定资产投资规模和方向，源头预防控制环境污染和环境破坏，环境污染防治监督管理，指导、协调、监督生态保护工作，核安全和辐射安全监管，环境监测和信息发布。

除此之外，直接管理华北、华东、华南、西北、西南、东北 6 大环境保护督察中心和核与辐射安全督察站。

资料来源：中华人民共和国环保部网站 http：//www.mep.gov.cn/zhxx/jgzn/.

2. 环境管制立法。管制需要建立在法治的基础上，环境保护法律法规是环境管制的根本。完善的法规体系，有助于增进管制的执行力度。我国环境保护基本法为《中华人民共和国环境保护法》。在此基础上设立以环境介质为分类法的《大气污染防治法》《水污染防治法》等；自然资源保护法律，如《水土保持法》《森林法》等；在法律体系基础上，颁布了大量行政法规、环境保护部门规章。具体法律法规框架内容在此不作赘述。

总的来说，我国环境保护法律体系较完整，覆盖了环境保护的各个领域，但行政法规和部门规章较粗略，存在法规漏缺，例如污染物的具体监测方案无明文规定，导致执法无效。

3. 环境管制手段。总结我国环境管制的手段可见，主要是命令控制性，如污染物排放标准、污染物排放总量控制、“三同时”制度、限期治理制度、环境影响评价制度、环境规划制度、排污许可证制度、污染物集中处理制度；部分的经济刺激型手段，但相对不够成熟，例如：排污许可证交易（还未实现真正意义上的排污许可证交易，尚在实验阶段)、排污收费制度、补偿制度、税收制度等；劝说鼓励类手段中，环境保护宣传教育力度在逐步扩大，人们的环保意识逐渐提高；而信息公开制度，由于相关方利益权衡，虽有了一些进步，但还处于萌芽阶段；公众参与在逐步加强，其发展与信息公开同步。

4. 环境管制绩效评估。经过近 30 年的环境管制历史，部分地区环境质量有所改善，但大部分环境状况仍在恶化，只是一定程度上减缓了恶化速度，环境管制效果不佳。究其原因，可简单从两方面分析：从管制根本的法律角度看，法律法规细致度有待改善，做到有法可依，违法成本有待提高；从管制机构的角度看，我国环境管制机构独立性不足，特别是执行管制的地方环保局。其行政、执法、监督都受到地方政府的制约，环境保护积极性很低。具体的各种管制手段的效益后文有专门章节详述。

第三节　信息公开

一、环境信息公开的定义

信息公开是公共选择和政府管制的实施基础。

广义上的环境信息公开是指将与环境保护有关的各种显性和隐性的信息加以收集整理，并在一定范围内以适当形式公开，用以提供各种刺激与激励机制，激励企业改进环境行为，并进而改善环境质量。从这个意义而言，环境信息公开在环境管理中的应用实际上并不是一个新的概念。在传统的管制手段和经济手段的运用和实施中都融入了信息的收集、信息处理和信息传播的过程。例如，新的环境管理政策、法规的制定、颁布和实施。

狭义上的环境信息公开是指政府、公众团体或个人将获取和收集到的污染或污染企业的相关信息以一定的形式向企业管理者、企业雇员、消费者、投资者、非政府组织和社区公众等利益团体进行公开；通过信息公开，将社区和市场的激励机制引入到污染控制中来，使得原有污染控制机制经济而富有成效。从这个层面而言，更多的是强调环境信息作为环境管理资源的价值，将环境信息公开作为一种相对较为独立环境管理手段进行系统科学的实施和运用，与原来意义上依附于管制手段和经济手段实施过程中的环境信息公开有较大区别。本书所重点探讨和研究的环境信息公开也是这个意义上的环境信息公开。

二、环境信息公开的理论基础

（一）法理基础：基本人权、监督权、环境权

1946 年，联合国第一届会议通过的第 59 号决议认为：信息自由是一项基本人权，也是联合国追求的所有自由的基石（谭宗泽，杨解军，2010）。随后，《联合国宪章》《公民权利与政治权利国际公约》也将信息自由和知情权作为表达自由权的内容加以规定。我国的宪法规定国家尊重和保障人权，公民具有言论自由的权利，与联合国宪章的精神基本相同。在日本一般认为知情权包含两层意义：一是公众从政府、宣传媒体及其他信息来源不受妨害地获取各种信息的权利，即“信息领受权”；二是公众对政府掌握的信息要求公开的“信息公开请求权”。一般将前者称为“知的自由”；将后者称为“知的权利”（刘杰，2008）。后者是前者的保障，是保障知情权的落脚点。如果阻碍了获得信息的来源，人们的表现行为则没有意义，知情权也无从保证。因此，建立信息公开制度对保障基本人权实现具有重要意义。

信息公开制度保障实现人民的监督权。宪法第 2 条规定，我国的一

切权力属于人民。政府的公共权力由人民通过自己的代表行使，政府凭借公共权力获取的公共信息本质上归属于全体人民，理应由人民所共享。人民的权力主体地位并不是抽象或虚拟的，人民在授予政府必要的公共权力的同时保留了正当权利，而知情权是其他民主政治权利的前提，只有当人民充分了解和掌握国家机关所占有的公共信息，全面客观地把握政府的真实表现，才能使表达权、参与权、监督权具有现实意义（郑宁波，2010）。

因此，信息公开是实现公众的知情权、保障其他民主政治权利的基础，能监督、规范和促进行政机关等公共部门更好地履行公共职能。

无论是宏观上政府发展战略、规划、政策，还是微观上企业的经济和环境行为，一方面可能对发展经济，解决就业，提高人们生活水平很有帮助，另一方面也可能产生环境污染，影响公众的健康和环境安全。如果公众和受害者不能得到合理的补偿，其权利就会受到损害；而污染者则有意或无意把其外部不经济性非法转嫁到其他人身上，逃避其应负的责任。如此，社会公平机制就受到了破坏，损害了公众享有清洁环境的权利。为避免这种不公平现象，应让公众充分了解他们可能受到的环境危害和补救及补偿措施。公众环境权的实现是一个社会现代化、民主及公正的标志。这些权利的实现，也能缓和已经存在或潜在的社会矛盾，降低社会发展成本。环境信息公开则是实现这些权利的重要途径之一。

环境权理论为环境信息公开和公众参与提供了重要理论依据。另外，一些国际条约或规章对环境权的规定促使环境权理论得到进一步明确和完善，成为了国际社会普遍接受的环境保护民主原则和社会道德准则。1972 年在斯德哥尔摩人类环境会议上通过的《人类环境宣言》指出："人类享有自由、平等、舒适的生活条件，有在尊严和舒适的环境中生活的基本权利。"这一规定奠定了环境权学说的基础，它表明享有一个适于人类生存的环境是人类的基本权利。因此任何有害于环境的行为，人们都有权依法进行监督和干预。公众正是基于自身的环境权参与到国家的环境管理中。1992 年联合国《里约宣言》宣告“环境问题最好是在全体有关市民的参与下，在有关级别上加以处理。在国家一级，每个人都应能适当地获得公共当局所特有的关于环境的资料，并应有机会参与各项决策进程。各国应通过广泛提供资料来便利及鼓励公众参与。”2002 年，联合国环境规划署在《全球环境展望 3》中明确指出，为了减缓未来环境污染压力，应当充分保障社区公众获得环境信息的权利，通过各种途径和方式加强社区和非政府组织参与环境管理。

总结环境权理论的发展情况及有关环境权的立法实践，基本可将环境权归纳为：环境使用权、环境知情权、环境监督权、环境参与权（包括环境议政、参政权）、环境请求权（索赔权）。其中环境知情权是公众参与环境管理的前提，又是环境保护的必要民事程序。环境知情权，又称环境信息权，是指公民和社会组织收集、知晓和了解与环境问题和环境政策有关信息的权利。环境知情权是对环境权的诠释和实现，是环境信息收集及公开的基础。

（二）经济学基础：信息不对称理论、科斯定理、外部性

古典经济学认为，市场力量这一“无形的手”可以自动调节资源分配至有效配置，其假设前提之一是商品供应者和消费者掌握市场的完全信息。然而信息不对称现象在现实中无处不在。信息不对称理论告诉我们，市场中卖方比买方更了解有关商品的各种信息；掌握更多信息的一方可以通过向信息贫乏的一方传递可靠信息而在市场中获益[①]。公众对于政府和企业往往处于信息获取的弱势地位。政府部门或企业如果没有公开对公众产生影响的活动信息，人们无法在完全信息的引导下有效地“用脚投票”。信息不对称造成了市场交易双方的利益失

① http：//wiki. mbalib. com/wiki/%E4%BF%A1%E6%81%AF%E4%B8%8D%E5%AF%B9%E7%A7%B0%E7%90%86%E8%AE%BA.

衡，影响社会的公平公正原则和市场配置资源效率。因此，有必要建立信息公开制度，帮助人们得到较为充分的信息以做出合理决策，使资源达到有效配置。

环境信息公开的理论基础之一可以追溯到科斯定理（Coase，1960）。为了将外部不经济性内部化，科斯从产权方面解决外部不经济性。他认为“在一个有效的或不减弱的产权规定条件下，处于外部性或外部效果的有关双方之间的权力交易，将消灭帕累托相关外部性，而且产生一个高效率的结果和均衡状态，使得偏离该结果时至少有一方受到损失”。在这种产权交易中，信息是相当重要的，是决策的重要依据。古典经济学认为信息是进行正确决策的先决条件。缺乏足够信息支持很难做出正确的决定。因此，为了避免决策错误，在决策之前应尽量获得有关信息。

然而在污染控制方面，却存在着信息不对称性。污染者对本身污染物的产生、处理和排放有很详细的了解，但他们经常会尽可能隐瞒实际的污染情况。只有当污染者认为隐瞒数据的害处大于其受益时，这些数据才会被自动公开。而隐瞒数据的行动往往把外部不经济性转移到其他主体身上，增加了整个社会的成本。为消除此类信息不对称性，既要制定有关政策法规，鼓励企业主动公开提供更多的数据，同时又要加强检查，提高执法力度，制定适当的法规，由管理部门来公开污染者的实际情况。通过环境信息公开，不仅使受害者或公众了解污染者的污染情况，而且公众对污染者也有监督作用，因为公众对污染者的信息了解得越多，污染者就越会感到压力。

（三）环境社会学：风险社会理论、生态现代化理论

1986 年贝克的《风险社会》的出版成为了风险社会理论诞生的标志。人们开始从社会（学）理论的角度对现代环境危机作出反应。贝克认为，风险社会是由现代化的副作用带来的又一种社会形态，是现

代化发展到“反身性”（reflexive）阶段的社会形式，是一个“不明的和无法预料的后果成为历史和社会的主宰力量”的社会（贝克，2004）。其结果是“在这一阶段里，社会、政治、经济和个人的风险往往越来越多地避开工业社会中的监督制度和保护制度”。贝克用“有组织的不负责任”反映了现代社会治理的困境，并用这一词组作为他《解毒剂》一书的副标题。他认为企业、政策制定者和专家结成的联盟在制造危险的同时又建立一套话语来推卸他们的责任。这种有组织的不负责任的造成有两个原因：一是工业社会的制度无法解决它自身所带来的问题；二是无法准确地界定责任主体，给很多人带来了可乘之机。以生态环境问题为例，贝克认为要解决风险社会的问题，关键在于建立生态民主，其中的一个关键措施是要营造一个公共领域，为各种各样的持不同意见者提供一个允许进行科学论战和协商的场所。环境信息公开为这样的论战和协商提供了信息保障，是其得以进行的基础。当前，我国已经进入环境事故高发期，现行的环境管理体制也暴露出诸多不足之处，这些都表明我国正在步入环境风险社会。风险社会理论认为，加强环境民主建设是我国当前政治体制改革的重要任务。环境民主改革的核心是公民参与。我们要把“从公民的环保参与向公民的政治参与的转变”作为中国民主化发展的一条重要途径，甚至成为中国民主政治的开路先锋。影响公民在环境领域参与的因素有：公民共同的价值观、参与能力、参与意识和制度氛围。目前最重要的任务是加强制度建设的同时不断进行制度创新，其中应包括建立环境信息公开制度。

风险社会理论中的反身性现代化试图从启蒙理性的内在悖论中寻找现代性后果的根源。而生态现代化理论则从治理的角度出发对现代环境危机作出反应。生态现代化理论是在 20 世纪 80 年代西欧的一些发达国家最先发展起来。生态现代化通过技术、经济和社会结构转型，试图提供一条绿色资本道路，使得工业现代化在面临环境挑战的时候沿着生态的路线发展，从而使得经济增长有益于环境成为可能。生态现代化强调加入生态考虑的社会制度和经济结构的广泛变革，有益于社会各界对生态的关注并迅速做出反应；民众广泛参与的、开放的、民主的政策决策模式，能增加公众参与环境政策制定的机会，并促进各界参与处理环境问题方面的交流。总之，生态现代化强调开放的政策制定系统。通过环境信息公开使得普通公众、非政府组织和学者在政策制定过程中更多地参与。在开放的政策网络中，政府、企业、各类组织及公众应当共同寻求环境问题的解决之道。国家角色也发生转变，从上下级命令和控制性的环境管制，到采取更加分散、灵活、交互的行政模式，联合公众和各类组织的力量共同实施环境管理（郭熙保，杨开泰，2006）。

Afsah、Laplante 和 Wheeler（1996）提出的污染控制三角模式（Regulatory Triangle Model）契合了生态现代化的思想。这一模式用来解释和说明污染控制手段对企业环境行为的调控作用。在传统环境管理模式中，政府作为社会的唯一代理机构，通过立法和执法直接限制污染排放（如管制手段）或间接刺激污染治理（如经济手段）。环境信息公开手段的实施，在原有环境管理基础上，引入了社区和市场的力量。通过社区和市场的附加刺激作用，形成政府、社区、市场三者共同约束和激励企业削减污染，改进环境行为的污染控制激励机制。环境信息公开同时也是环境管理理念的创新，在新的污染控制模式中，环境管理机构的职责不再仅是环境法规的执行者；另一方面，环境管理机构通过发布准确、公正的环境信息，提高社区和市场参与污染控制的积极性，更为有效地发挥社区和市场对污染控制的激励作用。

三、环境信息公开的内涵和特征

环境信息公开是继管制手段和经济手段之后又一类型的环境政策手段。它通过环境信息发布，使管理者、被管理对象和公众（包括各相关利益团体）了解和共享环境信息，从而对环境污染排放施加压力，促使污染者控制污染，改善环境质量，使经济发展和环境保护协调发展。

因环境信息的特点使得环境信息公开有其自身的内涵和特征。环境信息的特点包括：

1．空间性。环境信息与其他信息的不同在于环境信息常常与地理位置有关，因而地理信息和环境信息常常是地理信息系统、环境信息系统的同义语。

2．时间性。对人类居住的环境和社会经济指标应确认它们的时间趋势。要解决环境问题就要了解它的发展趋势，并进行比较、分析。

3．科学性。环境信息的获取是基于科学观察或实验得来的，对环境信息的分析、解释也需要多学科参与。

4．不确定性。环境是一个大规模、复杂的系统。对环境的监测和观察不能在一个受控的实验室中进行，因而在信息的收集与分析中存在很多局限性，导致在计算中存在不确定性。在环境科学研究中，由于观察者、分析者本身存在于系统中，加之不同的地理、社会因素，使不确定性增加，另外，由于观察者、分析者采用各自的价值观，判别标准对环境进行解释，也使不确定性增加（李福贵，熊兵，2009）。

以环境信息的特点为基础，一项有效的环境信息公开政策和措施一般包括四个要素：

1．环境风险识别。环境信息公开首先必须对环境风险进行识别，明确主要环境风险及其作用时间、影响范围和危害程度。

2．环境信息收集和鉴别。环境信息的收集不仅要考虑数量，同时还要考虑信息的质量。准确可信的环境信息是保证环境信息公开公正执行的前提。然而，出于自身利益的考虑，污染者在与管理者和受害者交涉过程中，会尽量提供和释放对自身有利的信息，隐瞒或扭曲不利的信息，以及使用各种手段阻碍那些可能会带来更多法律责任的信息公开。为此，在环境信息收集过程中，必须注意信息的鉴别，同时建立适当的措施和机制，使得污染者意识到隐瞒或扭曲信息将花费更高的成本。

3．环境信息公开和发布。在通常情形下，公众在获取信息方面处于劣势，这样就会损害公众应该获取的利益，导致他们做出错误的选择，而且还可能引发社会矛盾。通过环境信息公开和发布，改变这种信息分布的不均衡及由此引起的不公平。环境信息的发布有助于受害者获得大量有用的信息。通过公开的环境信息，受害者知道他们周围的环境污染情况，了解哪些是重点污染源，为他们与污染者进行谈判和交涉提供支持。为此，在环境信息公开和发布过程中必须注意信息的透明度，采取有效的信息公开和发布方式，使公众尽可能获得和接受这些信息。

4．各利益团体的参与。环境信息的公开和发布是基础，而实现公众的最大和有效参与才是环境信息公开手段的期望和目标。

环境信息公开制度化和法制化最终会以环境信息公开制度表现出来。环境信息公开制度是环境信息公开发展到一定阶段的产物，是关于环境信息公开的一系列规章的制度体系。从发达国家环境信息公开的实践来看，环境信息公开制度具有以下特点：

1．以法律为支撑和保障。环境信息公开立法在各国的发展并不统一。美国是信息公开立法比较早的国家，1946 年的《联邦行政程序法》《阳光下的政府法》首开了信息公开的先河，特别是 1966 年的《信息自由法》更是确立了任何人都有向行政机关要求了解信息的权利。英国正促使国内大企业发布一年一度的环境信息摘要，并以此发展一套自愿的企业环境信息公开体系。法国则要求生产商和进口商在产品投放市场时，应公开该种产品对人和环境有负面影响的信息。环境信息公开立法的新近发展是联合国欧洲经济委员会于 1998 年 6 月 25 日通过的《奥胡斯公约》，这是第一个规范个人环境方面权利的国际条约，其规范内涵包括环境信息取得权、参与有关环境问题的行政程序权，以及对于环境问题提起诉讼的权利。此公约目前有 39 个国家签署，对公约成员国来说，国家必须保证这些权利在国内得到实施，这已经是一项条约义务，是国际法规则（周汉华，2003）。

2．主体构成多元化，强调公众参与和信息公开下的监督。环境信息公开制度是随着社会经济的发展和人们对环境管理认识的加深而产生发展的。在环境管理的初期，人们主要依靠政府，运用指令性控制手段进行环境管理。随着市场的完善，如排污收费之类的环境管理经济手段被广泛使用。近年来，以社区为核心的非正式管制的环境管理方式受到越来越多的应用和发展，强调公众参与的环境信息公开就是最为突出的一种。它所呈现出的最为显著的特点之一是：环境管理已经由环境管理者的特有任务转化为社会各群体的职责，环境管理呈现多元化的特点，管理主体与客体经常呈现角色互换，如常规意义上的环境管理者（政府）的环境行为（如政策和措施的制定和实施）也成为企业和公众监督的对象（王华等，2002）。

3．以多元主体间的相互制约、相互协调为内容，实现环境信息公开制度的动态平衡。政府、企业和社会公众构成了环境管理的多元主体，他们对环境管理有各自特殊的认识、要求和对策。各群体间相互制约、相互协调，相互之间会有不同的要求和沟通渠道，从而达到一定状态下的平衡。这种平衡以各群体对环境问题及对策的认识为基础，受可以获取的环境信息的制约。同时各群体从自身的利益最大化出发，对环境信息有着各自的外部及内部需求。这种需求的满足程度将决定各社会群体间的沟通。环境信息公开制度正是在提供和丰富准确环境信息的基础上，实现三方利益需求的沟通、制约与协调。因而环境信息公开制度是一种动态的平衡（王华等，2002）。

四、环境信息公开的国内外实践

（一）国外案例

发达国家开展环境信息公开的时间比较早，也更为具体。此外，信息工具的普及以及人民群众环境意识较高也使得发达国家的信息管理方面变得十分成熟。在国外，政府所作的信息公开化发挥着很重要的作用，其中的一个典型案例是美国国家环保局实施的毒性物质排放清单（Toxic Release Inventory，TRI）和 33/50 计划（Tietenberg 和 Wheeler，1998）（见专栏 5-2）。

专栏 5-2　美国有毒化学品排放信息库和 33/50 计划

作为应急规划和社区知情权条例（Emergency Planning and Community Right-to-Know Act，EPCRA）的一部分，毒性物质排放清单（Toxic Release Inventory，TRI）条款是美国国会于 1986 年 1 月制定的，用来为公众提供有关排放到环境中的有毒物质的信息。该条款要求一年中使用多于 1 000 英镑或经手生产多于 25 000 英镑管制化学品的公司，如果他们有 10 个以上全日制工作人员，必须登记报告工厂内的每一种化学品。该报告每年做一次，报告中包括公司名称、有毒化学品排放量、排放频率和排放去向等信息，该信息被公布给公众。据统计，这种措施对减少向环境中排放有毒物质产生了积极的作用。美国国家环保局官方报告显示，从 1988 年到 1994 年此类有毒化学品总排放量减少了 44%。

为了加强和巩固这项措施，美国国家环保局于 1991 年 2 月实施了一个叫做 33/50 的计划。该计划设定到 1992 年，17 种重点有毒化学品排放减少 33%，到 1995 年减少 50%。美国国家环保局计划通过志愿参加的原则来达到这一目标。起初他们邀请了 555 个重点污染公司参加，并把邀请信向 5 000 个公司作了解释宣传，结果有 1 300 家公司参加了 33/50 计划。在 1994 年这些公司总共减少了 7.57 亿英镑的排放，超过总排放量的 50%，提前一年达到了目标。

资料来源：Tietenbcrg，T. and D. Wheeler，1998，Empowering the Community：Information Strategies for Pollution Control[R]. World Bank Working Paper.

美国的毒性物质排放清单和 33/50 计划的成功经验成为许多国家竞相仿效的对象。其中包括加拿大全国污染物排放信息库（National Pollutant Release Inventory，NPRI），英国的化学品排放信息库（Chemical Release Inventory，CRI）和经济合作与发展组织（OECD）资助的在埃及、捷克和墨西哥试点的污染物排放和转移申报登记（Pollutant Release and Transfer Registers，PRTRs）（World Bank，1999）。欧洲在 2000 年采取了类似行动，启动了欧洲污染排放登记（EPER），并于 2003 年完成了第一轮的资料收集工作。

日本的环境信息公开也走在世界前列。日本的环境信息公开制度是一个包括政府行政机关、民间机构、企业在内的复杂的体系，它对于环境的普及和国民环境意识的提高有着非常积极的意义，同时环境信息公开制度引入了来自社会的监督力量，这使得日本环境行政机构的施政过程更加公开、透明、民主，确保了环境法律条款在实践中得以如实贯彻执行（郭山庄，2008）（详见专栏 5-3）。

专栏 5-3 日本的环境信息公开制度

在日本，《行政机关保有信息公开法》是各行政机关制定本部门信息公开法规条例的依据与指南，其规定，政府对公民有说明和公开一切政务的义务，以促使行政事务公正、民主地开展。同时也规定，任何人（无论是个人、法人、团体，还是外国人或者成年人）都有权利要求政府的所有独立行政法人和特殊法人公开除“非展示信息”以外的其他政务信息。

在环境管理领域，日本环境省率先制定了环境行政信息公开制度。1999年环境省颁布了《对环境省包邮的行政公文提出公开请求作出公开决定的审查基础》。条例首先规定了行政公文的定义与范围，即行政机关职员在工作中制作或获得的公文、图片以及各种形式的电子文本记录可以为行政机关的职员在机关中所使用并被行政机关所拥有，符合以上几个条件的即为行政公文。规定了环境信息公开的原则，即当国民提出相应公开请求的情况下，环境行政机关需要将相关信息全部予以公开，在条例规定的例外条件下环境省的相关决策者可以拒绝公开相关信息，但必须对信息公开的请求者说明拒绝公开的理由。此外，环境省的《审查基础》还对相关的判断基准进行了明确的规定，细化了法律实施的条件，限制了环境行政机关相关决定者的自由裁判权限，使得环境信息公开真正能做到有法可依，保证了环境信息公开制度在日本的合法实施。

在行政架构上，环境省设立了位于首都的信息公开阅览室，并在北海道、东北、关东、中部、九州等地区环境事务所开设了信息公开窗口，日本国民可以通过以上渠道了解环境施政信息并查询环境行政公文，同时各地方市政府的环境科也有义务向公民提供环境行政信息。与此同时，JICA（日本国际协力机构）、JBIC（日本国际协力银行）、日本国立环境研究所、各大环境研究中心以及相关的民间环境机构也都相继根据信息公开法精神建立环境信息公开窗口和宣传窗口，宣传环境信息并对相关环境信息公开请求作出答复。

在企业方面，早在 1999 年制定 PRTR（Pollutant Release and Transfer Register“环境污染物排出移动登陆”的略称，旨在把握特定化学物质的排放量及促进管理改善的法律）就规定了企业有义务公布有害物质排放量报告。同时，随着市场竞争的加剧和企业环境意识的觉醒，日本的大型企业社团也开始热衷于环境信息公开。市场对商品环境标准要求的提高，促使众多的企业去生产和提供更加绿色的、环境友好型的商品和服务。这些企业为了构筑与股东和消费者之间的信赖关系，也积极地致力于环境信息公开。他们认为，企业在生产的过程中有必要承担其社会责任，向政府、国民与舆论界公开相关的环境信息，不损害所在地的环境并为整体环境的改善作出贡献。一方面有些企业取得了 ISO 14001 认证（环境管理体系认证），并公开本企业的环境方针。另一方面通过发布手册或者在因特网上公开环境报告书的企业也越来越多。

资料来源：郭山庄.日本的环境信息公开制度[J]. 世界环境，2008，5（5）：28-29.

（二）国内进展

尽管我国目前尚未建立起完善的环境信息公开制度，但是相关法律在环境信息公开方面已经做出了努力，推动了环境信息系统的建设，明确了政府环境信息公开的义务，并对企业环境信息的公开进行了规定（其中典型案例见专栏 5-4）。

专栏 5-4　我国各地区环境信息公开现状

近几年来，北京市环保局大力推进环境信息化建设。自 2001 年以来，共投入 4 亿多元，逐步建设完善信息化基础设施和环境监测、污染源监控、电子政务等系统。环境信息化建设将信息技术与环境监管业务紧密结合，推动了监管方式的转变，提高了监管水平。同时，北京市环保局建设的 12369 信访应用系统，将群众通过来信、电子邮件、传真、电话等渠道反映的环境信访事项信息进行统一采集，通过系统转交各承办单位，实现了网上交办、回复和自动提醒、督办、考核，做到了“立传立接、瞬间到达”，并将处理结果在环保局门户网上予以公示。信访系统对处理全过程进行监督，大大提高了信访事项办理效率。仅在 2007 年上半年，北京市环保局接到各类环境污染投诉 8 014 件，其中到期结案 6 221 件，结案率达 100%。这一不受空间、地域限制的高效便捷的网络服务平台不仅将和群众关系密切的各项环保业务集成，为群众办事提供便利，还促进了环境信息公开。充分利用网络平台的优势，动员更广泛的公众参与环境的共同管理。

广东省环境保护公众网筹建于 1998 年底，正式开通于 1999 年 6 月 5 日，是国内最早建设的环境保护网站之一，是广东省环境保护厅面向公众服务的官方网站。网站自开通运行以来，结合广东环保工作实际，以面向公众、服务社会、政务公开为宗旨，较好地实现了公开信息、联系群众、为民服务的网站功能。目前，广东省环境保护公众网与环境管理的空气质量在线监测系统、粤港珠江三角洲区域空气质量系统、主要江河水质自动监测监控系统、环境质量管理系统等 10 多个业务系统连接，确保了环境业务信息的及时发布，丰富了公众网站的信息资源。

河北省在环保信息公开方面开拓思路，建立畅通的信息交换系统。一方面在环保系统内部，省、市环保部门之间依靠政府公务网建立环保业务专网，实现了省、市两级环保部门之间减排数据的实时传输。另一方面，在环保系统与其他减排相关部门之间建立了信息共享平台。为对建设项目和企业进行减排，严查企业环境违法行为，环保部门与金融部门合作，两部门间建立企业环境信用信息交换网络。将环保信息纳入中国人民银行的信用信息共享平台，有助于商业银行更全面地了解企业环保守法基本情况。2008 年 5 月发布的《中国银行业监督管理委员会河北监管局河北省环境保护局信息交流与共享协议》，正式建立中国银行业监督管理委员会河北监管局和河北省环保局之间的信息交流与共享机制。以便于加强环境信息对金融信贷的指导作用，提高环保参与经济建设的能力和水平，防范环境问题带来的信贷风险[①]。2010 年河北省环保厅发布了《关于落实绿色信贷政策向银行业行政主管部门定期报送企业环保相关信息的函》。文件中将 2009 年第二批省级挂牌督办环境违法案件及整改情况，以及 2010 年第一季度省级办理的企业环境保护相关信息报出。并建议将相关信息纳入人民银行征信系统。对于涉及环境违法的企业，建议向各商业银行提出风险提示，作为落实绿色信贷环境政策、降低金融信贷风险的重要举措。此外，河北省环保厅在 726 家省重点企业（含城镇污水处理厂）中实施环境五级信用管理制度，把企业环保表现分为绿（环境友好）、蓝（达标）、橙（一般）、黄（较差）、黑（很差）五级。将综合评定结果通过互联网站随时向社会公开，公众可以登录河北省环保厅网站方便地查询到企业评级结果，并将该结果纳入银行征信系统，分别实施不同的信贷政策[②]。

① 河北省环境保护厅. 环境信息化相关文件. http：//www. hb12369. net：8000/qyfw/zyhjzcwj/.

② 中华人民共和国工业和信息化部网站. 河北省环保局利用信息化助力污染减排攻坚战[N/OL]. 2009[2010-11-14]. http：//www. miit. gov. cn/n11293472/n11295327/n12159158/12285771. html.

内蒙古自治区环境保护厅组织专人编制了政务信息公开指南和目录，同时在实践中根据环境保护事业的发展和人民群众关心的重点领域不断补充和完善。《信息公开目录》由机构职能、政策法规、规划计划、业务工作、其他工作等五部分组成，基本涵盖了环境保护行政管理的主要范围。在组织上，调整充实了政务公开领导小组，明确相应的职责，领导小组由厅长任组长，分管副厅长任副组长，有关处室负责人为成员，领导小组下设办公室，办公室负责日常工作。同时，各处室、直属单位均安排人员负责政务信息公开工作。利用多种形式做好信息公开工作：一是利用单位门户网站进行信息公开，公众通过自治区环境保护局政府网站（http: //nmgepa.gov.cn）可查阅主动公开的政府信息，通过“信息公开”专栏，可向自治区环境保护局提出信息公开申请。二是利用自治区环保厅多媒体信息查询系统、信息公告栏查询。三是发挥报纸、电视、电台等各类载体作用做好外宣工作。四是加强盟市环保局的信息报送工作，采编信息刊物，利用信息报送通道，积极向环保部、自治区党委、政府报送政务信息。2009 年自治区环境保护厅网站共发布文章 2 605 篇，累计达到 4 270 篇，新增公开信息中发布内容主要是重点城市空气质量日报，重点水源地水质月报，政务公开相关文件 139 篇，办事指南 52 篇，工作动态 671 篇，项目环评审批、验收项目公示 305 家。上报环保部政务信息 400 多篇，上报自治区党委、政府信息 290 多篇。通过《内蒙古环保信息》发布信息 16 期，通过《内蒙古环保信息交流》分别发布信息 12 期；在内蒙古广播电台《新闻联播》《纵横 118》栏目刊播 230 多期，在内蒙古电视台《内蒙古新闻》《今日观察》《经济生活》等栏目刊播 84 期；在《中国环境报》发稿 200 余篇，其中专版 9 块；在《内蒙古日报》上发稿 141 篇。[①]

① 内蒙古自治区环境保护厅. 信息公开工作 2009 年度报告[R/OL]. 2010[2010-11-14]. http://www. nmgepb. gov. cn/gkml/zfxxgkbg/201009/t20100930_ 11045. html.

参考文献

[1] Arthur P J Mol. 2008. Environmental Reform in the Information Age[M].UK：Cambridge University Press，30.

[2] EC. Directive 2003/4/EC of the European Parliament and of the Council of 28 January 2003 on Public Access to Environment al Information and Repealing Directive 90/ 313/ EE C of the Council[S].//Official Journal of the European Communities14, 2, 2003:L 41/ 26- L41/ 32.

[3] Tietenberg, T. and D. Wheeler. Empowering the Community: Information Strategies for Pollution Control[R]. World Bank Working Paper. 1998.

[4] World Bank. Greening Industry: New Roles for Communities, Markets and Governments[M]. New York: Oxford/World Bank. 1999.

[5] 程启智. 政府社会性管制理论及其应用研究[M]. 北京：经济科学出版社，2008.

[6] 丹尼斯 · 缪勒. 公共选择[M]. 上海：生活·读书·新知三联书店上海分店，1993.

[7] 方福前. 公共选择理论——政治的经济学[M]. 北京：中国人民大学出版社，2000.

[8] 高贵红. 中国环境质量管制的制度经济学分析[M]. 北京：中国财政经济出版社，2006.

[9] 高培勇，等. 公共部门经济学[M]. 北京：中国人民大学出版社，2004.

[10] 郭山庄. 日本的环境信息公开制度[J].世界环境.2008(5)5:28-29.

[11] 郭熙保,杨开泰. 生态现代化理论评述[J].教学与研究.2006,4.

[12] 李福贵,熊兵. 环境信息公开中的环境信息释义[J].中国环境管理干部学院学报,2009(19),3

[13] 刘杰. 日本信息公开法研究[M]. 北京：中国检察出版社，2008，10.

[14] 马昕，李泓泽. 管制经济学[M]. 北京：高等教育出版社，2004.

[15] 帕特里克 · 麦克纳特. 公共选择经济学[M]. 长春：长春出版社，2000.

[16] 伯特尼（Portney P R），史蒂文斯（Stavins R N）. 环境保护的公共政策[M]. 上

海：上海人民出版社，2004.

[17] 苏晓红．我国的社会性管之问题研究[D]．华中科技大学博士生学位论文. 2008.

[18] 孙刚. 政府管制研究——管制与放松管制的轮回[D]. 中国政法大学硕士学位论文. 2005.

[19] 王华等. 环境信息公开：理论与实践[M]. 北京：中国环境科学出版社，2002：2-4.

[20] 王华.环境信息公开的实践及启示[J].世界环境,2008(5)5:24-26.

[21] 王俊豪. 反垄断与政府管制：理论与政策[M]. 北京：经济管理出版社，2009.

[22] 乌尔里希 · 贝克. 风险社会[M]. 何博闻译. 南京：译林出版社，2004.

[23] 乌尔里希 · 贝克. 从工业社会到风险社会——关于人类生存、社会结构和生态启蒙等问题的思考[J]. 王武龙编译. 马克思主义与现实. 2003.5

[24] 徐晖. 政府管制理论研究文献综述[J]. 甘肃理论学刊，2010，1：117-120.

[25] 余晖. 管制的经济理论与过程分析[J]. 经济研究，1994，5：50-54.

[26] 袁持平. 政府管制的经济分析[M]. 北京：人民出版社，2005.

[27] 曾军平. 公共选择与政治立宪[M]. 上海：上海财经大学出版社，2008.

[28] 张雨莹. 政府规制的理论解读[J]. 理论界，2007，4：156-167.

[29] 周汉华. 外国政府信息公开制度比较[M]. 北京：中国法制出版社，2003，485-492.

[30] 邹帆. 公共经济学[M]. 北京：中国农业出版社，2009.

第六章　环境费用效益分析

第一节　环境费用效益分析的理论基础

一、环境资源的价值构成

在环境经济学中，环境资源价值包括两部分：① 使用价值；② 非使用价值（或内在价值）。其中使用价值又进一步分解为直接使用价值、间接使用价值和选择价值。

使用价值是指某一环境物品被使用或消费的时候满足人们某种需要或偏好的作用或功能。直接使用价值是环境对当前生产或消费的直接贡献，是环境直接满足人们生产和消费需要的价值。例如木材、药品、休闲娱乐、植物基因、教育、居住等都是森林的直接使用价值。直接使用价值在概念上易于理解，但在经济上却不易衡量。例如林产品的产量可以根据市场或调查数据估算，但是药用植物的价值却难以衡量。

间接使用价值是环境提供的各种功能间接产生的效益。间接使用价值类似于生态学中的生态服务功能。例如森林的循环营养、保持水土、净化空气、调节气候等功能都属于间接使用价值的范畴。间接使用价值虽然不直接进入生产和消费过程，但却为生产和消费的正常进行提供了必要条件。

选择价值又称期权价值，任何一种环境资源都具有选择价值。当代人在利用环境的时候，可能并不希望在本代就把环境的功能耗尽。考虑到未来该资源的使用价值会更大，或者考虑到不确定性，如果现在利用了这一资源，未来就不可能获得该资源。因此要对何时和如何利用环境作出选择。选择价值同人们愿意为保护环境资源以备未来之需的支付意愿有关。选择价值取决于环境资源供应和需求的不确定性，相当于消费者为了避免未来资源短缺风险，保护未被利用的环境的支付意愿。

非使用价值对应于环境物品或服务的内在属性，与人们是否使用环境没有关系。非使用价值的定义和内涵仍存在不同看法。但普遍认为存在价值是非使用价值的一种最主要的表现形式。存在价值是指在没有使用环境的意图时仅仅因为环境资源存在而获得的满足。

存在价值在经济学家和环境保护主义者之间搭建了一个相互理解的桥梁。环境经济学试图用经济学理论和方法来解释和度量存在价值，认为环境资源具有存在价值，是因为人们具有：① 遗赠动机；② 馈赠动机；③ 同情动机。遗赠动机是指人们愿意把某种资源保留下来遗赠给后代。馈赠动机同遗赠动机类似，但是赠给当代人。人类对其他生物的同情和存在价值的关联性较大。尽管人类对其他生物的同情在不同的文化、宗教和国家等背景下有很大差异，但其原则已经为人类所普遍接受。

二、新古典福利经济学对环境经济价值评估的理解

新古典福利经济学的基本前提是：经济活动的目的是为了增加社会中的个人福利，并且每个人都能够绝对正确地判断自己的福利状况，而且可以通过观察每个人对不同物品或服务组合的选择来推断其福利状况。每个人的福利不仅取决于其所消费的私人物品以及政府提供的

物品和服务，而且还取决于其从资源-环境系统所得到的非市场性物品和服务的数量与质量——例如：健康、视觉享受、户外娱乐的机会等。

对环境影响的经济价值进行评估的理论依据在于它们对人类福利的影响。如果一个社会想让它的所有资源都发挥最大的效用，它就必须在环境变化和资源使用所带来的效益与将这些资源和要素输入用做他用所带来的成本之间进行权衡。然后，根据权衡的结果，社会必须对环境和资源的配置进行适当的调整，以便使个人福利得到增加。既然这种效益和成本是通过它们对个人福利的影响来衡量的，那么“经济价值”和“福利变化”这两个词在使用上就是可以互相替代的。因此，所谓环境影响所导致的损害实际上就是指个人福利的减少，而环境影响所导致的效益则是指个人福利的增加。

起初，计量个人福利变化的规范经济学原理只是用于解释在市场上进行交易的物品的价格和质量变化。近些年来，这一理论已经开始用来解释诸如环境质量和健康之类的公共物品或其他的非市场性服务。该理论假设人们对可供选择的物品集具有精确的偏好（包括各种各样的可在市场上交易和不能在市场上交易的物品），而且还假设人们很清楚地知道自己的偏好，这些偏好在该物品集中都有其替代物。对于这种偏好的可替代性，经济学家是这样解释的：如果在个人物品集中有一种物品数量减少，就会有其他某种物品的数量增加，以使这种变化不会导致个人福利的降低。换句话说，第二种物品数量的增加替代了第一种物品数量的减少。可替代性理论是福利经济学价值概念的核心，因为它在人们所需的各种物品之间建立了相应的替代率。

人们在选择过程中，减少对某种物品的需求而增加购买其替代物，其实这种权衡本身也就反映了人们对这些物品的评价。如果某一物品有一具体的货币价值，则该权衡所反映的价值也就是其货币价值。而能够在市场上进行交换的物品的货币价格仅仅是替代率的一个特例，因为我们购买物品集中一单位物品所需支付的货币，代表着因该购买而必须减少的该物品集中别的一种或多种物品的数量。这种以可替代性为基础的经济评价可以用“支付意愿”（WTP）和“接受补偿意愿”（WAC）来表示。支付意愿和接受补偿意愿可以根据人们愿意对用来替换被评价物品的其他任何物品进行确定。

三、环境费用效益分析

社会经济活动，包括政策、规划和开发项目，都可能对环境和自然资源造成不同程度的影响。因此，需要评估这些影响的后果和范围，以确定是否应该执行某项政策，是否应该开发和建设某个项目。环境费用效益分析就是评估这些影响的技术方法，环境费用效益分析通过评估环境影响的经济价值，把人们对环境的关注纳入项目的可行性研究中，它是建立在企业财务分析和开发项目的环境影响评价之间的桥梁。

费用效益分析又称成本效益分析、效益费用分析、经济分析、国民经济分析或国民经济评价等。费用效益分析最初是作为国外评价公共事业部门投资的一种方法而发展起来的，后来这种方法被应用于评价各种项目方案以及政策的社会效益。费用效益分析结果可以证明某一项目或政策的总效益是否超过其成本，这其中也包括环境方面的效益和成本。大多数政府部门和国际机构都采用费用效益分析作为其主要的项目评估方法。财务分析与费用效益分析的区别在于，财务分析考察某个项目对个人或者厂商利益的影响；而经济分析则评价项目对整个社会福利水平的影响，包括对就业、收入分配、外汇及环境等方面的社会影响。

（一）费用效益分析的基本步骤

费用效益分析通过对比所评估项目的费用和效益，对项目可行与否进行决策。根据净效益的大小可以对不同的项目排序，从而实现对稀缺资源的有效配置。尽管我们这里主要以项目为例说明费用效益分析的方法，实际上，它同样可以用于评估各种规划方案以及政策。对项目进行费用效益分析，可以分解为下述三个步骤：① 识别项目的费用和效益；② 把发生在未来的费用与效益贴现为现值；③ 对比经过贴现的费用和效益。

（二）如何识别项目的费用和效益

第一步，确定分析范围，识别主要的环境影响。无论是分析一个开发建设项目、污染控制方案还是一项政策，都必须首先确定分析的对象以及分析的范围。分析的范围要足够大，以便能够包括最主要的可以识别的影响。从费用效益分析的观点看，分析范围越大则越能包括所有的外部影响。但分析范围选择还要取决于其他因素，比如分析可使用的人力、物力、财力等。因此，还必须同时识别最重要的环境影响是什么。

第二步，分析和确定重要环境影响的物理效果。在识别了主要的环境影响后，就要确定这些影响的物理效果，即对环境功能或环境质量的损害，以及由于环境质量变化而导致的经济损失，比如 SO_2 排放导致大气污染，并进而对人体健康、农产品产量、建筑物等产生影响。这时候，就要分析这些影响的范围和程度，比如发病率和过早死亡率提高、农产品产量下降、建筑物受到腐蚀等。

第三步，通过价值评估技术估计上述物理效果的货币价值。

（三）对费用和效益贴现、计算现值

现实生活中很多资源配置问题涉及在不同时间和不同世代之间选择的问题，比如项目的实施及运行通常要几年到几十年，污染物也会随时间而累积，非再生资源一经开发就会随时间减少。因此，必须把时间的因素考虑进来，从而有可能对比发生在不同时间的费用和效益。

为了比较发生在不同时间的费用和效益，在项目评估中，通常都要通过一定的方式把发生在未来（或不同时间）的费用和效益转化为现值。以便比较，这种计算现值的方式就叫贴现。

（四）比较贴现后的费用和效益：费用效益分析评价准则

在完成了上述步骤之后，要把环境影响的费用和效益的现值与其他方面的费用和效益现值相加，求出总的费用现值和效益现值。然后通过下面的几个指标进行比较，并作出该项目（或政策）是否可行的结论。需要注意的是，计算总费用时，要包括所发生的所有的直接和间接成本，同时减去可能的成本节约；计算效益时，要包括发生的所有直接和间接效益。

1. 经济净现值。经济净现值是反映项目对国民经济所作净贡献的绝对指标。它是用社会贴现率将项目计算期内各年的净效益（等于效益减去费用）折算到建设起点（期初）的现值之和。经济净现值大于零的项目就是可选择的项目。其计算公式为：

$$\mathrm{ENPV}=\sum_{i=0}^{n}\frac{\mathrm{TB}_i-\mathrm{TC}_i}{(1+r)^i}$$

式中：TB_i，TC_i——发生在第 i 年的总效益和总费用；

n—— 计算期；

r—— 社会贴现率。

一般来说，经济净现值大于或等于零的项目应被认为是可以考虑的项目。

2. 经济内部收益率。经济内部收益率是反映项目对国民经济的贡献的相对指标。它是使得项目计算期内的经济净现值累计等于零时的贴现率。其表达式为：

$$\sum_{i=0}^{n}\frac{\mathrm{TB}_i-\mathrm{TC}_i}{(1+\mathrm{EIRR})^i}=0$$

式中：TB_i，TC_i——发生在第 i 年的总效益和总费用；

n—— 计算期。

一般来说，经济内部收益率大于或等于社会贴现率的项目应被认为是可以考虑的项目。

第二节　环境费用效益分析方法

一、环境经济评价方法分类

环境经济评价反映个人的经济偏好。这里有一个基本假设：人类对于环境质量和自然资源保护的偏好对资源配置产生重要影响。环境经济评价的基础是人们对于环境改善的支付意愿，或是忍受环境损失的接受赔偿意愿。因此，环境经济评价大多从估计人们的支付意愿或接受赔偿意愿入手。一般来说，获得人们支付意愿或接受赔偿意愿的途径主要有三个，即：直接受到影响物品的相关市场信息；其他事物中所包含的有关信息；直接调查个人的支付意愿或接受赔偿意愿。相对于这三个信息途径，可以把环境损害与效益的价值评估方法划分为三种类型：

1. 直接市场评价法：包括剂量-反应法，损害函数法，生产率变动法，生产函数法，人力资本法，机会成本法，重置成本法等。

2. 间接市场评价法：包括内涵资产定价法，旅行成本法，防护支出法等。

3. 陈述偏好法：如意愿调查评估法等。

例如，环境污染或环境质量下降会使农作物的产量下降，由于农作物可以在市场上交易并具有市场价格。因此可以通过衡量农作物产量的下降幅度，并乘以该农作物的市场价格，估算出环境污染对该种农作物造成的影响，并以此作为环境污染损失的价值评估结果。这就是价值评估的第一类方法，称为直接市场评价法。

当市场不能提供价值评估所必需的信息时，就需要研究和开发其他的方法。随着环境意识的提高，人们对生活环境的质量越来越重视，当人们决定购买或消费某些物品时，通常也会考虑环境质量好坏，因而影响对这些物品的支付意愿。比如当人们购买住房时，通常会把周围空气质量作为考虑因素之一。房地产的市场价格包含空气质量的价值。因此我们可以从与环境质量相关的其他商品的市场所传递的信息，或者说从人们的市场行为中推断出对环境的偏好和支付意愿，这就是价值评估的第二类方法，称为间接市场评价法。

第三类方法是通过调查等方式，让消费者直接表述出他们对环境物品或服务的支付意愿或接受赔偿意愿，或者是价值高低的判断。这种方法被称为陈述偏好法。

二、不同评价方法的选择

环境影响分为四大类：生产力、健康、舒适性和存在价值。针对不同的环境影响，需要采用不同的方法评估其价值。当环境变化对生产力产生影响时，首选的方法是直接市场评价法，它能够对因环境变化而导致的物理影响（如酸雨造成的农作物减产）赋予一个市场价值。如果因为这些物理影响而采用一些防护性措施时，也可以采用防护支出法、机会成本法以及重置成本法。

对健康影响（包括安全）而言，由于人力资本法和疾病费用法是基于收入的减少以及直接的医疗费用进行估算的，所得的数值是环境质量变化价值的最低限值。防护行为（如气喘病人迁移以避免空气污染对其的影响）和防护支出（如采取私人水处理措施防止污染对健康的影响）也可以用来评估健康影响。目前，越来越多的健康影响研究采用意愿调查价值评估法，用于度量人们对避免或者减小风险以及经济损失的支付意愿以及人们对生命价值的认同。

对于舒适性的影响，旅行费用法和财产内涵价格法分别基于到达某地的旅行费用以及因环境原因造成的财产价值的差别进行评估。意愿调查价值评估法也可以用于探讨人们对舒适性的偏好。

因为其他方法考虑的都是使用者的各种直接和间接成本与效益，意愿调查价值评估法是唯一能够揭示环境资源存在价值的方法。

对不同评价方法的选择可参见表 6-1。

表 6-1　环境费用效益分析方法选择

环境影响	评价技术选择
生产力	直接市场价值评估法
	防护支出法
	重置成本法
	机会成本法
健康影响	人力资本法
	疾病费用法
	防护支出法
	意愿调查评估法
舒适性	旅行费用法
	内涵资产价值法
	意愿调查评估法
存在价值	意愿调查评估法

三、选择不同评价方法的依据

（一）影响的性质

一种生产或消费活动可能产生多种环境影响。根据影响的性质，可以采用不同的方法。假设农业开发导致砍伐原始森林，主要的环境影响有：

1．非木材类森林产品的损失（药材、野菜等）；

2．木材可持续产出的损失；

3．土壤侵蚀造成的泥沙沉积和洪水风险；

4．生物多样性和野生生物的丧失，影响存在价值和生态旅游。

评估影响 1 和 2，可以用直接市场评价法。评估影响 3 可以采用防护支出法和重置成本法。评估对生态旅游和存在价值的影响，可以采用直接市场法和意愿调查评估法。

（二）可获得的信息

选择价值评估方法要考虑信息的类型和可获得的信息量，以及获得信息的可行性和费用。对于可交易的物品和服务，数据比较容易获得，可以采用直接市场价值评估法。对于缺乏市场或者市场发育不完善的物品和服务，尽管也可以采用直接市场评价法，但需要进行必要的调查以获得评估所必需的数据。

防护支出法和重置成本法采用历史数据以及有经验的专家的意见，适用于信息不易获得的事例。

对于不在市场上交易的物品或服务，或者是直接信息非常缺乏，应采用意愿调查价值评估法。意愿调查法和旅行费用法都是以调查为基础，要求调查者具有较高的调查和统计技巧。内涵资产价格法是所有方法中数据需求量最大的，因而应用范围比较小。

（三）经费和时间

选择什么样的价值评估方法还要考虑到经费和时间的约束。有充足时间和资金的项目与资金短缺、时间急迫的项目相比，在评估方法的选择上会有许多不同的考虑。

当资金和时间有限时，可以借用来自于其他项目的数据、具有可比性的其他国家或地区的数据、当地专家的意见、历史记录、对有关人群进行有限调查等获得比较粗略的数据，并运用一些比较简单或随意的方法评估。

当项目的时间比较宽裕，资金供应充足时，可以采用一些复杂的方法，比如意愿调查法、旅行费用法和内涵资产定价法等。

第三节　直接市场评价法

一、理论基础

直接市场评价法也称为常规市场法、物理影响市场评价法。它是根据生产率的变动评估环境质量变化带来的影响。

评价环境变化的经济学意义，最直观的方法就是观察环境的物理变化，估计这种变化对商品和服务造成的经济影响。比如酸雨损坏了树木和建筑物，降低了它们的市场价值；土壤侵蚀减少了当地农作物的产量、使下游水库为了清除泥沙而增加支出。此时，环境变化造成了他人的额外货币支出（外部费用）。污染引起的疾病则会产生医疗成本，同时还会造成患者工资收入的损失，并导致劳动生产率水平降低。

直接市场评价法把环境质量看做是一个生产要素。环境质量的变化会导致生产率和生产成本的变化，进而引起产品价格和产出水平的变化；而价格和产出的变化是可观察并且是可测量的。直接市场评价法利用市场价格（如果市场价格不能准确反映产品或服务的稀缺特征，则要通过影子价格进行调整），评估环境损害的成本或环境改善的效益。

本节介绍几种常用的方法，包括剂量-反应法、生产效应法、疾病成本法、人力资本法和机会成本法。重置成本法的技术步骤和估算方法与间接市场评价法中的防护行为法类似，将在下一节介绍。

二、主要的直接市场评价法

（一）剂量-反应法

剂量-反应法评估环境变化给受体造成的物理效果，如空气污染造成的材料腐蚀、酸雨带来的农作物产量变化、水和空气污染对人体健康的影响等。剂量-反应法通过建立环境损害（反应）和造成损害的原因（污染剂量）之间的关系，发现在一定污染水平下产品或服务产出的变化，利用市场价格（或影子价格）对这种产出的变化进行价值评估。剂量-反应法还可以为其他直接市场评价法提供信息和数据基础，特别是可以提供环境质量的边际变化与受影响的产品或服务产出的边际变化之间的关系。这种方法主要用于评估环境变化对市场产品或服务的影响。它不适用于评估非使用价值。

环境变化物理效果的数据可以从以下渠道获得：

1．实验室或实地研究。例如观察水污染对种植业的影响、过度捕鱼对鱼类种群的影响、空气污染对农作物的影响以及对材料的腐蚀程度；

2．受控实验。在这类实验中，建立有关的剂量-反应关系，例如在侵蚀程度不同的土地上进行农学实验，定量估计土壤侵蚀对谷物产量的影响；将动物暴露于空气污染中，观察对动物的影响；通过将控制组群作为基准，观察受影响与未受影响的受体之间的差异；

3．采用统计回归技术将某种影响与其他影响分离开，这在健康影响研究中比较常见；

4．根据实际生活中的信息，建立各种关系模型，比如，根据坡度、降雨量、土壤类型、管理方式和作物种类建立土壤侵蚀模型，预测土壤侵蚀的影响。还可以采用土壤侵蚀模型中的一些变量，进一步建立土壤侵蚀与农作物产量之间的关系。

（二）生产效应法

生产效应法（又称生产率变动法）认为，环境变化可以通过生产过程影响生产者的产量、成本和利润，或是通过消费品的供给与价格变动影响消费者福利。例如水污染导致水产品产量或价格下降，给渔民带来经济损失；而兴建水库则可以带来新的捕鱼机会，对渔民产生有利影响。

采用生产效应法的技术步骤：

1．估计环境变化对受体（财产、机器设备或者人等）影响的物理后果和范围。如森林砍伐所造成的后果之一是土壤损失 3%，受影响的区域有 100 亩；

2．估计该影响对成本或产出的影响，如导致玉米产量减少 2%，假设未受影响前，每亩地的产量为 500 kg，则每亩地的产量损失为 10 kg；

3．估计产出或者成本变化的市场价值。根据上面的假设，每亩地玉米的收成将因为森林砍伐减少 10 kg，受影响的范围为 100 亩，假设玉米的市场价格为 1.0 元/kg，则因森林砍伐造成的该类损失为 10 kg/亩 × 100 亩 × 1.0 元/kg=1 000 元。

如果受环境质量变动影响的商品是在完全竞争的市场上销售，就可以直接利用该商品的市场价格进行估算。但是，必须注意商品销售量变动对商品价格的影响。假如环境质量变动对受影响的商品的市场产出水平变化的影响很小，不至于引起该商品价格的变化，那么，就可以直接运用现有的市场价格进行测算；如果生产量变动的规模可能影响价格水平，就应设法预测新的价格水平。一般来说，如果全国某种产品的供给主要来自受污染影响的地区，或者是相对封闭的区域市场（如地方鲜鱼市场），就需要分析上述产出水平变化对商品市场价格的影响。

面对环境变化的影响，生产者与消费者可能会采取行动保护自己，例如，消费者将不购买被污染的粮食；生产者将减少污染地区谷物的种植面积。如果在这种适应性变化出现之前做评估，将会过高估计环境影响的价值；如果在上述适应性变化之后做评估，则会对生产者剩余与消费者福利的真实影响估计不足。

（三）疾病成本法和人力资本法

环境的基本功能之一是为人类生存提供支持。环境污染导致环境功能变化，会对人体健康产生影响。这些影响不仅表现为因劳动者发病率与死亡率增加而给生产造成直接损失（这种损失可以用生产效应法估算），而且还表现为因环境质量恶化而导致医疗费开支增加，以及因为得病或过早死亡而造成收入损失。疾病成本法和人力资本法就是估算环境变化造成的健康损失成本，或者说是通过人体健康评估环境价值。

在经济学中，人力资本是指体现在劳动者身上的资本，主要包括劳动者的文化知识、技术水平以及健康状况。在人力资本法中，个人被视为经济资本单位，收入被视为人力投资的一种回报（收益）。所谓人力投资是对劳动者健康、文化知识和技术水平的投资。运用人力资本这个概念，是因为只计算了人作为一个生产单位的价值（尽管人对于健康和生命的主观评价，以及他对提高健康水平的支付意愿、伤痛和痛苦所造成的精神和生理成本等也十分重要，但这些成本并未计算进去）。在分析社会和个人从教育所获收益时，也经常使用人力资本这一概念。

为了避免重复计算，环境经济学在利用人力资本法的时候，将注意力集中在环境质量变化对人体健康的影响（主要是医疗费的增加）以及因这一影响而导致的个人收入损失。前者相当于因环境质量变化而增加的病人人数与每个病人的平均医疗费用（按不同病症加权计算）的乘积；后者则相当于环境质量变动对劳动者预期寿命和工作年限的影响与劳动者预期收入（不包括来自非人力资本的收入）的现值的乘积。由于劳动者的收入损失与年龄有关，所以，首先必须分年龄组计算劳动者某一年龄的收入损失，然后将各年龄的收入损失汇总，得出因环境问题而导致的劳动者一生的收入损失。

1．技术步骤与方法：

（1）识别环境中可致病的特征因素（致病动因），即环境中包括哪些可导致疾病或死亡的污染物质。

（2）在病例分析、实验室实验和流行病数据资料分析的基础上，确定致病动因与疾病发生率和过早死亡率之间的关系。在许多情况下，致病动因在环境中的临界水平是不确定的。

（3）评价处于风险之中的人口规模，定义致病动因的影响区域，包括建立扩散模型（空气与水污染），或将总暴露人口缩小到对风险特别敏感的人群（如孕妇、幼儿、老人、气喘病患者等）。所有这些资料数据都将用于预测发病率。如果可以提供平均发病率的资料，就可以估计总损失时间（即不能工作的时间）。然后需要按照是否具有生产能力以及在何种程度上参加生产来对受影响人口进行分类。此外也需要对医疗和保健费用的性质进行区分。

（4）对疾病所耗的时间与资源赋予经济价值，估算由于疾病导致缺勤所引起的收入损失和医疗费用。可以采用疾病成本法进行计算：如果实际的医疗费用（比如药品和医生的工资）存在严重的价格扭曲现象的话，则需要通过影子价格或影子工资进行调整。

（5）估算由于过早死亡所带来的损失。如果利用人力资本法来计算由于过早死亡所带来的损失，则因环境变化而过早死亡的经济损失等于正常寿命期收入损失的现值。

2．应用本方法需要注意：

（1）一些致病环境动因难以辨认，剂量-反应关系更难以建立；致病动因在环境中的作用强度的分布与人口分布及敏感人群分布的关系十分复杂；发病率结果由多种因素导致，难以区分。

（2）对处于风险中的人群的评价受到个体差异的干扰。

（3）这两种方法把人看做是一个资本单元，计算由于疾病和过早死亡所带来的损失，这会引出如何评价没有生产能力或不参加生产活动的人的损失问题，比如儿童、家庭妇女、退休和残疾人的损失。由于人力资本法用劳动者的收入来衡量其生命的价值，其中隐含的推论是，收入小于支出的人的死亡对社会有利，因而会引起伦理学上的争论。

（4）价格扭曲是一个普遍存在的问题，特别是医生工资、药品价格等。

（四）机会成本法

用于生产满足人们各种各样需求的资源是有限的，因而每一个时期人们都必须作出选择，决定将稀缺的资源配置于哪一类产品与劳务的生产，满足人们哪一方面的需求。资源的稀缺性以及由此而限定的人类选择引出了经济学中的一个重要概念：机会成本。某种资源一旦用于某种商品的生产就不能同时用于另一种商品的生产，选择了一种机会就意味着放弃了另一种机会。使用一种资源的机会成本是指把该资源投入某一特定用途后所放弃的在其他用途中所能够获得的最大利益。

在评估无价格的自然资源时，机会成本法的概念基础是：保护无价格的自然资源的机会成本（比如保护自然保护区），可以用该资源用于其他用途（比如农业开发、林业）可能获得的收益来表示。

机会成本法特别适用于对自然保护区或具有唯一性特征的自然资源的开发项目的评估。对于某些具有唯一性特征或不可逆特征的自然资源，某些开发方案与自然系统的延续性是有矛盾的，其后果是不可逆的。开发工程可能使一个地区发生巨大变化，以至于破坏了原有的自然系统，并且使这个自然系统不能重新建立和恢复。在这种情况下，开发工程的机会成本是在未来一段时期内保护自然系统得到的净效益的现值。由于自然资源的无市场价格特征，这些效益很难计量。但反过来，保护自然系统的机会成本可以看做是失去的开发效益的现值。

一般情况下，人们都是估算自然保护的机会成本，然后让决策者或公众决定自然资源是否具有这样的价值或是否值得为保护该资源而放弃这些收益。比如，一种选择方案是要严格保护湿地资源，另一种方案是把湿地完全用于农业开发。假设经计算农业开发所获收益的净现值为 50 亿元人民币，则保护湿地不被开发的机会成本为 50 亿元人民币。那么，政府和公众就需要决定，是否为了获得这 50 亿元人民币的净现值而放弃保护湿地。这里需要特别注意的是，我们计算的是农业开发的净效益，但是开发活动的影响是不可逆的。因此，50 亿元应该视做湿地的最低价值。同时，除了农业开发之外，湿地还会有其他的选择方案，比如生态旅游等，因而还可以通过其他方案对湿地保护的机会成本进行测算。

三、直接市场评价法存在的问题和局限性

直接市场评价法因其比较直观、易于计算、易于调整等优点而被广泛应用。对处于不同发展阶段的国家，它都是最常见的价值评估方法。但也应该注意到它的局限性。

1．一般来说，很难估计出造成环境影响的活动与产出、成本或损

害之间的物理关系。建立环境质量变化与受体变化（原因和后果）之间关系常常要依靠假设，或者根据其他地区的剂量-反应关系获取信息，或者利用大量资料建立这种关系。因此，可能会因为数据来源导致误差。

2．在确定对受体的影响时，通常很难把环境因素从其他影响因素中分离出来。观察到的环境质量变化以及最终对产品或服务的影响可能有一个或多个原因，而要把某一个原因造成的后果同其他原因造成的后果区分开是非常困难的。例如空气污染通常是由许多污染源造成的；土壤侵蚀和酸雨对农作物的损害也很难完全区分开。

3．当环境变化对市场产生明显影响时，就需要对市场结构、弹性、供给与需求反应进行比较深入的观察。需要对生产者和消费者行为进行分析。同时也要联系生产者与消费者的适应性反应。

4．当确定一项活动对产出的影响时，需要对如果没有某个环境变化会发生的结果进行一些假设，即建立一个假如存在或假设没有的后果序列。如果这种假设离现实情况太远，就可能对某个原因造成的损害估计得过大或者过小。当所研究的某个事件发生在这类事件已经发生的时候和地方，问题就会变得更加复杂，如已经存在严重的空气和水污染或者严重的土壤侵蚀。

5．即便是有效率的完全竞争市场，如果存在显著的消费者剩余时，仍然可能导致过低估计环境的经济价值；而通常的市场价格中并没有包含外部性，不论是正的外部性，还是负的外部性。所以，必要时应对所采用的价格进行调整。

第四节　间接市场评价法

一、定义与理论基础

间接市场评价法，又称揭示偏好法，它通过考察人们与市场相关的行为，特别是在与环境联系紧密的市场中所支付的价格或他们获得的利益，间接推断出人们对环境的偏好，以此来估算环境质量变化的经济价值。

通常会发现，在市场上存在着一些商品，它们可以作为环境所提供的服务的替代品。比如，游泳池可以看做是在洁净的湖泊或河流里游泳等休闲功能的替代物；私人公园可以看做是自然保护区或国家公园的替代物。如果这种替代作用可以成立，则增加环境物品或服务的供应所带来的效益，就可以从替代它们的私人商品购买量的减少测算出来，反之亦然。其原因在于，由于两者是可以相互替代的，对于用户而言，消费两者给用户带来的福利水平也是一样的。同时，随着人们环境意识的提高，当人们购买商品的时候，其支付意愿也包括对这些商品附属的或具有的环境属性的承认。

但是必须注意，环境的某些服务功能是能够被有些私人物品完全替代，但有些只能是部分替代，有些则是无法替代的。比如，对于原始森林而言，其作为木材的使用价值部分，可以被人工林来替代，但是，原始森林本身所特有的生态功能（包括生物多样性等）则无法被人工生产出来的物品所替代，而原始森林的存在价值的部分，则更是无法替代的。

二、主要的间接市场评价法

（一）内涵资产定价法

内涵资产定价法，又称内涵价格法，它是基于这样的一种理论，即人们赋予环境的价值可以从他们购买的具有环境属性的商品价格中推断出来。资产具有多种特性，资产（如土地、房屋等）的价格体现着人们对它的各种特性的综合评价，其中包括当地的环境质量。我们的任务就是根据这些特性所蕴涵的价格信息，去获得某一个特性所隐含的供给和需求曲线。

我们通常选用房地产市场对内涵资产定价法进行分析。它通过揭示不同的房地产价格与不同的房地产的环境属性的关系来进行分析。通常采用多重回归方法来研究房地产价格与可能影响房价的许多变量的关系。房地产的价格既反映了房产本身的特性（如面积、房间数量、房间布局、朝向、建筑结构、附属设施、楼层等），也反映了房产所在地区的生活条件（如交通、商业网点、当地学校质量、犯罪率高低等），还反映了房产周围的环境质量（如空气质量、噪声高低、绿化条件等）。在其他条件一致的情况下，环境质量的差异将影响到消费者的支付意愿，进而影响到这些房产的价格，所以，当其他条件相同时，可以用因周围环境质量的不同而导致的同类房产的价格差异，来衡量环境质量变动的货币价值。

除了房地产市场外，在不同职业和地点的工资差别中也可以发现类似的情形。在其他条件相同时，劳动者工作场所环境条件的差异（例如噪声的高低，是否接触污染物等），会影响到劳动者对职业的选择。在其他条件相同时，劳动者会选择工作环境比较好的职业或工作地点。为了吸引劳动者从事工作环境比较差的职业并弥补环境污染给他们造成的损失，厂商就不得不在工资、工时、休假等方面给劳动者以补偿。这种用工资水平的差异（工时和休假的差异可以折合成工资）来衡量环境质量的货币价值的方法，就是工资差额比较法。

但在实践中，劳动力市场并不一定非常活跃，也不一定能够真正把环境质量反映到工资中，特别是在发展中国家更是如此。工人，特别是贫穷和技术不熟练的工人，对于环境风险知之甚少，贫困和恶劣的环境经常是紧密相连的。我们经常可以发现低工资和恶劣环境条件共存。因此，工资差额法在发展中国家的适用性，仍然是不确定的。

（二）防护支出法与重置成本法

防护支出法，有时也称防务支出法，它根据人们为防止环境退化所准备支出的费用多少推断出对环境价值的估价，属于一种揭示偏好法，而重置成本法则是估算环境被破坏后将其恢复原状所要支出的费用，属于直接市场评价法。由于二者之间的特定联系（如安装双层玻璃预防飞机噪声既可视为预防噪声，又可视为恢复宁静所做的努力），在这里将二者结合起来介绍。

面对环境变化，人们会努力从各种途径保护自己不受环境质量变化的影响，比如购买一些防护用品或服务等。这些商品既可以是环境质量的替代品，也可以是防止环境退化的措施。反之，当环境质量提高时，人们对替代品的花费就会降低。

1．面对环境变化，人们可能采取的防护行为主要包括：

（1）采取防护措施，尽力避免居住地环境质量的下降，以保护自己不受影响，如采取防止土壤侵蚀的措施、安装水净化设施等，这些因为采取保护措施而发生的费用，即为防护费用。

（2）购买环境服务功能的替代品来避免可能的损害。比如，为了避免饮用受污染的公共供水系统，人们可能会购买瓶装水（比如矿泉水和纯净水等）。购买这些代用品的费用可被视为一种防护支出。

(3) 对环境变化反应较强烈的人会迁出受污染区域，这种迁移所发生的费用可被视为一种重置成本。

(4) 重置受损环境服务，补偿某项活动带来的环境损害。比如修路时被砍伐的树木可以通过种植新的树而被重置。

2．技术步骤：

(1) 识别环境危害。由于防护行为经常针对多个目的，因而识别最基本的环境危害是非常重要的。比如，城市交通会带来噪声和空气污染。城市供水可能会同时出现水质下降和供应短缺。植树造林既能预防土壤侵蚀，又会产出有用的产品。

由于存在多种行为动机和数个环境目标，通过防护行为表征人们的环境偏好就变得极其复杂。在这种情况下，防护支出可能夸大个人所受的环境危害的价值。尽管不可能把某个防护行为所针对的环境影响同其他影响完全分开，在研究时仍然要把环境问题划分为首要的和次要的，并把针对主要环境问题的防护行为作为估算依据。

(2) 界定受影响的人群。对于某个给定的环境危害，应该确定受威胁的人群规模，并区分出受到重要影响的人群和受影响较小的人群。防护行为研究的取样工作应该在第一类人群中进行。如果过多使用只受到边际影响人群的数据，就会低估环境损害的价值。

确定研究的目标人群时，应该实事求是地考虑环境危害，了解危害的发生方式。例如，对土壤侵蚀来说，会对当地以及分水线以下土地产生影响，将来对下游土地以及河道也会产生影响。饮用水污染将影响到水体沿岸的居民，或者水体附近一定范围的居民，对使用受到污染井水的居民也会产生影响。而飞机噪声则会对工作或者居住在跑道、机场附近的居民产生影响。

要确定受空气污染危害的人群更加困难。空气污染的迁移与季节和气候条件以及污染物的排放水平相关。对于受体人群产生的影响又与不同个人的敏感性、污染物最大浓度出现的频率、有无特殊的污染物出现以及平均浓度水平等关系密切。特别是对有气喘病或者支气管炎的人产生危害更大，这些人群通常会采取严格的措施防止暴露（包括迁移，在污染最严重时让病人待在户内等）。

3．有许多途径可以获得相关的数据：

（1）直接观察为免遭环境损害影响的实际支出（例如为防止土壤侵蚀修梯田；减少噪声安装双层窗）。

（2）当影响范围较小时，对所有受到危害的人进行广泛调查。如受到土壤侵蚀或者下游泥沙沉积影响的农民、办公室建筑采取噪声隔离措施，等等。

（3）对感兴趣的人群抽样调查。主要用于空气和水环境质量下降，或者对噪声采取预防措施的家庭，以及用化肥代替土壤养分流失或者采取了防止土壤流失措施的农民，等等。

（4）对预防和保护措施的费用、对损害进行恢复或者采用替代环境资产所需的费用、购买环境替代品所需的成本，都可以采用征询专家意见的方法。要求专家对人们为使自身有效避免环境损害或避免预计的环境质量损失所需的成本做出客观专业的估计。专家意见虽然可以作为信息资料来源的补充，并且能够验证通过其他途径获得的数据，但是也可能出现不同意见。因为专家意见不是通过观察人们的行为获得，而是具有理论水平并且对事件有了解的人们的看法。

（三）旅行费用法

旅行费用法常常被用来评价没有市场价格的自然景观或者环境资源的价值。它要评估的是旅游者通过消费这些环境商品或服务所获得的效益，或者说旅游者的支付意愿（旅游者对环境商品或服务的价值认同）。

旅行费用法隐含的原则是，尽管自然景观可能不收取门票费，但是旅游者为了游览（或者说使用或消费这类环境商品或服务），却需要付出费用，包括要花费的时间。旅游者为此而付出的代价可以看做是对这些环境商品或服务的实际支付。支付意愿等于消费者的实际支付与其消费某一商品或服务所获得的消费者剩余之和。假设可以获得旅游者的实际花费数目，要确定旅游者的支付意愿大小的关键就是要估算出旅游者的消费者剩余。

必须看到，旅游者对这些环境商品或服务的需求不是无限的，要受到从出发地到该景点旅行费用的制约。旅行费用法假设所有旅游者消费该环境商品或服务所获得的总效益是相等的，它等于边际旅游者（距离评价地点最远的旅游者）的旅行费用，离评价地点远的用户，其消费者剩余小；离评价地点近的用户，其消费者剩余大。

需要注意的是：旅行费用法针对的是具体的场所的环境价值而不是娱乐本身的收益。

技术步骤如下：

1．以评价场所为圆心，把场所四周的地区按距离远近分成若干个区域。距离的不断增大意味着旅行费用的不断增加。

2．在评价地点对旅游者进行抽样调查，例如站在评价地点的入口处，询问每个旅游者的出发地点，收集相关信息，以便确定用户的出发地区、旅游率、旅行费用和被调查者的社会经济特征。

3．计算每一区域内到此地点旅游的人次（旅游率）。

4．根据对旅游者调查的样本资料，用分析出的数据，对不同区域的旅游率和旅行费用以及各种社会经济变量进行回归，求得第一阶段的需求曲线即旅行费用对旅游率的影响。

通过回归方程确定的是一个所谓的“全经验”需求曲线，它是基于旅游率而不是基于在该场所的实际旅游者（人/天）数目。利用这条需求曲线来估计不同区域中的旅游者的实际数量，以及这个数量将如何随着门票费（或称入场费）的增加而发生的变化情况，来获得一条实际的需求曲线。

5．根据第一步的信息，对每一个出发地区第一阶段的需求函数进行校正计算出每一区域的需求函数，计算每个区域旅游率与旅行费用的关系。

6. 计算每个区域的消费者剩余。我们假设评价景点的门票费为 0，则旅游者的实际支付就是他的旅行费用。进而通过门票费的不断增加来确定旅游人数的变化就可以求得来自不同区域的旅游者的消费者剩余。

7. 将每个区域的旅游费用及消费者剩余加总，得出总的支付愿望，即是评价景点的价值。

旅行费用法是一个比较成熟的方法，主要用于估计对自然景观的需求以及保护、改善所产生的效益。在发达国家，特别是美国，开展了大量的旅行费用法研究。这个方法要求从询问调查中收集大量的数据，并且需要精心选择估算程序。旅行费用法可以支持很多的决策过程，包括确定国家公园和自然景观的门票费；在不同地点之间分配政府的预算；判断是否值得保护某个自然景观作为休闲场所等。

第五节　陈述偏好法

一、定义和理论基础

典型的陈述偏好法是意愿调查评估法（简称 CV 法，有时也称权变评价法）。意愿调查评估法通过调查，推导出人们对环境资源的假想变化的评价。当缺乏真实的市场数据，甚至也无法通过间接地观察市场行为来赋予环境资源以价值时，只好依靠建立一个假想的市场来解决数据问题。意愿调查评估法通过直接向有关人群样本提问，来发现人们是如何给一定的环境变化定价的。

在意愿调查评估法中有两个广泛应用的概念，即对环境改善效益的支付意愿和对环境质量损失接受赔偿意愿。意愿调查评估法通常将家庭或个人作为样本，询问他们对于一项环境改善措施或一项防止环境恶化措施的支付愿望，或者要求住户或个人给出为忍受环境恶化而接受赔偿的愿望。与直接市场评价法和揭示偏好法不同，意愿调查法不是基于可观察到的或间接的市场行为，而是基于调查对象的回答。他们的回答告诉在假设的情况下，他们将采取什么行为。调查过程一般通过问卷或面对面询问的方式进行。直接询问调查对象的支付意愿或接受赔偿意愿是意愿调查法的特点和优点，也是该方法的缺点所在。

为了得到准确的答案，意愿调查应建立在两个条件之上，即环境收益具有“可支付性”的特征和“投标竞争”特征。意愿调查评估法已经演化出若干种技术，其中一些常见于商业市场研究中。所有这些技术都试图弄清人们对特定环境状况所赋予的货币价值。在很多情形下，它是唯一可用的方法。例如评价环境资源的选择价值和存在价值。

二、主要的价值评估技术

意愿调查评估法所采用的评估技术大致分为：① 直接询问调查对象的支付或接受赔偿意愿；② 询问调查对象对商品或服务的需求量，从询问结果推断出支付意愿或接受赔偿意愿；③ 通过对有关专家进行调查的方式来评定环境资产的价值。表 6-2 概括了几种常用的意愿调查法。

表 6-2 意愿调查法的分类

直接询问支付意愿	投标博弈法 比较博弈法
询问选择的数量	无费用选择法 优先评价法
征询专家意见	专家调查法（Delphi 法）

这里主要介绍投标博弈法、比较博弈法和无费用选择法。

（一）投标博弈法

投标博弈法要求调查对象根据假设的情况，说出对不同供应水平环境物品或服务的支付意愿或接受赔偿意愿。投标博弈法被广泛地应用于公共物品的价值评估。

有两种主要的投标博弈方法：单次投标博弈和收敛投标博弈。

在单次投标博弈中，调查者首先要向被调查者解释要估价的环境物品或服务的特征及其变动的影响，例如砍伐热带森林可能产生的影响，以及保护这些环境物品或服务（或者说解决环境问题）的具体办法；然后询问被调查者，为了改善保护该热带森林他最多愿意支付多少钱（即最大支付意愿），或者反过来询问被调查者，他最少需要多少钱才愿意接受该森林被砍伐的事实（即最小接受赔偿意愿）。

在收敛投标博弈中，被调查者不必自行说出一个确定的支付意愿或接受赔偿意愿的数额，而是被问及是否愿意对某一物品或服务支付给定的金额，根据被调查者的回答，不断改变这一数额，直至得到最大支付意愿或最小接受赔偿意愿。比如，要询问被调查者，如果森林将被砍伐，他是否愿意支付一定数额的货币用于保护该森林（比如 10 元），如果被调查者的回答是肯定的，就再提高金额（比如 11 元），直到被调查者作出否定的回答为止（比如 20 元）。然后调查者再降低金额，以便找出被调查者愿意付出的精确数额。或者，询问被调查者他是否会愿意在接受一定数额赔偿的情况下，接受森林砍伐的事实，如果回答是肯定的，就继续降低该金额直到被调查者作出否定的回答为止。然后，再提高该金额，找出被调查者愿意接受的赔偿数额。

（二）比较博弈法

比较博弈法又称权衡博弈法，它要求被调查者在不同的物品与相应数量的货币之间进行选择。在环境资源的价值评估中，通常给出一定数额的货币和一定水平的环境商品或服务的不同组合。该组合中的货币值，实际上代表了一定量的环境物品或服务的价格。给被调查者一组环境物品或服务以及相应价格的初始值，然后询问被调查者愿意选择哪一项。被调查者要对二者进行取舍。根据被调查者的反映，不断提高（或降低）价格水平，直至被调查者认为选择二者中的任意一个都可以为止。被调查者这时候所选择的价格就表示他对给定量的环境物品或服务的支付意愿。此后，再给出另一组组合，比如环境质量提高了，价格也提高了，然后重复上述的步骤。经过几轮询问，根据被调查者对不同环境质量水平的选择情况，进行分析，就可以估算出对边际环境质量变化的支付意愿。

（三）无费用选择法

无费用选择法通过询问个人在不同的物品或服务之间的选择来估算环境物品或服务的价值。该法模拟市场上购买商品或服务的选择方式。给被调查者两个或多个方案，每一个方案都不用被调查者付钱，从这个意义上说，对被调查者而言，是无费用的。在含有两个方案的调查中，需要被调查者在接受一笔赠款（或被调查者熟悉的商品）和一定数量的环境物品或服务之间作出选择。如果某个人选择了环境物品，那么该环境物品的价值至少等于被放弃的那笔赠款（或商品）的数值，可以把放弃的赠款（或商品）作为该环境物品的最低估价。如果改变上述的赠款数（或商品），而环境质量不变，这个方法就变成一种投标博弈法了。但是，其主要区别在于被调查者不必支付任何东西。如果被调查者选择了接受赠款（或商品），则表明被评价的环境物品或服务的价值低于设定的接受赠款额。

三、需要注意的问题

在设计意愿调查时，需要特别注意三个统计方面的问题。

第一，样本数目。一般要求样本数要足够多，以便能反映出被调查区域的人群情况。实际数目是由所预期的反映多样性程度、希望的准确性等级及估计不回答的比率来决定的。通常情况下，要在进行正式调查之前进行预调查，以便最终确定样本数量和调查问题或问卷的设计。

第二，对偏差较大的回答（或答卷）的处理。通常情况下要把那些特别极端的回答从有效问卷中剔除，因为这些出价可能是不真实的或是对问题的错误回答。这可以用诸如 5%～10%的中心剔除点等方法来摘除那些极端的回答，或者用回归技术评估出一个出价曲线。

第三，与汇总有关的问题。我们可以把估计出的平均支付意愿（或接受赔偿意愿）乘以相关的人数，即可简单得出总支付意愿（或接受赔偿意愿）。然而，如果作为样本的人群不能代表总人群的情况，那么就要建立起对支付意愿（或接受赔偿意愿）的出价与一系列独立变量，诸如收入、教育程度等之间的关系式，用以估算总人口的支付意愿值。

四、总体评价

意愿调查评估法需要精心解释和设计。它需要的数据信息多，严格的调查需要花费大量的时间和金钱。但是意愿调查评估法可以解决其他许多方法无法解决的问题，这是它被越来越广泛应用的原因。在空气和水环境质量问题、舒适性问题、资源保护问题以及存在价值等方面已经开展了大量实证性研究工作。

意愿调查评估法的缺陷在于过度依赖于人们的看法，而不是市场行为。回答中会有大量的偏差，尽管这些偏差不可避免。意愿调查评估法的评估结果还有赖于被调查者如何理解环境风险以及这些风险可能产生的影响。这里假设被调查者都具有一定的教育水平和环境意识。相对来说，这些条件更适合局部的或区域性的问题，但对全球问题来说，则难以满足这些条件。

参考文献

[1] A．Myrick Freeman. The measurement of environmental and resource values：theory and methods[M]，Resources For the Future. Washington，DC，1993.

[2] Carson R T, Mitchell R C, Hanemann M, et al., Contingent Valuation and lost Passive Use：Damages from the Exxon Valdez oil spill.[J]. Environmental and Resource Economics，2003.

[3] Carson R T，Hanemann W，Contingent Valuation-Handbook of Environment Economics[M]. M. Elsevier，2005.

[4] 梅纳德·哈弗斯密特，等. 环境、自然系统和发展：经济评价指南[M]. 北京：烃加工出版社，1988.

[5] 马中. 环境与资源经济学概论[M]. 北京：高等教育出版社，1999.

[6] 王金南. 环境经济学[M]. 北京：清华大学出版社，1994.

[7] 曾贤刚. 环境影响经济评价[M]. 北京：化学工业出版社，2003.

第三篇

政策篇

第二部

第七章　环境经济政策概述

第一节　有效率的污染水平

（一）物质平衡理论基本模型

假设建立一个环境管理机构，其基本功能就是对环境提供保护，具体方法包括：① 对利用环境容量处理污染物的行为收费（即排污收费）；② 对环境加以治理，增强环境对污染物的同化吸收能力，恢复环境的质量；③ 监测生产和消费过程的污染物排放。根据物质平衡理论，得到如图 7-1 所示的简化物质平衡模型。

这个流程图包括 5 个方框，分别表示生产、资本积累、消费、环境管理和环境。下面考察模型中的物质流和服务流。

生产框：获得来自环境框的不可再生资源 M，这些资源被用作生产中的劳动投入；获得来自资本积累框的折旧 D 和资本服务流 K，获得来自消费框的废弃物 R_H（作为生产原料重新利用）和劳动力 L_{H1}。同时，生产框向消费框提供消费品 C，向环境框排放废弃物 Z_P，向环境管理框提供环境治理所需要的投资 I_P 和排放需要治理的废弃物 E_P，向资本积累框提供投资 GI；生产中产生的废弃物，一部分得到重复利用，用框中的圆圈表示。

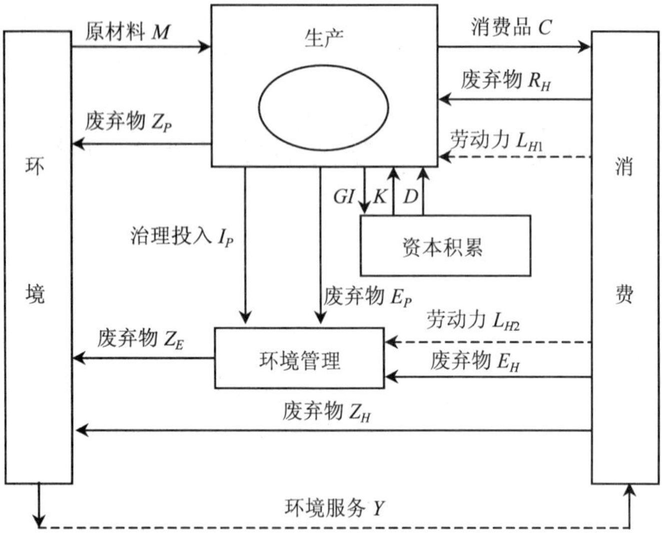

图 7-1　简化的物质平衡模型

注：虚线表示服务流。

消费框：获得生产框提供的消费品 C 和来自环境框的服务流 Y。消费框产生的废弃物，或直接排入环境，以消费框指向环境框的箭头 Z_H 表示；或者排入生产框，在那里得到回收利用，用 R_H 表示；或者排入环境管理框，在那里得到处理，用 E_H 表示。消费框同时要向生产框和环境管理框提供劳动力 L_{H1} 和 L_{H2}。在这里假定消费框把污染物转给生产框时要付给一定的费用。

资本积累框：表示经济系统中的资本存量，这种资本存量提供用作生产要素的服务。资本积累框获得来自生产框的总投资 GI。由于磨损和消耗，资本存量会贬值，因而从积累框到生产框有一个因折旧产生的废弃物流 D。D 有两个经济效应：第一，它意味着资本存量的减少；第二，它增加了经济运行过程中产生的废弃物流量。D 作为原材料回到生产框，因而这种流量是可以再循环的。资本积累框还向生产框提供资本服务流 K。

环境管理框：获得来自生产框和消费框的废弃物 E_P 和 E_H，获得来自生产框的用于环境治理的投入 I_P 和来自消费框的劳动力 L_H。治理后的废弃物 Z_E 排入环境。

环境框：环境框向生产框提供原材料 M。环境是一种公共物品，它对消费框产生一个服务流 Y。一般来说，这种服务流量将随污染物排放量的增加而减少，随环境的改善而增加。环境接受来自生产框、消费框和环境管理框的废弃物 Z_P、Z_H 和 Z_E。环境质量受废弃物排放和环境治理工作两方面的影响。

因为在生产框、消费框和环境管理框中都不存在商品存量的积累，所以进入这些方框的物质与离开这些方框的物质一定保持平衡。

故对生产框有：$M+R_H+D=C+GI+I_P+Z_P+E_P$

对消费框有：$C=R_H+Z_H+E_H$

对环境管理框有：$I_P+E_P+E_H=Z_E$

合并以上式子，得出：$M+D=GI+Z_P+Z_E+Z_H$

或者

$M-(Z_P+Z_E+Z_H)=GI-D=NI$

式中 NI 表示净投资。由此得出，来自环境的物质净流出量等于资本存量的净积累。

这个看似很平常的结论是很有意义的。它以一种简明的形式给出了物质的平衡关系。一方面它表明不能作为资本存量积累的那部分的原材料最终要归于环境。另一方面，它可以引申出一个结论：在给定净资本积累量 NI 的前提下，如果不存在某些刺激使排入环境的污染物 $(Z_P+Z_E+Z_H)$ 保持低水平，那么自然资源的采出量 M 将会相应提高；环境质量的恶化和自然资源的超量使用是密切相关的。

（二）价值平衡和最优环境管理对策

在市场经济条件下，价格是资源配置的调节器。无论是“市场失灵”

或是“政策失效”，都表现为商品价格不能反映资源的真实价值。因此将价格引入上述模型是有意义的。

假定：

1．所有生产者与消费者是价格的承受者。

2．除环境质量以及使用环境处理废弃物的价格之外，所有商品和服务的价格都由市场决定。

3．环境质量的价格被看做消费者对环境服务的需求价格。因为环境质量是一种公共物品，不存在市场价格。但假定能发现消费者的需求价格，也就是他们对环境服务的边际支付意愿。

4．而使用环境处理废弃物的价格由环境管理机构确定。

在进行分析前，先明确下面一些符号的含义：

p ——商品的价格；

p_M——自然资源的价格；

q_H——生产框以回收利用方式处理消费框废弃物的价格；

p_K ——资本商品的价格；

q_D ——生产框以回收利用方式处理资本积累框废弃物的价格；

q ——利用环境处理废弃物的价格（排污收费的价格）；

p_E ——投入环境治理的商品的价格；

ω ——工资；

π ——资本收益率；

υ ——环境管理框治理废弃物的价格；

δ ——环境服务的需求价格；

π_P ——生产框的利润；

π_K ——资本积累框的利润；

π_E ——环境管理框的利润；

Z ——排入环境的废弃物总量，$Z = Z_P + Z_H + Z_E$；

NS ——消费者的储蓄。

运用这些符号，根据收入支出法，我们可以计算出生产、资本积累和环境管理三个部门的利润：

$$\pi_P = pC + p_K GI + q_H R_H + q_D D + p_E I_P - \omega L_{H1} - p_M M - \pi K - qZ_P - \upsilon E_P$$

$$\pi_K = \pi K - p_K D - q_D D$$

$$\pi_E = \upsilon E_P + \upsilon E_H - p_E I_P - qZ_E - \omega L_{H2}$$

再假定所有的利润都转入消费者手中，则消费者的预算约束为：

$NS + pC + q_H R_H + qZ_H + \upsilon E_H = \omega(L_{H1} + L_{H2}) + p_M M + \pi_P + \pi_K + \pi_E$ 合并上面四个等式，得出：

$$NS = p_K GI - p_K D - qZ_P - qZ_H - qZ_E = p_K(GI - D) - qZ = p_K NI - qZ$$

这就是储蓄-投资恒等式，即净储蓄等于净投资减去利用环境处理废弃物的费用。因此，通过引入价格参数，实现了由物质平衡向价值平衡的转变。

现在假定废弃物排放、环境治理和环境质量之间的关系可以表示为下列环境质量函数：

$$Y_0 - Y = F(Z, E)$$

式中：Y_0 ——初始环境质量；

Z —— 废弃物排放质量；

E ——治理量。

假定废弃物排放会对环境产生负的影响，而治理会产生正的影响。所以有：

$$\frac{\partial(Y_0 - Y)}{\partial Z} > 0$$

$$\frac{\partial(Y_0 - Y)}{\partial E} < 0$$

即

$$\frac{\partial F}{\partial Z} = F_1 > 0$$

$$\frac{\partial F}{\partial E}=F_2<0$$

环境服务的总价值为δY，而由污染物排放引起的环境损害的价值为$\delta(Y_0-Y)$，它是利用环境处理废弃物的社会费用中的一个因素；另一个因素是环境管理部门治理废弃物的费用υE。由此得出，利用环境处理废弃物的总机会成本为$\upsilon E+\delta(Y_0-Y)$。利用环境处理废弃物的效益显然是qZ。因而净效益为：

$$NB=qZ-\upsilon E-\delta(Y_0-Y)$$

对于Z和E求净效益NB的最大值。它们的一阶偏导数分别为：

$$\frac{\partial NB}{\partial Z}=q-\delta\frac{\partial F}{\partial Z}=q-\delta F_1$$

$$\frac{\partial NB}{\partial E}=-\upsilon-\delta\frac{\partial F}{\partial E}=-\upsilon-\delta F_2$$

令以上两式为零，便可得出环境管理机构的最优政策（假定这个机构认为价格都是给定的）为：

$$q=\delta F_1$$

$$\upsilon=-\delta F_2$$

因而环境管理机构应允许污染物倾倒，直至每多倾倒一单位废弃物所产生的社会效益与其所需的社会边际成本相等，同时该机构应治理环境，直至社会边际效益等于环境治理的社会成本。

（三）有效率的污染水平

决定环境容量的有效利用（或者污染物有效排放）水平的两项关键因素是边际治理成本和边际损害成本（见图 7-2）。

由图 7-2 可见，边际治理成本曲线 MAC 向右下方倾斜，表明治理成本随着排放水平的提高而减少；边际损害成本曲线 MEC 向右上方倾斜，表明损害成本随着排放水平的提高而增加。治理成本与损害成本之和是社会总成本。

损害成本表现为对社会的外部不经济性。在环境管制不严的情况下，厂商出于利润最大化的动机，会提高排放水平，降低边际治理成本（例如 E''点）。此时，会出现比较高的损害成本和社会总成本。如果对厂商施行严格的环境管制，此时排放水平虽然降低了，但是治理成本过高（例如在 E'点），也造成比较高的社会总成本。因此无论是环境管制不严还是过于严格，都会导致低效率的资源配置（马中等，2006）。

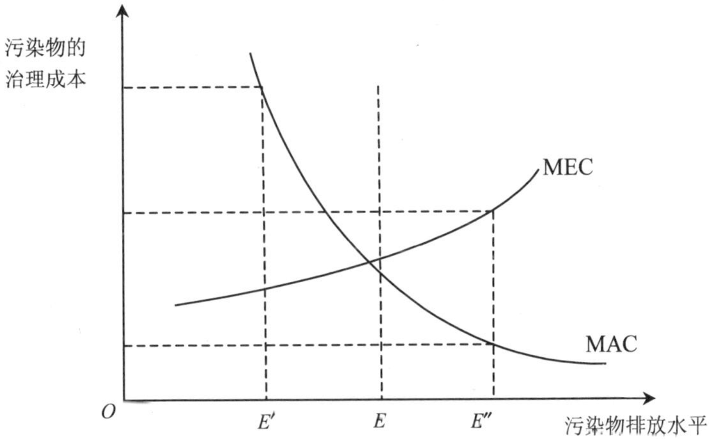

图 7 2　有效的污染水平

理想的排放水平和治理水平是在 E 点，此点又称为有效率的污染水平。此时边际治理成本等于边际损害成本，社会总成本最小，资源实现有效率的配置。

在环境管理实践中，由于政治、社会、经济、技术等多方面的原因，经常无法得知有关边际治理成本和边际损害成本的准确信息。因此代表有效率的污染水平的 E 点可能近似地获得。但是这并不妨碍环境管理部门和厂商去努力争取实现这一目标。实现这一目标的主要手段有两类：① 以各类政策法规为基础的命令控制型手段；② 以市场为基础的经济激励型手段。

第二节　污染者付费原则

命令控制型手段包括：各种法律法规、必须执行的命令和不可交易的配额等。命令控制型手段的目标明确，具有强制力，如果实施成功，见效速度快，适宜应对突发性环境事件。但是命令控制型手段的实施首先需要庞大的执法队伍，导致执行成本很高，给国家财政造成较大负担。其次，命令控制型手段通常采用了“一刀切”的方法，灵活性较差，经济效率较低。因此，世界上大多数国家，都不同程度地运用了以市场为基础的经济激励型手段即环境经济政策，来弥补命令控制型手段的不足。

与命令控制型手段相比，环境经济政策主要具有以下特点：

第一，执行成本低。环境经济政策以市场为基础，强调间接宏观调控，通过改变市场信号，影响政策对象的经济利益，引导其改变行为。这种间接宏观管理模式，不需要全面监控政策对象的微观活动，从而大大地降低了政策执行成本。

第二，具有较强的灵活性。环境经济政策通过市场，将保护和改善环境的责任转嫁给了环境责任者。环境经济政策将一定范围内的行为决策权交给环境责任者，让他们根据经济激励自主选择适当行为，使环境管理更加灵活，环境经济政策的应用范围因此得到了扩大，可以适用于不同条件、能力和发展层次的政策对象。

第三，实现污染的事后处罚向事前控制转移。环境经济政策通过收费、税收、罚款等手段引导企业在经济激励下为减少污染成本，自愿进行污染控制，从生产的上游开始实现污染的全程监控，促使污染控制从事后处罚向事前控制转移，实现预防为主、防治结合，降低了污染的社会总成本。

第四，优化配置环保资金。环境经济政策可以有效地配置保护环境所需要的资金，这些资金不仅可以投资于对环境有利的项目，还可以用于纠正不利于可持续发展的经济政策。

环境经济政策的目的在于纠正环境问题的外部不经济性，使外部费用内部化。这一思想的具体体现就是“污染者付费原则”（polluter pays principle，PPP）。1972 年，经济合作与发展组织（OECD）向成员国推荐了这一原则。这一原则的定义是“污染者应该承担由政府决定的控制污染措施的费用，以保证环境处于可接受的状态。换言之，在生产过程或消费过程产生污染的产品和服务的成本中，应当包括这些控制污染措施的费用”。1972 年提出上述原则时，OECD 允许国家财政对一些例外情况的污染控制给予财政补贴或优惠政策。1974 年，OECD 在提出执行污染者付费原则的建议时，要求各成员国不应该通过补贴或税收优惠来帮助污染者承担污染控制费用。因此，污染者付费原则可以被解释为“非补贴规定”，即污染者应当承担污染控制的全部费用。污染者付费原则自提出以来，在我国得到了长足的发展，形成了完善的理论和应用体系（潘慧庆，2007）。

专栏 7-1　污染者付费原则在中国的发展历程

1979 年的《中华人民共和国环境保护法（试行）》第 6 条规定：已经对环境造成污染和其他公害的单位，应当按照“谁污染，谁治理”的原则，制定规划，积极治理，或者报请主管部门批准转产、搬迁。1981 年国务院《关于国民经济调整时期加强环境保护工作的决定》突出强调：“工厂企业及其主管部门，必须按照‘谁污染，谁治理’的原则，切实负起治理污染的责任。”1989 年的《中华人民共和国环境保护法》则将“谁污染，谁治理”原则修改为“污染者治理”原则。该法对污染者的责任规定为：“产生环境污染和其他公害的单位，必须把环境保护工作纳入计划，建立环境保护责任制度；采取有效措施防治在生产建设或者其他活动中产生的……对环境的污染和危害”，规定了由污染者承担排污费，“排放污染物超过国家或者地方规定的污染物排放标准的企业事业单位，依照国家规定缴纳超标准排污费，并负责治理”，还要承担损害赔偿的民事责任，“造成环境污染危害的，有责任排除危害，并对直接受到损害的单位或者个人赔偿损失”。

1990 年国务院《关于进一步加强环境保护工作的决定》把污染者负担原则扩展到自然资源开发利用领域，提出“谁开发谁保护，谁破坏谁恢复，谁利用谁补偿”。1996 年国务院《关于环境保护若干问题的决定》提出“污染者付费，利用者补偿，开发者保护，破坏者恢复”的环境保护方针，系统全面地表达了污染者负担原则在中国的发展。

除了 OECD 提出的污染者付费原则外，还有一种由环境经济学家所倡导的广义的污染者付费原则。在这种广义的形式中，当污染者利用环境处理生产过程中产生的废弃物时，环境被看做是由污染者使用的资源。因此，污染者应支付其资源使用中产生的全部社会费用，这些费用不仅包括污染削减费用，而且还包括由于污染造成的各种环境损害，譬如专栏 7-1 中所提到的承担损害赔偿的民事责任等。

污染者付费原则在实际应用中，还需要考虑以下几个问题：首先，污染者付费原则目的在于使污染的治理费用内部化，由污染者承担污染的治理费用。但是在市场中，生产企业可以通过提高售价等方法将污染治理的费用转嫁给消费者，最终由社会共同承担污染治理的费用；其次，实施污染者付费原则的目的之一就是将社会承担的污染治理成本转移给污染者，鼓励污染者减少污染，以降低社会污染总成本。然而在实际操作中，由于执行成本的存在，可能会导致最终的社会总成本提高；最后，污染者付费原则的收费标准如果较低，就起不到鼓励削减污染的作用，甚至会成为污染合法化的工具，最后导致污染不减反增。这些问题都是污染者付费原则在实际工作中需要考虑和进一步研究的，解决这些问题，污染者付费原则才能真正起到应有的作用。

第三节　环境经济政策的一般形式

环境经济政策是基于市场的一系列政策手段的统称，其目的是为了解决环境问题的“市场失灵”引起的低效率和不公平。

在如何发挥市场的基础作用上，环境经济政策分为“调节市场”和“建立市场”两种模式。“调节市场”主要利用现有的市场来实施环境管理，譬如各种环境税费，各类涉及环境保护的补贴，抵押金制度等。“建立市场”指的是为解决某一类环境问题人为建立的交易市场，包括明晰产权，可交易的许可证，国际补偿体制等。详见专栏 7-2。

专栏 7-2　碳交易市场

目前在全球影响越来越大的碳交易市场属于“建立市场”这一类环境经济政策，目的在于应对气候变化的威胁。1988 年，世界气象组织和联合国环境规划署成立了一个政府间气候变化委员会（IPCC），负责组织全世界的科学家编制全球气候变化评估报告。1990 年在 IPCC 首次发布评估报告后，联合国于 1990 年 12 月着手制定《联合国气候变化框架公约》，1992 年完成，1994 年正式生效。1997 年通过了《京都议定书》，这是作为公约的重要补充。这两份文件共同构成了碳交易市场的法律基础。

2008 年全球碳交易额达到了 1 180 亿美元，根据 ABI 公司预测，2014 年全球碳交易额将会达到 3 950 亿美元。目前法律架构约定的碳交易机制主要有清洁发展机制（Clean Development Mechanism，CDM）、联合履行（Joint Implementation，JI）、排放交易（Emissions Trade，ET）三种。截至 2009 年 10 月，中国政府已批准了 2 232 个 CDM 项目。2008 年北京环境交易所、上海环境能源交易所、天津排放权交易所相继成立。

调节市场型的环境经济政策主要是通过“看得见的手”即政府干预来解决环境问题，其核心思想是由政府给外部不经济性确定一个合理的负价格，由外部不经济性的制造者承担全部外部费用。最先提出这一思想的人是英国经济学家庇古。因此这类环境经济政策又称为庇古手段。建立市场型的环境经济政策主要通过“看不见的手”即市场机制本身来解决环境问题。其基本思想是1960年科斯在《社会成本问题》一文中提出的“科斯定理”，因而又称之为科斯手段。这两类环境经济政策的共同之处在于都是为了使外部费用内部化；都允许经济人为了实现环境目标，通过费用效益的比较，选择一种最优方案。但两类政策手段的实施途径和效果是不同的，它主要表现在：

1. 庇古手段多依赖于政府。例如，依赖于政府对环境问题及其重要性的认识以及掌握的信息，而科斯手段更多地依赖市场机制。如果不存在“政策失效”，两种手段都可行。但如果出现政府“寻租”的情况，科斯手段比庇古手段更有效。

2. 庇古手段需要政府实施收费或补贴，管理成本较大；而科斯手段需要政府界定产权。在产权制度不健全，污染者数量比较多情况下，环境资源的产权界定比较困难，企业间交易成本比较大。这又使得科斯手段效率降低。

3. 实施庇古手段，除了使社会获得环境效益外，还可使政府获得经济收益。例如，在中国，排污收费一直是环保部门筹措资金的手段。科斯手段则一般只获得环境效益。

4. 庇古手段一般提供不了刺激，因为费率或税率一般是固定的，而且经常低于治理污染的边际成本。它对所有厂商的标准一样，这又造成厂商之间的不公平。而科斯手段一般能刺激厂商采取措施改进生产设备，减少排污。

5. 如果被税收保护的人企图通过自己的行为影响税负和税收，实施庇古税可能导致另外一些外部性。例如，有些人为获得赔偿，搬到排放烟雾的工厂附近居住，或在工厂周围开设洗衣店，人为造成排放烟雾的社会成本增加，因而带来排污税（费）的增加。

庇古手段和科斯手段各有利弊。在其他条件不变，特别是环境收益相同情况下，选择什么环境经济政策手段主要取决于边际管理成本和边际交易费用的大小。边际管理成本（MMC）是指增加一个污染者所带来的政府管理总成本的增量。边际交易成本（MTC）是指增加一个污染者所带来的企业与企业之间交易费用的增量。MMC 和 MTC 都包括环境保护机构运行成本和环境监测成本，但这些成本在两类手段中占的比例不同。当污染者数量较少时，MMC 较高，而 MTC 较低，当污染者数量较多时，情况则相反。图 7-3 表示了这两种成本随污染者数量的增加而变化的情况。

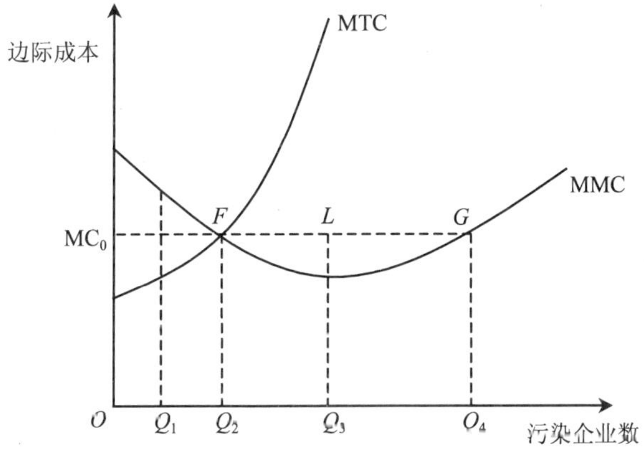

图 7-3　边际管理成本和边际交易成本

图中，当 MTC 与 MMC 交于 F 点，对应的边际成本和污染企业数分别 MC_0 和 Q_2。此时，两种手段都可以采用。当 $Q<Q_2$ 时，MMC＞MTC，应选择科斯手段。当 $Q>Q_2$ 时，MTC＞MMC，应选择庇古手段。进一步分析可知，MMC 到达最低点 L，然后又回升。L 点以后采取什么手段不仅取决于 MTC 与 MMC 的比较，还涉及庇古手段与命令控制型手段的比较。但在 G 点以左，即在 $Q_2<Q<Q_4$ 时，政府还可以继续选择庇古手段。而在 G 点以右，即 $Q>Q_4$ 时，由于 MMC 急剧回升，所以应考虑采用命令控制型手段。

但是，随着市场化程度的提高，MTC 会向右移，交点 F 也移至 F'，决定管理手段的临界污染企业数也由 Q_2 移到 Q_2'，这时科斯手段的活动区间增加（图 7-4）。

同理，如果提高政府工作效率，则 MMC 会下降到 MMC′，交点 F 降为 F''，相应的 Q_2 降为 Q_2''，这时庇古手段的活动区间增加。但在有些情况下，市场化程度和政府工作效率会同时提高，此时有可能找到图 7-4 中的新的临界点 E。E 点与 F 点所决定的环境经济政策手段的选择区间基本一致，但边际成本由 MC_0 下降到 MC_0'。因此努力完善市场机制，提高政府工作效率是值得期望的。上述分析表明，可以把科斯手段与庇古手段混合使用，而不是把两类手段对立起来。例如，我国就有排污收费和排污权交易配套使用的尝试，以排污权交易为主，用排污收费做保证，从而以最小成本实现污染控制目标。

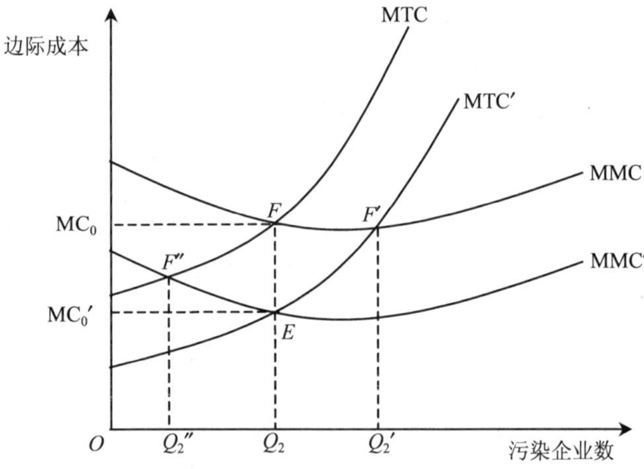

图 7-4　市场化程度与政府效率

第四节　环境经济政策的基本功能

环境经济政策具有两种最基本的功能——行为激励和资金配置。环境经济政策的行为激励功能表现为通过经济手段，借助于市场机制的作用，使外部不经济的环境费用内部化，改变生产者和消费者原有的经济刺激模式，纠正他们破坏环境的行为。

环境经济政策的资金配置功能包括 3 方面的内容：

1. 依据法律、行政授权，实现和聚敛用于环境保护的资金；
2. 资金的重新分配；
3. 资金的使用。

专栏 7-3　排污收费聚敛环保资金的能力

中国在 1979 年颁布的《中华人民共和国环境保护法（试行）》中规定："超过国家规定的标准排放污染物，要按照排放污染物的数量和浓度，根据规定收取排污费。" 1982 年 2 月国务院公布了《征收排污费暂行规定》，同年 7 月 1 日在全国各地实施。据统计，30 来年，全国累计征收排污费 1 479.5 亿元，缴纳排污费的企、事业单位和个体工商户已近 50 万个。2003 年以后，排污费征收使用管理体制发生了重大改变，近 6 年的排污费征收总额是此前 24 年总和的 1.1 倍。

理论家和环境政策制定者往往强调发挥环境经济政策行为激励的功能，因为行为改变是实现环境目标的主要途径。如上所述，环境经济政策通过使外部费用内部化，刺激生产者和消费者，促使其改变行为，达到保护环境的目标。因此，行为激励功能和实现环境目标具有一种"因果一致性"。与行为激励相比，环境经济政策的资金配置功能往往不太被重视。这里可能有三个原因：第一，当环境保护资金供给不足时，尽管环境经济政策具有明显的聚敛资金的作用，甚至可能实际上已经在发挥着这一作用，为了避免一些利益冲突和政策风险，政策制定和实施部门可能会尽量淡化这一功能；第二，当环境保护资金不再成为制约环境保护事业发展的瓶颈，资金配置功能的重要性自然退居次要地位；第三，资金配置与行为激励的功能过程存在一定的抵消关系。行为改变必然导致资金配置重要性的降低和可配置资金量的减少；反之，如果通过实施环境经济政策仍然可以聚敛到大量环境保护资金，至少在某种程度上说明破坏环境的行为尚未改变，环境状况有待改善。但是，一方面在环境经济政策执行过程中，政策目标能否实现和如何实现，取决于政策执行过程社会、经济、政治甚至文化等背景条件的约束。环境经济政策行为激励功能的实现程度，对于政策对象来说，要求具备足够强的经济承受能力和足够高的环境意识，外部条件则要求比较完备的法规和制度建设。脱离现实的约束条件，对政策对象超前要求，不仅政策目标无法达到，而且会干扰政策实施，使政策发展失衡。另一方面，在特定的时间段内，特别是在国民经济高速起飞期实施环境经济政策，行为激励和资金配置之间会出现一种功能互补关系，而不是最终要出现的功能抵消关系。因为行为改变是一个时间过程，对于发展中国家来说，这个过程可能要持续很长时间。行为改变不可能一蹴而就，资金短缺又是实施有效环境管理的主要制约。故在这一时期，不断加大的刺激力度，可以产生更多的可配置资金；资金的有效配置又促进了行为的改变。此时，环境经济政策的资金配置功能和行为激励功能相得益彰、并行不悖。

目前和今后一段时期内，我国环境保护资金供给不足的局面（包括资金总量绝对不足和专项资金的相对不足），不会有大的改观。面对这种形势，假行为激励之名的环境经济政策，当前必然要行资金配置之实。所以，期望完全实现具备很高社会经济承受力的行为激励功能恐怕难尽如人意，而从发挥资金配置集腋成裘、物尽其用的功能做起，倒可能更符合国情。相反的例证是西方发达国家的环境经济政策已经逐步到位于行为激励。当政府具有足够强大的资金调配能力、国民具有足够高的环境意识和支付意愿、国民经济具有足够强的承受能力时，这一转变也就水到渠成了。

第五节　环境经济政策类型

经济手段是实施环境经济政策的工具，传达政策意图的载体。到目前为止，世界各国环境经济政策经常采用的经济手段主要有以下 9 大类：

1．明晰产权，包括所有权、使用权和开发权；

2．建立市场，包括可交易的排污许可证，可交易的环境股票等；

3．税收手段，包括污染税、产品税、出口税、进口税、税率差、资源税、免税等；

4．收费制度，包括排污费、使用者费、资源（环境）补偿费等；

5．罚款制度，包括违法罚款、违约罚款等；

6．金融手段，包括软贷款、贴息贷款、优惠贷款、商业贷款、环境基金等；

7．财政手段，包括财政拨款、赠款、部门基金、专项基金等；

8．责任赔偿，包括法律责任赔偿、环境资源损害责任赔偿、保险赔偿等；

9．证券与押金制度，包括环境行为证券、废物处理证券、押金、股票等。

这些经济手段所适用的领域主要包括：① 污染控制；② 自然保护；③ 资源利用；④ 流域、区域综合环境管理；⑤ 国际和全球环境问题；⑥ 生产和消费。

经济手段在环境经济政策中的具体应用见表 7-1。

表 7-1　环境经济政策应用示例

领域		利用市场							
		减少补贴	环境税			使用费		债券/抵押金	专项补贴
			排放物	原料	产品	自然资源	服务		
资源管理	水资源	减少对水的补贴：中国、匈牙利、波兰				水资源税：巴西、德国	水定价：智利、中国、哥伦比亚水域保护收费		
	渔业			渔业投入税	产品税	捕鱼许可证		石油泄漏债券	
	土地管理	取消对土地转化的补贴：巴西 取消对未开发土地的税收：法国				财产税土地使用差别税/费：德国	土地改善费：韩国、墨西哥		自然覆盖储备补贴：加拿大
	森林	减少对土地转化的补贴与牲畜信贷的补贴：巴西、中美洲			森林产品税：巴西、哥伦比亚、委内瑞拉	木材费：巴西、哥斯达黎加、洪都拉斯、印度尼西亚、菲律宾、马来西亚	公园入门费：哥斯达黎加再造林税：印度尼西亚	再造林押金/执行债权：哥斯达黎加、印度尼西亚、马来西亚	树苗补贴：印度再造林信贷补贴：哥斯达黎加
	可持续农业	减少农业补贴大多数发展中国家							

领域		利用市场							
		减少补贴	环境税			使用费		债券/抵押金	专项补贴
			排放物	原料	产品	自然资源	服务		
资源管理	生物多样性/保护区	减少对土地转化的补贴				生物资源开发费：哥斯达黎加、马达加斯加	水域保护费：哥斯达黎加、印度尼西亚公园入门费：哥斯达黎加、印度尼西亚、尼泊尔		栖息地保护补贴
	矿产资源		对矿区废物与尾矿收费：菲律宾			采矿特许权：阿尔及利亚、巴西、文莱、哥伦比亚、厄瓜多尔、马来西亚、纳米比亚、尼日利亚、委内瑞拉、加拿大、美国及其他 OECD 成员国			

领域		利用市场							
		减少补贴	环境税			使用费		债券/抵押金	专项补贴
			排放物	原料	产品	自然资源	服务		
资源管理	大气污染	减少能源补贴：转型经济国家、大多数发展中国家	排放税或费：埃及、韩国、东欧、哈萨克斯坦、OECD成员国	能源税：OECD成员国级差汽油价格：埃及、墨西哥、菲律宾、土耳其	与环境有关的产品税：孟加拉国、OECD成员国	矿物燃料开采的特许权		硫税返还制度：瑞典	工业能源节约补贴：瑞典
	水污染		废水排放费：巴西、中国、东欧、韩国、墨西哥、OECD成员国、菲律宾				排污收费：巴西、智利、中国、哥伦比亚、印度尼西亚、马来西亚、墨西哥、新加坡、泰国		对环境投资的减税与信贷补贴：巴西、智利、中国、哥伦比亚、厄瓜多尔、印度、韩国、墨西哥、菲律宾

领域		利用市场							
		减少补贴	环境税			使用费		债券/抵押金	专项补贴
			排放物	原料	产品	自然资源	服务		
资源管理	固体废物		废弃物处置税：加拿大、法国、英国、美国				废物管理使用者费：厄瓜多尔、OECD 成员国、泰国、委内瑞拉	押金返还制度：孟加拉国、巴西、智利、哥伦比亚、厄瓜多尔、芬兰、牙买加、日本、挪威、菲律宾、瑞典、中国台湾、美国、委内瑞拉	信贷、补贴政策：韩国、中国台湾、土耳其、英国
	危险废物/有毒化学品	减少农用化学品补贴：大多数发展中国家	废物处置费：中国、OECD 成员国、泰国	农药税：OECD 成员国	产品税：丹麦			废物处理债券	农药淘汰补贴：瑞典

领域		创建市场		
		产权/权利分散	可交易的许可证/权利	国际补偿制度
资源管理	水资源	水权：智利、美国供水管理的权利分散：匈牙利	水市场：澳大利亚、智利、印度、新西兰、美国	跨国界的水资源贸易
	渔业	200 英里专属经济区（EEZ）	可交易的配额/许可证：新西兰	
	土地管理	土地所有权：泰国	可转让的开发权：波多黎各、美国	可交易的保护信用
	森林	土地授权	可交易的再造林信用	可交易的再造林信用：哥斯达黎加、巴拿马、俄罗斯
	可持续农业	土地所有权：泰国参与灌溉管理、阿根廷、印度、墨西哥、菲律宾、斯里兰卡、突尼斯	可转让的开发权	
		生物多样性/保护区	生物多样性专利与生态旅游权：哥斯达黎加、马达加斯加；可交易的国际保护信用：哥斯达黎加、墨西哥	可交易的保护信用
	矿产资源			
污染控制	大气污染	环境义务私人能源生产：菲律宾	可交易排污许可证：智利、捷克、波兰、哈萨克斯坦、美国可拍卖的耗竭臭氧层物质许可证：墨西哥、新加坡	碳补偿的联合履约：阿根廷、拉丁美洲、挪威、波兰、俄罗斯、美国
	水污染	环境义务	可交易的废水排放许可证	
	固体废物	环境义务		可交易的再循环物质
	危险废物/有毒化学品	环境义务		

专栏 7-4　排污权拍卖

排污权拍卖是排污权交易的一种方式，通过建立排污权交易市场，在不同企业之间买卖排污权来实现总量控制下的效益最大化。

2008 年 10 月 19 日浙江嘉兴南湖区举行的首届排污权指标拍卖会。本次排污权指标拍卖会上，共有 10 家企业参与竞拍，分属化工、纺织、汽车、金属制品等行业，总标的为 6.5t/年 COD 和 1.5 t/年 SO_2 的排污权指标。最终 COD 竞拍成交，总金额为 59.9 万元，其中最后一个 1t/年的标的，经过 43 轮激烈竞拍，以全场最高价 10.35 万元/t 成交，超过起拍价 2.35 万元/t。SO_2 成交总额 1.67 万元，最高成交价为 2.16 万元/t。

这种排污权拍卖既能控制每年的排污总量，也不挫伤企业扩大生产规模的积极性，又能在一定程度上防止企业非法排污，是一举三得的办法。

第六节　环境经济政策的实施前提与影响因素

一、实施条件

实施以市场为基础的环境政策和管理手段，必须具备以下条件：

（一）比较完备的市场体系

环境经济政策是环境管理部门通过经济刺激手段，直接或间接调控管理对象的行为。因此，环境经济政策成功与否，取决于市场的完善程度。如果市场功能不健全，管理者就失去了传递意图的中介，或者导致市场信号失真；而管理对象可能对市场信号反应迟钝，甚至不发生反应和不在乎市场是否存在。最终导致环境经济政策的效率减低甚至失败。同时，信贷市场、债券市场和保险市场在经济激励的应用中非常重要，只有一个完备的市场体系才能保证缺乏资金的中小企业能够得到足够的资金应对管理部门出台的环境经济政策。否则，环境经济政策会对中小企业产生不利影响，最终影响政策的实施效果。

（二）相应的法律保障

市场经济是法制的经济，这一观念今天已经得到普遍认同。同理，参与市场运行的环境经济政策，只有在相应的法律保障之下，才具有合法性和权威性。因此，在制定环境经济政策的时候，必须首先寻求法律体系的支持。一方面如果某项环境经济政策与现行法律相冲突，除非修改有关法律条文，否则政策不能被执行。这在国外已有先例。例如，巴西的宪法只允许对每一项交易征收一种税，因而在现行宪法体制下，对任何已经征税的生产和消费活动再征收环境税在巴西就属于违法行为，不可能被执行。另一方面，如果拟议的环境经济政策与现行法律不相悖，也必须获得法律认可，赋予政策合法地位。这种法律保障除了确认该政策的合法性之外，还要授权主管部门制定政策的实施细节和管理规定。

（三）环境信息系统与信息公开

必要的数据信息仍然是环境经济政策制定与实施的重要条件。管理者如果实现最优水平的经济激励需要许多方面的信息，包括不同激励制度的成本和收益以及对于相关者的识别、污染控制技术的可行性、制度上的限制等。这些信息需要被收集、储存、公开、传播，用以提供一个充分的知识基础来实施经济激励。

专栏 7-5 中国环境信息系统建设工作进展

环境信息系统是环境信息公开的技术基础。《中国环境保护 21 世纪议程》在关于环境信息系统的行动方案中提出“加强提供环境信息的能力”，要求中国环境与发展的各个部门间，应建立数据共享和经常交换的机制，通过计算机联网或协调方式，将各部门收集的数据转化为支持可持续发展的资源。我国大部分地区的环境信息系统建设取得长足的发展。

为建立健全政府信息公开制度，原国家环保总局率先制定了《环境信息公开办法（试行）》，并从 2008 年 5 月 1 日起正式实施。这是我国政府部门发布的第一部有关信息公开的法规，对于满足公众的环境知情权有着里程碑式的意义。为公众参与到环境保护事业提供重要的先决条件，对加强环保部门的依法行政也将是一个极大的促进。《办法》给予公众获知环境信息的制度保障，强制环保部门和污染企业向全社会公开重要环境信息。要求各级环保部门公开环保法律法规、政策、标准、行政许可与行政审批等 17 类政府环境信息；强制超标超总量排污的企业公开四大类环境信息，并不得以保守商业秘密为由拒绝公开，鼓励一般污染企业自愿公开环境信息。要求建立政府环境信息公开工作考核制度、社会评议制度和责任追究制度。对于不按照规定公开环境信息的行为，环保部门将追究责任，企业将被罚款。

（四）相应的管理能力

环境经济政策的有效执行仍然需要必要的制度和机构、配套资金和训练有素的员工。例如，排污收费制度的实施，需要制定具体的实施细则和详细的收费标准，建立负责费用征收、资金使用和管理的环境监理机构（尼克·汉利等，2005）。

二、影响因素

从总体看，影响环境经济政策实施的因素主要有以下几个方面：

（一）政策可接受性

有些环境经济政策付诸实施后，会影响一些部门、地区或团体的利益。受影响的利益集团会采取相应的反措施，抵制环境经济政策的施行，当反对的力量强大到足以影响政治决策过程时，该项环境经济政策就会被修改乃至被放弃。因此，考虑一项环境经济政策能否施行，有必要评价其政治和社会的可接受程度。

（二）相关政策的制约

现行的法规框架，为环境经济政策的选择划定了有限的生存空间，在此范围之内，环境经济政策与其他经济政策之间的关系，只能采取配合而不是冲突的形式。例如，在我国建立环境保护基金或投资公司，根据有关政策规定，必须经由中国人民银行批准；从国外融资，要经过有关部门批准并符合国家控制外债规模的要求；基金的资金规模，要符合计划和财政部门的宏观投资计划。否则，一些在环保部门内部合理的、有意义的设想，一旦放在国民经济运行的背景之下，可能会同国家的宏观经济政策相抵触，而不具备现实可实施性。

（三）管理的可行性

管理的可行性既影响环境经济政策的选择，也影响具体政策的执行。例如，荷兰 1988 年实行的环境税，因税种太多，难以管理，因而于 1992 年将五种税改为一种税。我国正在推行的排污许可证制度，由于技术含量高，在许多地区难以操作，也在一定程度上妨碍了这一制度的推广。

（四）公平性的考虑

对社会公平性的考虑也会制约一些环境经济政策的选择与使用，因为在决策者看来，有些经济手段的实施可能会引起社会不公平问题。例如，如果普遍提高水资源的价格，对于规模不同的生产者，收入不等的社会阶层，其意义和影响是不同的，这就可能导致不公平问题。

（五）对市场竞争力的担心

环境经济政策最终要参与国民经济运行，发挥宏观调控的功能。一些部门和地方政府担心，施行环境经济政策会给企业造成经济负担，影响经济效益水平，最终削弱本部门或地方产品的市场竞争力。因此，可能对于一些环境经济政策持消极或抵触态度，干扰环境经济政策的实施。

（六）产业政策

各级政府为实现特定时期的经济目标而制定的一些产业政策，也会影响环境经济政策的实施。例如，为扶持和保护国内某种产业，提供财政补贴和征收高额关税；为鼓励出口而对有关产业或企业提供补贴等，都会妨碍环境经济政策的实施，不利于环境成本内部化。

第七节　中国环境经济政策简介

一、基本内容

表 7-2 所示的中国环境政策体系包括横向的 3 个领域和纵向的 5 个层次（马中等，2006）。横向的 3 个领域是：

1．环境污染防治。

2．农村生态和生物多样性保护。

3．自然资源的合理开发与利用。

在纵向结构上，我国的环境经济政策包括以下 5 个层次：

1．中国共产党制定的有关方针和政策

例如，环境与发展十大对策；十四届五中全会《中共中央关于制订国民经济和社会发展“九五”计划和 2010 年远景目标的建议》中有关环境经济政策的内容等。

2．全国人民代表大会制定和颁布的法律

例如，《环境保护法》《大气污染防治法》《森林法》《矿产资源法》涉及环境经济政策的条文。

3．国务院制定和颁布的行政规章

例如，排污收费制度。

4．国务院所属部委制定和颁布的规章和政策

5．地方人民代表大会和人民政府制定和发布的法规和政策

在以上 3 个领域和 5 个层次的环境经济政策中，中共中央的方针政策对国家、地方法律以及各级行政规章的制定提供指导作用；国家法律规定了环境经济政策制定的基本原则，并为政策执行提供法律依据；

国务院及其所属部委是环境经济政策的制定者，在决策过程中的作用最为关键，他们不仅要把国家法律和党的方针政策准确、及时地体现在具体的政策措施中，还要为政策执行单位（地方政府、行业部门以及其他基层单位）提供政策导向；地方制定的法规政策基本上是在国家法律和政策的原则基础上，为解决当地的特定问题而制定的。下面主要讨论狭义的环境经济政策，即由国家行政主管部门制定的环境经济政策，也就是第三和第四层次的内容。

表 7-2　中国的环境经济政策体系

环境污染防治	农村生态和生物多样性保护	自然资源的合理开发与利用
中共中央的方针政策（略）		
国家法律（例）		
环境保护法	野生动物保护法	森林法
大气污染防治法	水土保持法	土地管理法
水污染防治法		水法
固体废物污染环境防治法		矿产资源法
海洋环境保护法		草原法
		渔业法
国务院的行政规章（例）		
排污收费暂行办法	森林法实施细则	土地复垦规定
国务院所属部门的规章（例）		
污染源治理专项基金有偿使用暂行办法	育林基金管理暂行办法	
地方法规政策（略）		

二、正在执行的环境经济政策

根据政策执行部门划分，我国的环境经济政策共有 3 大类 23 种：

第一类，由环保部门执行的政策。其中又分为以经济手段为主的政策（例如排污收费）；经济手段与标准规定相结合的政策（例如排污许可证和“三同时”）；拟议中的政策（例如生态环境补偿费）。即：

1．排污收费；

2．排污权交易（在排污申报登记与排污许可证基础上试点）；

3．“三同时”制度；

4．生态环境补偿费。

第二类，由产业部门执行的政策。即：

5．矿产资源补偿费；

6．土地损失补偿费；

7．城建环保投资；

8．废物回收利用；

9．育林费；

10．林业基金；

11．行业造林专项资金；

12．造林、育林优惠贷款。

第三类，由综合管理部门执行的政策。即：

13．城镇土地使用税；

14．耕地占用税；

15．城乡维护建设税；

16．资源税；

17．资源综合利用；

18．综合利用利润留成环保投资；

19．企业更新改造环保投资；

20．清洁生产；

21．环保产业；

22．有益于环境的财政税收政策；

23．银行环境保护贷款。

马中等对我国目前一些主要的环境经济政策做了归纳，在此基础上新增加了一些国家最新的相关政策（见表 7-3）（马中等，2006）。

表 7-3　中国环境经济政策一览

政策名称		政策类型	政策内容	法律或政策依据	制定部门	执行部门	政策对象	备注
第一类	1. 排污收费	收费、罚款、财政、金融	征收排污费的暂行办法（国务院 1982.12.31）	环境保护工作汇报要点 1978.12.31	国务院环境保护领导小组	各级环保局	企业	首次提出
				中华人民共和国环境保护法（试行）1979.9	全国人大	各级环保部门	企业	法律确认
				中华人民共和国环境保护法 1989.12.26	全国人大	各级环保部门	企业	
				国营企业成本管理条例 1982	国务院		企业	
				国务院关于加强环境保护工作的决定 1982	国务院		企业	
			征收超标排污费财务管理和会计核算办法 1984.8	征收排污费的暂行办法	财政部、原国家环保局	各级主管部门、环保局	企业	
			污染源治理专项基金有偿使用暂行办法 1988.9.1		国务院	各级环保部门、财政局	企业	
			关于对“城市维护建设资金预算管理办法”中有关超标排污费收入使用问题解释的函 1989.4		原国家环保局、财政部	各级财政部门、环保局	有关部门、企业	
			关于调查挤占、挪用排污费情况的通知 1989.10.25		原国家环保局	各级环保局	有关部门、企业	

政策名称		政策类型	政策内容	法律或政策依据	制定部门	执行部门	政策对象	备注
第一类	1. 排污收费	收费、罚款、财政、金融	关于加强环境保护补助资金管理的若干规定 1990.1.1	征收超标排污费财务管理和会计核算办法	原国家环保局、财政部	各级环保局、财政局	企业	
			环境保护排污收费预算会计制度 1990		财政部、原国家环保局	各级环保局、财政局	企业	
			关于调整超标污水和统一超标噪声排污费征收标准的通知 1991.7.1	中华人民共和国水污染防治法，中华人民共和国噪声污染防治条例	原国家环保局、物价局、财政部	各级环保局、物价局、财政局	企业	
			关于开展征收工业燃煤二氧化硫排污费试点工作的通知 1992.9.14		原国家环保局、物价局、财政部、国务院经贸办	部分省环保局、物价局、财政局、经委（计委）	企业	
			关于进一步加强排污费工作的通知 1993.8.15		原国家环保局	各级环保部门	有关部门、企业	
			关于征收污水排污费的通知 1993.8.15	中华人民共和国水污染防治法	国家计委、财政部	各级物价局、财政厅、环保局	企事业单位、个体经营者	
				国务院关于环境保护工作的决定 1984.5.8	国务院	各级经委、公交部门	企业	
				关于环境保护资金渠道的规定	城乡建设环保部、计委、经委、科委、财政部、建设银行、工商银行（5部2行）	各级计委、科委、财政局、环保局、建设厅、工商银行（地方局、行）	企业、工业主管部门、市政、环保局（企业等）	

	政策名称	政策类型	政策内容	法律或政策依据	制定部门	执行部门	政策对象	备注
第一类	2. 排污申报登记与排污许可证	建立市场	关于下发排放水污染物许可证和申报登记表的通知 1990.6.16		原国家环保局	各级环保局	企业	
			水污染物排放许可证管理暂行办法 1988.3		原国家环保局	各级环保部门	企业	
			全国排放大气污染物许可证试点工作方案 1990.7		原国家环保局	各级环保部门	企业	
			排放污染物申报登记管理规定 1992.10.1	中华人民共和国环境保护法，大气污染防治法，水污染防治法	原国家环保局	各级环保部门	企业	
			关于进一步推动排放大气污染物许可证试点工作的几点意见 1992.7	大气污染防治法，大气污染防治法实施细则	原国家环保局	部分省市环保局	企业	
			中华人民共和国水污染防治法实施细则 1989.9.1	水污染防治法	国务院、原国家环保局	各级环保局	企业	

政策名称		政策类型	政策内容	法律或政策依据	制定部门	执行部门	政策对象	备注
第一类	3.“三同时”制度	金融、财政、罚款	关于保护和改善环境的若干规定 1973	中华人民共和国环境保护法（试行）1979	国务院	各级主管部门、环保局	企业	第一次规定
			国家计委、国家建委关于官厅水库污染情况和解决意见的报告 1972.6		国务院	计委、建委	企业	第一次提出
			基本建设项目环境保护管理办法 1981.5		国家计委、建委、经委、国务院环境保护领导小组	主管部门、环保局	企业	制度具体化，并纳入基本建设程序
			建设项目环境保护管理办法 1986.3		国务院环境保护委员会、计委、经委	主管部门、环保局	企业	
			建设项目环境保护设计规定 1987.3	中华人民共和国环境保护法 1989	国家计委、国务院环境保护委员会	主管部门、环保局	企业	
			关于进一步做好建设项目环境保护管理工作的几点意见 1993	国务院关于环境保护工作的决定 1984.5.8	原国家环保局	环保局	企业	“三同时”保证金试点
				关于环境保护资金渠道的规定	5 部 2 行	地方局行	企业等	

类别	政策名称	政策类型	政策内容	法律或政策依据	制定部门	执行部门	政策对象	备注
第一类	4．生态环境补偿费	收费、罚款、财政		《中共中央办公厅、国务院办公厅转发外交部、国家环保局〈关于出席联合国环境与发展大会的情况及有关政策的报告〉的通知》1992.7.10	中共中央办公厅、国务院办公厅	环保局以及有关部门	有关部门	试行
				中国自然保护区发展规划纲要 1995	国务院环委会			
				土地复垦规定 1998.10.1	国务院	土地管理部门、计划部门	企业、个人	
第二类	5．资源税、矿产资源补偿费	税收、收费、财政、罚款	矿产资源补偿费征收管理规定 1994.4.1	中华人民共和国矿产资源法	国务院	地质矿产部门、财政部门	采矿权人	
			中华人民共和国矿产资源法实施细则 1994.3.26		国务院	地矿部门	采矿权人	
第三类	6．城建维护费	税收、财政、金融			国家税务局	地方税务部门	有经营收入的单位和个人	
				国务院关于环境保护工作的决定 1984.5.8	国务院	各级经委、公交部门	企业	
				关于环境保护资金渠道的规定	5 部 2 行	地方局行	企业	
	7．资源综合利用	市场、税收、押金	关于杂铜收购工作改由全国合作总社负责收购的通知 1952.8		中财委	各级供销部门		

政策名称		政策类型	政策内容	法律或政策依据	制定部门	执行部门	政策对象	备注
第三类	7．资源综合利用	市场、税收、押金	关于加强废品回收的工作方案 1955.8		全国供销合作总社	各级供销合作社		
			关于工矿企业治理“三废”污染开展综合利用产品提留办法 1979		财政部、国务院环保领导小组	各级环保部门	工矿企业	
			国家经委关于开展资源综合利用若干问题的暂行规定 1985.9.30	中华人民共和国产品税条例（草案）	国务院、国家经委	各级经委	企业	
			关于资源综合利用项目与新建、改建工程实行“三同时”的若干规定 1989.11.8		国家计委	各级计委、经委、主管部门	资源综合利用项目	
			国家经委、财政部关于完善现有综合利用政策几点补充规定的通知 1987.1.1		国家经委、财政部	各级计经委、财税局、有关部委	企业	
				国务院关于环境保护工作的决定 1984.5.8	国务院	各级经委、公交部门	企业	
				关于环境保护资金渠道的规定	5 部 2 行	地方局、行	企业	
	8．更改投资	金融、财政		国务院关于环境保护工作的决定 1984.5.8	国务院	各级经委、公交部门	企业	
				关于环境保护资金渠道的规定	5 部 2 行	地方局、行	企业	

	政策名称	政策类型	政策内容	法律或政策依据	制定部门	执行部门	政策对象	备注
第三类	9．清洁生产	市场、税收、金融、财政		《中国环境与发展十大对策》，《中国21世纪议程》1992	原国家环保局	有关部门	有关部门、企业	
	10．环保产业	市场、财政、金融	关于积极发展环境保护的若干意见 1990.11.5	国务院关于当前产业政策要点的决定	国务院办公厅	各级政府、有关部门	有关部门、企业	
			国务院环境保护委员会关于促进环境保护产业发展的若干措施 1992.11.17	关于积极发展环境保护产业的若干意见	国务院环委会	综合部门及环保局	有关部门、企业	
				国务院关于当前产业政策要点的决定 1989.3.15	国务院	综合部门	综合部门、产业部门、企业	
	11．财政税收政策	财政、税收	关于建筑税免征问题的若干规定 1987.10.6		国家税务局、财政部	税务局	企事业单位、市政等	
			节约能源管理暂行条例 1986.1.12		国务院	国家计委、国家经委	企事业单位、机关、团体、个人	
			关于企业所得税若干优惠政策的通知 1994	中华人民共和国所得税暂行条例	财政部、国家税务总局	地方政府、国务院各部委、各直属机构	企业	

政策名称		政策类型	政策内容	法律或政策依据	制定部门	执行部门	政策对象	备注
第三类	12．银行贷款	金融	关于充分发挥财政职能，进一步加强环境保护工作的通知 1995.10.14		财政部	地方财政局（厅）	财政部门	
				国务院关于环境保护工作的决定	国务院	各级经委、公交部门	企业	
				关于环境保护资金渠道的规定	5 部 2 行	地方局、行	企业	
			贯彻信贷政策与加强环境保护工作有关问题的通知		中国人民银行	各级金融机构		
				国务院关于环境保护工作的决定	国务院	各级经委、公交部门	企业	
				关于环境保护资金渠道的规定	5 部 2 行	地方局、行	企业	
			关于环境污染责任保险工作的指导意见 2007.12		原国家环保总局和中国保监会	地方政府	银行、企业	
			关于落实环境保护政策法规防范信贷风险的意见 2007.7.12		原国家环保总局、中国人民银行、中国银监会	地方政府、地方银行	银行、企业	
			关于防范和控制耗能高污染行业贷款风险的通知 2007.7		中国银监会	地方银行	银行、企业	
			节能减排授信工作指导意见 2007.12		中国银监会	地方银行	银行、企业	

三、实行环境经济政策的必然性

1992 年联合国环境与发展会议《关于环境与发展的里约热内卢宣言》原则 16 指出，考虑到污染者原则上应承担污染费用的观点，国家当局应当努力促使内部负担环境费用，并且适当地照顾到公众利益，而不歪曲国际贸易和投资。

对于我国采用和执行环境经济政策，在中国环境与发展十大对策中做了充分阐述："按照资源有偿使用的原则，要逐步开征资源利用补偿费，并开展对环境税的研究；研究并试行把自然资源和环境纳入国民经济核算体系，使市场价格准确反映经济活动造成的环境代价；制定不同行业污染物排放的时限标准，逐步提高排污收费标准，促进企业污染治理达到国家和地方规定的要求；对环境污染治理、废物综合利用和自然保护等社会公益性明显的项目，要给予必要的税收、信贷和价格优惠；在吸收和利用外资时，要把环境保护工作作为同时安排的内容，引进项目时，要切实把住关口，防止污染向我国转移。"

中国在环境管理中采用环境经济政策具有历史的必然性。其主要原因有：

1．中国的大多数环境政策，是在计划经济体制背景下制定的。当经济体制发生激烈变革时，这些老的政策必然会同新的体制发生冲突，产生严重的不适应，政策效力大大减弱。新的经济体制呼唤新型环境管理模式。作为与新经济体制"先天同质"的环境经济政策，因而获得了迅速发展的条件。

2．在经济体制转轨和国民经济高速发展时期，各种类型的环境问题也超乎寻常地涌现出来。传统的命令-控制型政策，已经不能适应管理对象行为的迅速变化；环境经济政策灵活弹性的管理形式，正好可以弥补这一空白。

3．执行命令-控制型的环境政策，需要设置大量的机构，投入大量的资金和人力。在我国，短期内这些条件很难得到满足。相比之下，环境经济政策主要利用经济杠杆发挥作用，人力、资金和机构需求也比较少。

4．我国的环境保护投入，长期以来受资金供给和投资体制双重制约，投资总量和投资一直不能满足环境保护的需要。环境经济政策的资金配置功能正好能够解决这一燃眉之急。

5．我国地域广大，自然条件复杂，各地区经济发展水平不尽相同，“一刀切”的命令-控制型政策，往往会因为过分强调环境效果而忽视了经济效率和社会公平。环境经济政策灵活的实施方式可以较好地照顾差异，有利于具体环境问题的具体分析和具体解决。

参考文献

[1] OECD. The Polluter Pays Principle[M]. Paris：OECD，1975.

[2] OECD. Managing the Environment：The Role of Economic Instrucment[M]. Paris：OECD，1994.

[3] Motta，Ronaldo Seroa da，Eustaquio J. Reis. The Application of Economic Instruments in Environmental Policy：the Brazilian Case[M]. Nairobi：OECD/UNEP，1994.

[4] 世界银行环境局，等. 里约后五年——环境政策的创新[M]. 北京：中国环境科学出版社，1998.

[5] 马中. 环境与自然资源经济学概论（第 2 版）[M]. 北京：高等教育出版社，2006.

[6] 潘慧庆. 浅析我国的“污染者负担”原则[J]. 科教文汇，2007，6：154-155.

[7] 尼克·汉利，杰森·邵格瑞，本·怀特. 环境经济学教程[M]. 曹和平，李虹，张博，译. 北京：中国税务出版社，2005.

[8] 王金南，杨金山. 环境经济刺激手段的应用与研究[M]. 北京：中国环境科学出版社，1993：30-31.

[9] 吴子琳. “许可证”需要增加法律效力[N]. 中国环境报，1995-10-17.

[10] 国家环境保护局，国家计划委员会. 中国环境保护行动计划[M]. 北京：中国环境科学出版社，1994.

第八章　排污收费

仅仅依赖排污标准很难实现资源的最优配置。很多经济学家主张用政府引导的经济机制来达到帕累托最适度。庇古税或排污费就是这样一种经济机制。排污费是根据污染所造成的危害对排污者收费，以弥补私人成本和社会成本之间的差距，使二者相等。用边际控制成本和边际外部成本可以确定最优排污费率。排污费可以降低控制污染成本，并且具有激励排污企业改进技术减少污染的动态效率。虽然由于信息不对称问题的存在，排污费的实行很难达到理想目标，但只要使污染控制更接近最优控制水平，排污费就是可取的经济手段。

在 OECD 国家，用户向管理机构纳税并取得相应的回报称之为“费”，如污染物处理费等，税则是用户向政府无偿缴纳的，如燃油税、机动车辆税。在中国，费是预算外资金，税是预算内资金，排污费由环保部门收取却纳入政府的财政预算，具有“准税”的性质。排污收费政策早在 1978 年就在我国提出并开始实践，迄今为止已经成为应用最广泛的环境经济政策。

第一节　排污费与污染治理成本

1920 年，英国经济学家庇古在《福利经济学》一书中首先提出对污染征收税或费的想法。他建议，应当根据污染所造成的危害对排污者征税，用税收来弥补私人成本和社会成本之间的差距，使二者相等。

这就是前面提到的庇古税。现在，人们把针对污染物排放所征收的各种税费统称为庇古税。

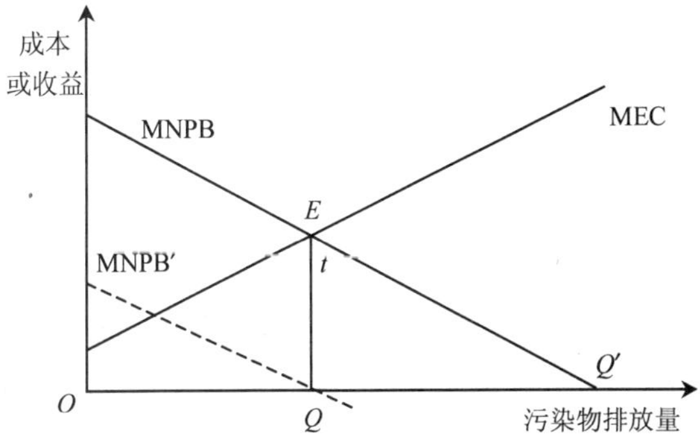

图 8-1　庇古税示意图

图 8-1 为庇古税的示意图。图中 MNPB 为企业的边际私人纯收益，MEC 为边际外部（损害）成本，这两条曲线相交于 E 点，与 E 点相对应的污染物排放量（Q）就是有效率的污染水平。厂商为了追求最大限度的私人纯收益，希望将生产规模扩大到 MNPB 线与横轴的交点 Q' 。但是，随着生产规模扩大，污染物的排放量也增加到 Q' ，即大大超过 Q 的水平。如果政府向造成环境污染的厂商征收排污费，厂商的私人纯收益就会减少，MNPB 线的位置、形状以及它与横轴的交点也会发生变化。假定政府根据厂商的污染物排放量，对每一单位排放量征收特定数额（见图 8-1 中 t）的排污费，那么，正如图 8-1 所示，MNPB 线就将向左平行移动到 MNPB′ 线的位置。该线与横轴相交于 Q 点，表示厂商将根据其对利润最大化的追求，把生产规模和污染物的排放量控制在有效率的污染水平上。因此，t 是最优排污费率，它使有效率的污染水平等于 Q。这样，最优庇古税就可以定义为：使排污量等于最优污染水平时的排污收费（税）。此时边际外部（损害）成本等于边际私人纯收益。

制定最优庇古税不仅需要知道 MEC 的信息，而且需要知道 MNPB 的信息。但是政府往往难以得到企业的这类信息，因为企业没有动力向政府提供这类信息，以帮助政府来制定费率或税率。这就是信息不对称问题。信息不对称问题是实施庇古税的一个重要障碍，现实中很难真正达到最优污染水平。但只要排污税费的征收有助于使污染物排放量更接近，而不是更偏离最优污染水平，征收排污税费就是可取的。

第二节 排污收费的经济效应

与单纯管制手段（标准加罚款）相比，达到同样的环境目标，排污收费大大提高了经济效率，它主要表现在以下几个方面。

一、降低达标费用

排污收费能以较少的费用达到排污标准。图 8-2 说明了这个道理。

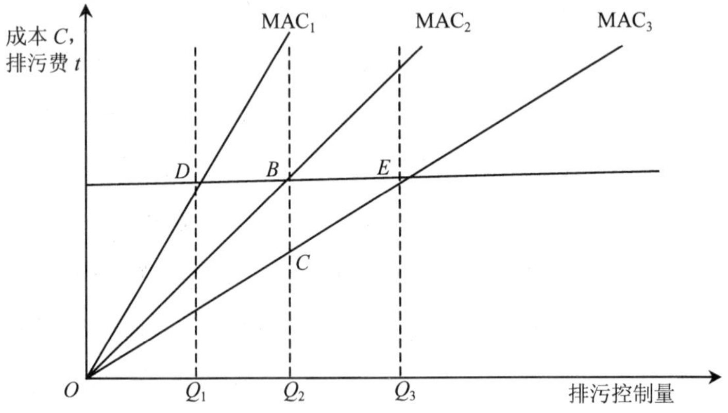

图 8-2 排污费与排污标准的比较

在图 8-2 中，横轴表示污染排放量的削减量（排污控制量），纵轴表示成本和排污费。假定某一生产过程中排污厂商只有三家，MAC_1、MAC_2、MAC_3 表示生产同样产品的这三家工厂的边际治理成本。因为使用了不同的控制技术，不同工厂的 MAC 不同，这与现实情况相符。对于同样的污染减少量，工厂 1 的成本最高，工厂 2 次之，工厂 3 最低。为简化分析起见，假定政府的目标是将污染物的排放量削减 $3Q_2$，并假设线段 $Q_1Q_2=Q_2Q_3$，且 $Q_1+Q_2+Q_3=3Q_2$。如果政府设定统一的环境标准，强制所有的厂商各自削减相当于 Q_2 的污染物排放量，工厂 1、2、3 的边际治理成本将分别达到 A、B、C。而如果政府设定排污费为 t，三家工厂将会根据各自的治理成本，在缴纳排污费和自行治理污染之间进行权衡，根据总成本最小化的原则，选择不同的污染控制水平。例如，对工厂 1 来说，污染控制量从零上升到 Q_1 为止，治理污染比付税要便宜。但是超过 Q_1，$MAC_1>t$，缴费比较合算。由图可见，工厂 1 的控制成本最高，控制量最少；工厂 3 治理成本最低，控制量最多；工厂 2 的治理成本和控制量均居中。为了比较统一执行标准和收费情况下的总成本，需要计算 MAC 曲线以下的面积：排污标准情况如下：

总治理成本$=OAQ_2+OBQ_2+OCQ_2$

收费情况如下：

总治理成本$=ODQ_1+OBQ_2+OEQ_3$

两者之差：

$(OAQ_2+OBQ_2+OCQ_2)-(ODQ_1+OBQ_2+OEQ_3)=Q_1DAQ_2-Q_2CEQ_3$

因为 $Q_1DAQ_2>Q_2CEQ_3$，所以，达到同样的排污控制量，排污收费比单纯执行标准的成本要低。

二、降低监督实行环境标准的费用

监督实行环境标准，意味着运用行政或法律的手段直接控制经济当事人的行为；而征收排污费，只是运用经济手段改变了经济当事人面临的外部环境。在监督执行环境标准时，政府必须首先确认企业的排污超过了标准，然后才能采取相应的措施。

对于排污费，由超标排污费向总量收费的改进大大节约了污染监测费用。只要政府实行根据污染企业的生产规模来征收的办法，那么，政府所需要做的，就只是确定哪些类别产品的生产和消费会导致环境污染，某个企业的生产规模有多大（这可以根据该企业所生产的产品数量来确定，也可以根据该企业所使用的主要原材料的数量来确定），该企业是否安装了环保设施，而不一定强制某一企业将其污染物的排放量控制在什么水平。与确定企业的污染物排放量是否超标相比，政府征收排污费所需要的交易成本相对较低。换句话说，由于征收排污费时政府所必须确认的只是企业所从事的经济活动是否会导致污染，从总体上而不是逐个企业地控制环境污染的程度（污染者的生产规模由他们自己确定），因而与监督执行环境标准时逐个企业地确认其污染程度相比，征收排污费所需要的交易成本应该是比较低的。

三、有利于污染控制技术的革新

实行统一的环境标准时，政府必须首先确认企业的排污超过了标准，然后才能采取相应的措施。只要排污没有超过标准，厂商就不应该缴纳罚款，因而也就没有不断寻求低成本的污染治理技术的积极性。而在征收排污费时，只要政府实行根据污染企业的污染物排放量或生产规模来征收的办法，那么，即使企业的排污没有超过标准，厂商也必须缴纳一定数量的排污费，因而企业就有不断寻求低成本的污染治理技术以少缴排污费的积极性。

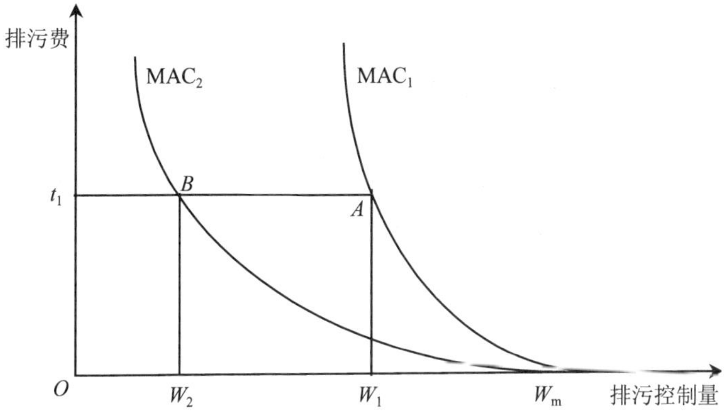

图 8-3 排污收费与污染控制技术革新

如图 8-3 所示，假设 MAC_1 为排污者现有的边际治理成本曲线。如果排污收费标准确定在如图 8-3 中所示的 t_1 水平，那么根据排污收费的刺激机制，该排污者最终将会把排污水平从最大排污量 W_m 降低到污染边际治理成本等于排污收费标准时的水平，即图 8-3 中的 W_1。此时，排污者承担的费用由两部分组成：一部分是排污者交纳的排污费，其值等于 Ot_1AW_1 的面积；另一部分是排污者的污染控制费用，其值等于 AW_1W_m 的面积。排污者承担的总费用为面积 Ot_1AW_m。

现在，假设排污者革新污染控制技术，使边际治理成本曲线从 MAC_1 下降到 MAC_2，而对排污者的排污费征收标准依然为 t_1。显然，根据排污收费的刺激作用，排污者为使其承担的排污费用最小，将会自动地把排污水平 W_1 降低到 W_2。在这种情况下，排污者承担的污染费用为面积 Ot_1BW_2 和面积 BW_2W_m 之和，即面积 Ot_1BW_m。可以看出，由于污染控制技术的革新或边际治理成本的降低，排污者实际所承受的费用降低了，其降低的数量为面积 ABW_m。费用的节省意味着排污者得到的相应的经济效益。在一定的排污收费标准下，污染控制技术的革新潜力越大，即 MAC_2 与 MAC_1 之间差异越大，排污者所得到的费用节省也越大。排污收费客观上起到了激励污染企业不断革新技术的作用。

四、有利于筹集环保资金

排污收费的收入作为环境保护的一个资金来源，可以为环境管理部门和公共环境保护设施提供部分资金，也可以返还污染企业作为治理污染的专项基金使用，体现了污染者付费的原则。

第三节　国外排污收费的实践

OECD 最早将环境经济手段分为 3 种：环境收费或税收、许可证制度和押金返还制度（OECD，1994）。此后，OECD 又进一步将环境经济手段分为 5 类：收费或税收、补贴、押金返还制度、市场创建（排污交易）和执行鼓励金的分类方法（OECD，1996）。根据最新的 OECD/EEA 环境政策和自然资源管理手段数据库，将环境经济政策划分为 5 类：押金返还制度、具有环境激励作用的补贴、税费手段、排污交易制度和自愿手段。

根据 OECD 数据库资料，OECD 成员国已经在地方政府层面上建立了 375 项环境税，250 项环境收费，其中与能源相关的环境税 150 个，机动车相关的环境税 125 个，250 个环境收费中有 75 个与废物排放直接相关。

环境经济政策演变的历史可以说就是“污染者付费原则”（Pollution Pays Principle，PPP）的发展演变历史。排污收费政策作为一种重要的环境经济政策实际上也体现了“污染者付费原则”。所谓“污染者付费原则”，是指污染者必须承担污染削减措施费用的环境保护经济原则。该原则最初是由 OECD 环境委员会在 1972 年提出的，此后，OECD 又分别在 1974 年和 1985 年对 PPP 原则的定义作了修正和完善，并扩大了 PPP 原则的内涵。经过 30 余年的国际环境保护工作的实践，可以说，PPP 原则已经成为当今国际和国家环境政策的基石。OECD 呼吁各国应致力于将该环保基本原则贯彻于环保工作的各个方面和领域。在 PPP 原则作为环境保护领域中的一个基本环境经济政策原则逐渐得到各国公认的同时，作为 PPP 原则的具体政策表现形式的各种环境经济手段，也相继在各国提出并加以实践应用。例如 1972 年，美国率先开始实施空气污染收费，收费的目的是促使生产者安装污染控制设备，同时转向使用含硫量低的燃料。随后瑞典、意大利、挪威等 OECD 国家也开征了 SO_2 税，不过各国征收对象、税基、税率等有所差别，这主要与该国的经济发展政策和环境问题状况等因素有关。瑞典在 1990 年制定了 NO_x 税，并于 1992 年开始实施，意大利也对 NO_x 进行了收费；此外，北欧国家从 1994 年开始，根据 PPP 原则着手制定和实施碳税政策。

对于一些特殊的污染问题，使用者付费原则（User Pay’s Principle，UPP）往往比污染者付费原则更有效。如对于那些污染排放量很小，自行处理又不是很经济的污染排放者来说，最经济有效的办法就是利用污染集中处理设施集中处理。这样，污染排放者就转变成了集中处理设施的使用者，污染排放者（通常是居民和那些污染物排放量比较小、污染物种类比较简单的工商企业等）只需要通过付费就可获取公共设施的使用权。在这种情况下，PPP 原则就演变成 UPP 原则，这种付费与使用者获取的服务数量密切相关，而且付费者就是受益者。例如意大利于 1996 年开始征收废弃物垃圾填埋税，根据填埋物质的性质分成几种类型，分别采取不同收费率，并把税收收入作为地方政府处置废物垃圾的资金来源。

环境税费是使用最普遍的一种环境经济政策，OECD 环境经济政策的资料库中几乎所有国家都在实施这项政策。在环境税收方面，北欧国家走在最前面。丹麦是欧盟第一个真正进行生态税收改革的国家。自 1993 年丹麦议会通过生态税收改革的决议以来，丹麦环境税制形成了以能源税为核心，包括水、垃圾、废水、CO_2和尼龙袋等 16 种带有环境目的的税收。荷兰的环境税收种类更多，是世界上最早开征垃圾税的国家，荷兰的环境税收还专门用于筹集环保资金。美国目前已形成了一套相对完善的环境税制体系，联邦和州两级政府都开征了不同类别的环境税，税种涉及能源、日常消费品和消费行为各个方面。

目前应用最广泛的直接环境税费就是排污费，征收对象涉及大气、水污染物、危险品、噪声和废物，另一大类是包括一次性用品、公园门票、塑料袋、污染产品、对环境有危害的肥料、危险品等在内的消费税以及能源石油产品消费税。

应用广泛的间接环境税费包括机动车相关税费、燃油税费、能源税费和道路交通（航空铁路）税费，其中前两种是征收最普遍的间接环境税，几乎所有国家都征收；另一类与环境相关的税费就是资源税费，包括名目繁多的水资源税费（取水费、供水费、废水使用者费、水保护费、水位调节费、水库（大坝）用水费、水质改善费、地下水提取费）、资源开采费、矿物油税、天然气税、采砂费和泥煤开采证费等，有些国家征收自然和土地保护费（森林管理费、重新造林费、公共区域和土壤使用费、土地用途改变费、湿地费、林木提前开采费、森林恢复税、公共用地放牧费和海岸保护费）。

专栏 8-1　伦敦的生活垃圾收费

为遏制生活垃圾量的迅猛增长，英国政府早在 1996 年就开始向居民征收垃圾税，但这时的垃圾税是定额征收，不论住房面积、人口和垃圾数量多少，向每户家庭按月征收。这笔收入主要用于垃圾的清运、处理、处置。在垃圾税开征伊始，就有许多居民向政府抱怨定额征税的做法不合理，挫伤了居民进行垃圾减量的积极性，同时，这种做法对遏制垃圾增长没有起到任何积极作用。与此同时，英国政府还受到来自欧盟的压力。由于英国的垃圾回收再利用率没有达到欧盟的要求，欧盟委员会已做出裁决，英国政府如不采取积极措施对垃圾进行有效的回收再利用，将面临每天 50 万英镑的罚款。

2004 年，在来自国内公众和欧盟的压力等综合因素作用下，英国政府为适应国内外的要求，对垃圾税进行了改革，出台了一套垃圾处理费新政策，并在伦敦和利物浦等地进行了试点。试点地区的垃圾排放量明显减少，垃圾分类工作也做得很好，人们回收利用意识也明显增强。新政策于 2005 年 1 月开始实施，新政策引进了一种新式垃圾收集系统，该系统包括装有电脑芯片和电子秤的垃圾桶。使用这种垃圾桶时居民需要插入专门的 IC 卡。具体运作方式为：每个家庭在倾倒垃圾前，必须对垃圾进行分类；如果对垃圾不进行分类，居民必须另外缴纳一种新的垃圾分类税。每月征收垃圾费时，会有市政部门工作人员到各家各户，用专门的读卡器读取 IC 卡上的数据并据此征收垃圾费。与此项工作相配套，各地方政府还增设了废旧物资回收站，用以接收居民送交来的可回收利用垃圾。

垃圾收费新政策实施后，受到了广大市民的一致称赞，垃圾减量也收到了明显效果。对于分类回收利用废物的家庭来说，这项新政策可以让他们比以前花更少的钱，交更少的税，而对那些大手大脚浪费资源的人，就要多掏钱多缴税。这是对资源浪费者的一种惩罚，对资源珍惜者的一种奖励。环保人士和媒体也认为这是政府利用行政手段和税收杠杆提高公民环保意识的一种行之有效的好办法。

摘编自：www.plimsoll.com.uk.

第四节　中国的排污收费制度

一、排污收费在中国的发展

排污收费政策早在 1978 年就在我国提出并开始实践，迄今为止已经成为应用最广泛的环境经济政策。1978 年 12 月 31 日，中共中央批转了国务院环境保护领导小组的《环境保护工作汇报要点》，第一次正式提出实施排污收费制度。在 1979 年 9 月颁布的《中华人民共和国环境保护法（试行）》中，排污收费制度得以明确规定。这为排污收费制度的建立提供了法律依据。

1982 年 2 月 5 日，国务院批准并发布了《征收排污费暂行办法》，自当年 7 月 1 日起在全国执行。这标志着排污收费制度在中国正式建立。1988 年 9 月 1 日开始实施的《污染源治理专项基金有偿使用暂行办法》，是排污费由拨款改为贷款的重要改革措施。此后，随着中国经济的不断发展和新的环境问题的出现，又提出和实行了一系列关于排污收费使用、管理方面的政策。

1992 年 9 月 14 日，原国家环境保护局、物价局、财政部和国务院经贸办联合发出了《关于开展征收工业燃煤二氧化硫排污费试点工作的通知》，以控制日益严重的酸雨危害。这标志着排污收费实施范围的一次重要扩展。

考虑到某些排污单位所排污水的浓度虽然已经达到或低于国家排放标准，但是其排放污染物的总量、占用的环境容量和对环境造成的损害甚至大于一些超标排污单位。为了促进这些排污单位控制污染，1993 年 8 月 15 日，国家计委和财政部联合发出《关于征收污水排污费的通知》，对不超标的污水排放征收排污费。这是在排污收费中首次体现了总量控制的思想。

从 1982 年发布《征收排污费暂行办法》，到 2003 年 7 月国务院正式颁布实施《排污费征收使用管理条例》，排污收费制度在不断改革完善。现行的排污收费制度，与旧办法（指国务院《征收排污费暂行办法》等）相比，在征收对象、收费标准、管理使用等方面均发生了重大变化：① 征收管理体制由三级收费、三级管理改为属地收费、分级管理，强化了上级环境保护部门对下级排污收费的稽查职能。② 将征收对象改为向环境直接排放的排污者。③ 排污费收费标准从原来的超标排放收费改变为按污染物的种类、数量的方式征收排污费，对于超标排放的加倍征收。④ 强调排污费实行收支两条线管理、明确资金全额纳入财政预算，列入环境保护专项资金进行管理。条例实施以来，对于污染治理起到了促进作用。

二、中国排污收费制度的特点

中国排污收费制度有以下一些特点：

1．中国的排污收费制度是在全国范围内，对污水、废气、固体废物、噪声、放射性等多种污染物的各种污染因子，按照标准收取费用。国外尚未见到收费地域如此之广，收费种类和收费因子如此之多的报道。

2．按照污染物的种类、数量征收排污费。2003 年新颁布的《排污费征收使用管理条例》改变了原先的以征收超标排污费为主，征收非超标排污费为辅的收费体制。在原先的对水污染物实行排污收费及超标排污收费基础上，《海洋环境保护法》及《大气污染防治法》也规定实行排污收费及超标排污处罚，《固废法》《放射环境管理办法》规定对于固废、放射性废物等实行排污收费，对环境噪声仍实行超标排污收费。对氨氮、总磷暂不收费。

3．在中国的环境经济政策体系中，排污收费制度的经济学色彩最浓，包括收费、罚款、财政和金融 4 种经济手段，尽管其中有些还未充分发挥其应有的作用。在中国目前的 8 条环保投资渠道中，排污收费是唯一由环保部门管理的投资渠道。

4．中国排污收费的法规体系由 4 个层次组成：全国人大颁布的法律，国务院制定的行政法规，各省、自治区、直辖市制定的地方法规，中央和地方政府部门的地方法规。它包括 5 部国家法律，国务院的 2 项专门规定和 12 项补充规定，国务院所属部委的 15 项行政规章和 50 多项省级法规和规章。

5．为了执行排污收费制度，截至2007年，各级环保部门已经建立了遍及全国的2 954个各级环境监察机构，拥有环境监理人员5.7万余人，其中，国家级的监察机构人数有41人，省级820人，地市级8 610人，县级47 956人，分别占本级环保人员数的1.8%、7.6%、21.4%以及40.4%[①]。

6．排污收费是中国为数不多的纳入财政预算内的行政收费，因而具有一种“准税”的性质。经国务院批准，地方环保局管理并使用一部分排污费收入，因而成为集政策的设计者、实施者和资金的管理者、使用者四种身份为一身的政府部门，这在中国的政府机构中几乎是唯一的。因此，排污费收入已经成为地方环保局的重要经费来源[②]。

三、排污收费制度实施现状

（一）排污收费执行情况

目前全国征收排污费的项目有水、气、固体废物、噪声、放射性废物5大类113项。在2001年至2007年的7年中，排污费累计用于治理污染的资金达84亿元，占中国同期工业污染治理资金的3.5%，由于资金来源渠道的日益多样化，排污费用于污染治理的资金比例有所下降；同时排污费投资的重点也从一些大城市转向了落后地区，以2007年统计数据为例，如西藏和新疆约占到了45%与12%，其他地区除河北的10%以外，排污费所占比重均不超过5%。

① 数据来自2007年中国环境统计年报。
② 在资金使用渠道上，排污收费属于预算内资金，10%作为中央预算收入缴入中央国库，作为中央环境保护专项资金管理；90%作为地方预算收入，缴入地方国库，作为地方环境保护专项资金管理。

从各行业排污费征收情况看，主要集中在高耗能、高污染行业，如火力发电、化工、钢铁、餐饮、造纸、水泥行业。2005 年，电力行业征收额达 31 亿元，占征收总额的 25.9%，化工行业和钢铁行业分别占 5.8%和 5.0%。

从历年不同介质排污收费征收情况看，噪声和固废所占比例都很小，没有大的变化，污水和废气比例变化较大，污水类排污费所占比例已从以前 60%左右下降到 30%，废气类排污费所占比例持续上升，2005 年已经占到 61%。废水收费比例减少原因就是各地区执行污水排污费的征收政策存在一些差异，对于向城市集中污水处理设施排放污水且缴纳了污水处理费的排污者，有些地区不再征收污水排污费和超标排污费，有的地区仍征收其超标排污费，还有的地区只征收污水处理厂的排污费。氮氧化物收费地区不平衡，从征收因子看，氮氧化物没有全面开征，如省本级对 290 家 30 万 kW 以上电力企业征收 SO_2 排污费，而只对其中的 144 家征收氮氧化物排污费。一些地方没有对污水处理厂征收排污费，受监测能力限制，有些特征污染物没有开征。

（二）排污收费执行效果分析

一是排污费征收额大幅增加。从历年排污收费征收情况来看，排污费征收额逐年增加，即使在“九五”污染物总量削减的情况下，排污费仍增长了。2003 年实行新的排污收费政策后，排污收费总额增长幅度不是很大，2004 年开始增长幅度加大，2008 年已达到 177 亿元，较 2002 年增加了 110 亿元。

二是污染治理资金增加。《条例》实施后，首先，排污费全部用于污染治理，增加了治理资金来源；其次，排污费作为补助资金，无论中央还是地方都规定了配套资金比例，带动了其他环保资金的投入；此外，排污收费改革增加了企业排污成本，对企业增加污染治理投资产生了一定的促进作用。

三是排污收费制度促进了环保公共财政体制的建设。《条例》规定排污费的征收、使用和管理严格实行收支两条线，征收的排污费一律上缴财政，纳入财政预算，列入环境保护专项资金进行管理，全部用于污染治理。环保执法资金由财政予以保障，从制度上堵住挤占、挪用排污费等问题的发生。与 2003 年以前相比，排污收费资金用于污染治理的总量有较大幅度的提高，2006 年，国家财政预算设立了 211 环保专户，环保部门资金来源有了正规渠道，有效地改善了过去“吃排污费”的状况。

第五节　改进中国排污收费的思考

一、排污收费制度中存在的问题

相关研究表明，在刺激企业改用污染较小的技术、促进这些新技术的扩散、促使监督机构调整环境控制政策方面，排污收费的效果比排放补贴、可交易的污染许可证以及一致的环境标准政策的效果要好(Milliman，Prince，1989)。排污收费实施的 20 多年来，排污收费资金的使用对中国的环境保护有显著的作用。这种作用主要体现在增加了污染的治理能力，同时加强了环保系统的建设。

但是，在运行过程中也存在着一些问题。尽管排污收费改革取得了一定成效，管理更加规范，征收额度大幅增加，治理资金较以往得到保障，但是目前的排污收费制度仍需不断完善，排污费的征收和管理方面还存在诸多问题，主要表现如下：收费标准较低，违法成本仍然低于守法成本；环保部门仍然没有完全摆脱“吃排污费”现象；地方环保部门普遍存在人员超编，经费困难；排污费专项资金使用分散；环境执法能力有待加强；污染物排放数据准确性存在质疑；小型三产排污费征收成本较高；排污费返还的观念没有转变等问题，这些突出存在的问题严重约束了排污收费政策的效力，需要加快政策改革的力度。

第一，排污收费标准太低、未实现动态化征管。新的条例实施后，虽然企业感到了压力，但是排污收费标准仍然低于治理成本，对污染者的刺激作用很小，同时对违规行为的处罚力度不够大，污染者宁可缴纳排污费也不去治理污染的现象依然存在。根据《条例》规定，排污费应采用按月或按季的方式进行征收，但在相当多的地方，排污申报工作还未能实现动态化，从而造成以此为基准的排污收费“一锤定音”，甚至征收金额几年不变。这对环境保护很不利。

第二，排污收费征收率有待提高。各地环保部门把精力集中于工业企业，而放松了畜禽养殖业和第三产业排污费的征收；重视重点污染源排污费的征收，而忽视小型企业。同时，排污申报登记工作中，存在谎报、瞒报现象，受污染源监测技术水平和监测能力的限制，从而造成排污费不能足额征收。

第三，排污收费队伍能力建设尚待加强。各地环境监察主要负责排污收费工作，由于这支队伍组建时间短、从业人员偏少且来自不同岗位，相关专业知识参差不齐，严重地影响了收费工作的开展。另外，属地征收，加大了市、县环境保护部门的执法任务。同时由于环保事业经费没有及时落实，少数地方的队伍装备也相对滞后，特别是一些经济发展相对落后的地区，环境管理部门经费保障不足，存在变相“吃排污费”现象，执法能力受到影响，难以适应新形势下的环境监察工作需要。

第四，与其他政策的衔接问题。对向已建成的污水处理厂缴纳污水处理费用后仍超标排放的企业是否仍然收取超标排污费的问题始终没有明确。这两个费种征收的部门不同，许多超标排污单位认为，缴纳了环保部门的排污费就不再需要交纳污水处理费，或者交纳了污水处理费就不再需要交纳排污费。两种费种的混淆，影响了污水处理费的征收。

二、排污收费制度改革建议

（一）全面提高排污收费标准

收费标准太低，是排污收费政策一直面临的问题。总量收费后，收费标准低的问题更加明显，对超标排污企业罚款的惩罚作用没有体现出来，企业污染治理后减少的排污费用不大，与污染治理的投入相差甚远。应对各类主要污染物的治理进行成本调查，制定出高于治理成本的收费标准，并兼顾社会、企业的承受能力逐步实施到位。另外，收费标准应考虑地区差异，由地方环境保护局、财政局、物价局充分考虑环境管理的效果以及当地的经济状况。

（二）切实加强排污费收支两条线管理

加强对环保机构尤其是经济困难地区以及县级环保机构排污费收支的监督和管理，严格执行排污费“收支两条线”管理，绝不允许私自截留、挪用排污费资金。排污费缴入各级财政，作为预算内收入，必须专款专用，加强对这部分资金使用的审计和检查工作。转作环保补助资金后，其开支项目必须严格限定在财政部门规定的开支范围内，资金使用要公开化透明化，主动接受社会和群众的监督，对于违规使用排污费的部门和个人要严格查处。

（三）正视基层环保部门经费保障难度的现实

在核编人员和工作经费的基础上，保证各级环保机构纳入财政保障体系。加大对经济困难地区环保机构的财政支持力度，开拓供应渠道。加大对环保部门经费保障办法和措施的监督检查力度，敦促各地全面落实。视条件允许在各级政策中确定环保经费占财政收入的比例，加大对环保的支持力度，确保各级环保机构能够正常运转，从根本上解决基层环保机构“吃排污费”办公的问题。

（四）细化完善征收管理办法

进一步明确征收范围、征收对象、全面征收对污水处理厂排污费，加强对畜禽养殖业、小型企业和第三产业排污费的征收。

1. 污染排放数据的核定

严格按照 2003 年原国家环保总局下发的《关于排污费征收核定有关工作的通知》（环发[2003]64 号）规定，对污染物的种类、数量核定按照下列顺序进行：自动监控仪器的监测数据、监督监测数据、物料衡算方法计算所得物料衡算数据以及环境监察机构采用抽样测算的办法核算的排污量。

2. 与污染物总量控制协调

把总量控制目标和排污许可证制度紧密结合，在排污量核定中考虑分配的总量目标作为收费的依据；在实行排污许可证的地区，许可证许可的总量可作为收费依据。

3. 简化第三产业的排污量核算办法

小三产等排污单位所占比例较大，应考虑制订排污费征收的简易程序，以适应征收对象点多、面广的局面。地区环保部门可通过典型调查等方法确定污染排放水平，根据生产经营规模，制定固定收费模式。

（五）创新排污费资金使用政策

资金使用政策改革后，排污费实行收支两条线管理，所收取的资金全部进入当地的地方财政，除 10%上缴中央外，各地方按省市县三级管理，存在资金使用分散、挤占挪用现象。虽然取消了返还制度，但是资金使用形式还较为单一，基本是按补助方式使用，对于污染防治先进企业没有减免奖励等激励措施。建议从以下几个方面考虑：一是奖励超额减排，结合总量控制任务，根据污染减排量给予企业奖励，鼓励企业采取多种措施减少污染物排放；二是对环境保护工作突出的企业，如污染控制达到国际先进水平的企业，探讨实施排污费减免政策的可行性。

（六）配套制度保障措施

1. 加强执法能力建设

对于企业不运行污染设施、偷排、弄虚作假等违法行为的查处不力，使得排污收费政策实施产生不公平效果。建议加强培训、提高加强环境执法队伍素质，改善环境监察队伍的装备，使违法行为查处概率增加。从法规上加大违法行为的处罚力度，如提高偷排、污染事故罚款额。

2. 监测部门和监察部门合作机制

监测部门提供及时、准确、可靠的监测数据。排污费的征收是以监测数据为基础的，它决定排污费计算的准确性和可靠性，是征收排污费的关键环节。《排污费征收使用管理条例》中明确规定了排污量的核定以监测数据为主。各级环境监测部门应与监理部门密切配合，提高在线监测设备的安装比例和稳定运行率，及时、准确地提供可靠的监测数据，使征收排污费工作更科学、更准确。

3. 强化排污申报工作的管理

根据条例规定，排污申报是排污收费的基础，目前基本是通过排污申报登记，掌握辖区内所有排污者的现状，以此作为排污收费的测算、核定的依据。目前排污申报工作中比较注重重点污染源的管理，对一般污染源、第三产业和个体工商户的申报登记管理较为薄弱，在实际工作中，需要把好申报质量关，减少谎报、瞒报现象的发生。

4. 加强宣传，增强各方对排污收费政策的了解

收费工作涉及社会的方方面面，需要全社会的支持和参与，应结合当地实际，有计划、有步骤地展开多层次、多形式的宣传，鼓励公众参与。一要减少行政干预；二要利用报纸、电台等新闻媒体主动向社会宣传，扩大社会知晓度，宣传排污收费政策和有关环保法律法规，转变以往排污收费的观念。三要通过定期召开会议和举办培训班等形式，向排污者介绍排污费征缴使用相关知识，开展污染控制技术培训。

参考文献

[1] Milliman S R, R Prince. Firm Incentives to Promote Technological Change in Pollution Control[J]. Journal of Environmental Economics and Management，1989，（17），247-265.

[2] OECD. Environmental Policy：How to Apply Economic Instruments[M]. Paris：OECD，1991.

[3] OECD. Managing the Environment：the Role of Economic Instruments[M]. Paris：OECD，1996.

[4] OECD. 环境经济手段应用指南[M]. 北京：中国环境科学出版社，1994，12.

[5] OECD. 环境管理中的经济手段[M]. 北京：中国环境科学出版社，1996，9.

[6] 李克国. 中国的环境经济政策[J]. 生态经济，2000，11：39-42.

[7] 罗伯特·N.史蒂文斯. 基于市场的环境政策[M]//保罗·R. 伯特尼，罗伯特·N. 史蒂文斯，主编. 环境保护的公共政策（第 2 版），穆贤清，方志伟，译. 上海：上海三联出版社，上海人民出版社，2004，3：41-108.

[8] 马中. 环境与资源经济学概论[M]. 北京：高等教育出版社，1999.

[9] 穆勒. 理论环境经济学[M]. 孙钟才，译. 北京：三联书店，1992.

[10] 庇古. 福利经济学[M]. 金镝译. 北京：华夏出版社，2007.

第九章 环境税

第一节 基本概念

环境税往往有广义和狭义两种划分。广义的环境税是指税收体系中与环境资源利用和保护有关的各个税种、税目的总称，同时包含了为实现特定的环境目的而筹集资金的税收。狭义的环境税主要是指环境污染控制相关的各种税收手段，包括排污税、产品税、以环境保护为目的的税收差别和税款减免等。狭义的环境税，是与污染密切相关的税收，是政府为了限制污染的范围、程度，而对污染环境的经济主体征收的特别税收。

广义的环境税的理论依据是资源环境的价值与定价理论。环境资源的价值理论包括生态补偿理论、劳动价值理论等。生态补偿理论认为经济活动需要投入环境资源，需要在计算经济产品时考虑环境资源成本；劳动价值理论认为，环境资源的保护、更新、勘探、科研等活动耗费了大量人类劳动，这些人类劳动凝结在环境资源中，构成环境资源的价值。环境资源定价理论认为环境资源是稀缺的，对环境资源的开发利用需要有效率，而广义的环境税在一定程度上可以纠正环境资源的市场价格，促进资源的优化配置，提高环境资源的利用效率。

狭义的环境税主要基于环境外部性和庇古税的理论。环境资源是一笔可以自由使用的财富，在没有对污染征税的情况下，工厂不负担污染的社会成本，这样会导致企业在追求利益最大化的过程中对环境造成污染从而破坏生态环境，导致了外部不经济性的产生。为了解决这一问题，庇古（1962）认为需要使环境外部成本内部化，需要政府采用税收或者补贴的形式来对市场进行干预。通过税收或者补贴，可以导致经济资源从边际私人纯产值小的地方转移到边际私人纯产值大的地方，减少了边际私人纯产值与边际社会纯产值之间的差距，使社会的经济福利增加。

价格信号是环境税的作用原理。环境税通过价格信号来鼓励生产者和消费者改变其行为。对于产品税而言，环境税能否起到调节行为的作用很大程度上取决于产品（能源）的需求价格弹性，弹性越大调节作用越强。换句话说，环境税提高了某种能源的价格，高弹性才能使人们减少对该能源的需求和供给，进而降低污染排放。

“污染者付费原则”的提出为环境外部成本该由谁来负担提供了理论依据，也为环境资源的定价理论走向制定环境税的政策实践确定了基本原则。1972 年，经济合作与发展组织（OECD）环境委员会在“关于环境政策的国际经济方面的控制原则”中提出了“污染者付费原则(Polluter Pay’s Principle，PPP)”。

环境税应该充分考虑“税收中性”和“收入中性”原则。“税收中性”的思想最早体现于英国古典经济学家亚当 · 斯密的赋税理论中，一般包含两种含义：一是国家征税时社会付出的代价以税款为限，尽可能不给纳税人或社会带来其他的损失或者负担；二是国家征税应该避免对市场经济正常运行干扰，尤其不能使税收成为超越市场机制而成为资源配置的决定因素。“收入中性”是指政府财政没有税收收入的净增长。也就是说，政府在一定程度上将税基由劳动所得转向环境污染，纳税人不会因为环境税的调整而增加额外负担。在税制改革设计中，适用于在总体税负水平较高的情况下减少开征新税可能遇到的阻力。形式有三种：一是直接返还给纳税人，而不考虑其用途和性能；二是返还相关领域，包括直接税款退还给纳税人用于治理污染或者刺激其投入节能环保领域；三是政府增加与环境相关的税收收入，同比例降低从工资所得、财产或者利润等方面的税收收入。

对于环境税的界定，国内外有很大的不同。OECD 国家按照税基将环境相关税分为能源产品税、机动车税、污染税和自然资源税。丁丁（2006）将环境税分为能源税、机动车税、资源税、对产品和服务征税以及其他类型税收五大类。赵蓉（2007）则将环境税从征税政策和税收优惠两方面加以阐述。征收政策包括开征新材料税、生态税、填埋和焚烧税；税收优惠政策主要指环境保护的税收优惠，废旧资源回收与综合利用的税收优惠，绿色节能的税收优惠，可再生能源的税收优惠。唐小明（2006）则列举了道路交通、机动车及燃料税、对其他能源产品征收的税收以及有害环境的物质和行为征收的税收三大类。

专栏 9-1　国际碳税进展

韩国正在推进对大量排放 CO_2 的城市用气、液化石油气（LPG）和重油等石油制品从 2008 年起开始征收“碳税”的方案。财政经济部和政府革新地方分权委员会下设机构税收改革特别委员会近期表明，韩国政府计划向总统报告上述内容的《中长期税收改革研究劳务结果》。韩国税收改革的方向是，增加个人的消费税负担，减少企业的法人税负担。同时政府正在讨论的方案是，从 2008 年开始，对油价内含有的交通税和特别消费税等现有税金追加征收碳税。据能源经济研究院研究，如果引入碳税，城市用气和重油的价格将分别上涨 2.9%和 3.7%。

加拿大的人口大省魁北克省宣布，该省从 2008 年 10 月 1 日起在加拿大各省中率先开征 CO_2 排放税，所得收益将用于资助魁北克省温室气体减排计划。魁北克省自然资源部长克劳德·贝沙尔发表声明说，根据省政府批准的计划，魁北克省所有能源公司都必须为销售的产品缴纳数额不等的税，其中销售每升汽油需缴税 0.8 加分（1 加分约合 0.94 美分），每升柴油缴税 0.9 加分，每吨煤缴税 8 加元。包括加拿大石油公司、魁北克水电公司等能源大企业在内的 50 多家企业将受该计划影响。魁北克省每年由此多获得的 2 亿加元（约 1.88 亿美元）税款将用于改善公共交通设施等，以促进节能减排。

摘自：姜克隽等，《中国可持续能源：中国 2050 年低碳发展之路课题报告》之一：实施碳税效果和相关因素分析。

第二节　环境税效应

一、环境税的税负分配效应

环境税效应首先是税负分配效应。从整个经济的角度来说，实施能源税后，资源所有者、雇员、资本所有者和消费者都会受到影响。环境税的最终负担取决于税收的设计、市场的需求与供给状况等因素。如果环境资源的需求相对于其供给更加有弹性，那么资源所有者将会承担大部分税负，公共部门或者私人企业，存在价格管制的情况下，将由环境资源部门的劳动者和资源所有者共同承担。如果能源的供给具有弹性，能源税的最终负担将取决于能源税收的结构，尤其是仅对最终消费征税还是对生产分配过程的前期征税。如果是针对最终消费课征的税收，对于生产成本结构没有直接影响，税收负担将部分转嫁到环境资源产品或者资源能源密集型工业中的生产者身上（包括劳动力和资本）。如果在生产过程和分配链条的早期开始课税，税收的主要部分将由国内消费者来承担。对于贸易产品，考虑国际范围，税收负担取决于生产要素的替代性。

二、环境税的短期与长期效应

在短期内，政府与企业之间博弈的结果是非常乐观的。在环境税实施的初期，因为税收给企业带来了直接成本的增加。出于成本的考虑，部分企业选择减少污染物的排放，这就导致社会排放的总污染物的降低；有些企业选择了支付税收，那么政府的税收也有所增加。无论企业怎么选择，环境税都会提高企业的环境保护意识，让企业的管理者更加关注企业的外部成本。

中长期内，由于企业的成本压力和环境保护意识的提高，污染的排放水平会下降，政府的环境税收水平会下降。此时，政府如果希望维持甚至增加环境税收水平，以继续实施某些环保项目，就会出现一些困难。换句话说，政府希望减少污染水平的目标和希望增加税收水平的目标出现了冲突。这种冲突可能会引发政府层面的变化，导致企业的无所适从（李静怡，2010）。

三、环境税的累退效应

一般来讲，环境税需要考虑两个问题：环境收益的分配和规制成本的分摊。环境收益的分配取决于每个利益集团（或者市场行为主体）对削减一个污染源的评价，而成本的分摊则取决于被选择规制工具以及规制项目的融资方式。有些学者考察了环境税政策的福利分配。一般认为，各利益群体对于规制的偏好存在差异。假设环境质量是个奢侈品，那么高收入群体比低收入群体对于环境质量的改善具有更高的评价。遵循这一逻辑，人们可以认为高收入人群应承担更多的规制成本。然而一些经验性研究却表明，环境税收施加于居民的负担很可能是累退性分布的，即年总支出相对低的家庭（低收入群体）会承担较高的环境税税负。而环境税的设计应当遵循公平性原则，即经济能力或者纳税能力不同的人应该缴纳不同的税收，被称为“纵向公平”。

四、环境税的“双重红利”效应

庇古税是通过价格机制使生产者最大限度地治理污染，减少排放量。实际中，所有税种包括环境税在内都会对人们的税前行为进行调整，产生正的或者负的激励作用。在20世纪90年代初，David W. Pearce（1991）首先提出了环境税“双重红利”的理论，认为 CO_2 税收收入可以被用来减少现有税收的税率，如所得税或资本税的福利成本。具体解释为，第一种红利是：实施环境税可以改善环境质量，第二种红利是：环境税带来的税收收入增加部分可以用来降低其他税率，可以带来就业增加、投资增加或者使得经济更加有效率。（“双重红利”效应在国内也被部分学者称为“双赢”效应。）一些OECD国家实施了一些环境税收“双重红利”实践，在取得环境红利的同时，对就业和投资产生了影响，见表9-1和表9-2（张晓艳，2008）。

表9-1 OECD国家环境税“双重红利”实践

国家	环境税“双重红利”实践措施
比利时	1993年将能源专项收费收入列入专项资金，用于社会保险支出
丹麦	自1996年起，新增的工业 CO_2 税用于补偿雇主的社会保险支出
芬兰	自1997年起，所得税和劳动税的减少将部分被新的生态税和能源税所抵消
荷兰	新的能源调节税大部分用于降低雇主的社会保险支出
瑞士	对超轻供暖燃料征收的生态税将通过降低义务医疗保险支出的形式返还给家庭
瑞典	开征环境税的同时降低了所得税税率，并考虑降低雇主的社会保险支出
英国	1996年10月增开垃圾填埋税，每年收入达4.5亿英镑，用来降低社会保险支出

资料来源：OECD税收数据，1997。

对于环境“双重红利”效应，一些学者提出了质疑。Bovenberg 和 Mooij（1994）提出了对“双重红利”效应产生影响的两项效应：“收入循环效应”和“税收交互效应”。收入循环效应是指管理当局将环境税收收入用于降低劳动所得税后，将会使劳动者的供给意愿增加，失业率减少。税收交互效应是指对污染型的产品课征环境税，导致污染型产品的价格上涨，使劳动所得实际购买力降低，当劳动供给弹性为正时，劳动功绩就会减少，进而腐蚀收入循环效应。

表 9-2　OECD 国家环境税制改革后相关指标的变化情况　　单位：%

项目	CO_2 排放量	就业	企业投资
平均变化	−0.97	0.71	−0.23
短期	−6.02	0.44	−0.42
长期	−13.08	0.97	0.48

第三节　国外环境税实践进展

OECD 国家的环境税制的建立是从 20 世纪 70 年代开始的，最早依据“污染者付费原则”进行补偿成本形式的收费；随着税收理论和实践发展，1980 年后，环境税体系中逐渐出现了排污税、产品税、能源税、碳税等税种，建立起了比较完整的有利于经济与环境相协调的环境税制。而且，环境税也逐步纳入了 OECD 国家的环境管理体系，成为有效的经济手段。这些国家的环境税实施是建立在市场经济完善，税收征管体系健全、高效的基础上的，它使得征收环境税的执行成本很低；并且，环境税的角色作为“润滑剂”，起到降低环境管理政策的成本、为企业提供更多灵活性的作用。因此，环境税收在 OECD 国家产生了比较明显的环境效益和经济效益。

OECD 国家的税制结构以所得税为主，税负较重，尤其在一些高福利的国家表现尤为突出。为进一步协调经济稳定与环境保护的关系，从 20 世纪 90 年代初，这些国家对税收制度进行了调整，以完善环境税来校验现行的税收扭曲，增加市场灵活性。环境税的改革措施在各国存在差别，这主要基于其不同的税制结构、经济结构以及具体的环境污染问题。例如，各国选择了不同的环境税税目进行调整，税率提高的幅度也不一致，环境税收的使用形式也各异，瑞典和芬兰用于降低所得税税率，而德国则将这部分收入用于降低企业和雇员应该缴纳的社会保障金金额，以缓解政府在公共养老金计划上的财政压力。表 9-3 中是欧洲各国环境税改革实施情况（刘喜丽，2009）。

表 9-3 欧洲各国环境税改革实施情况

国家（开始年份）	征收的税种	减税的税种	征收规模
瑞典（1990）	CO_2税 SO_2税 各种环境税	个人所得税 对农业征收的能源税 为工人的继续培训筹资	占税收收入的 2.4%
丹麦（1994）	各种环境税 CO_2税 SO_2税 资本所得税	个人所得税 企业对员工的社会保险支出（SSC，下同）	2002 年大约占 GDP 的 3%，占税收收入的 6%多
荷兰（1996）	CO_2税	企业利润税 个人所得税 SSC	1996 年占 GDP 的 0.3%，大约占税收收入的 0.5%
英国（1996）	垃圾填埋税	SSC	1999 年约占税收收入的 0.1%
芬兰（1997）	CO_2税 垃圾填埋税	个人所得税 SSC	1999 年 3 月占 GDP 的 0.3%，约占税收收入的 0.5%
挪威（1999）	CO_2税 SO_2税 柴油税	个人所得税	1999 年占税收收入的 0.2%
德国（1999）	汽油产品税	SSC	1999 年占税收收入的 1%
意大利（1999）	汽油产品税	SSC	1999 年占税收收入不到 0.1%

OECD 国家的实践表明，环境税的建立和改革要充分依据国情原则，符合本国的能源结构和经济结构的特点。

第四节　中国设立环境税的思考

一、中国设立环境税的特定环境

目前中国经济正保持着高速增长的趋势，国内生产总值的年增长率维持在10%左右；2004年，中国启动了新一轮的税制改革，消费税种增加了对石油制成品、实木地板、木制一次性筷子等征税项目以促进环境保护，企业所得税中依然有对环保产业、新能源开发利用的税收优惠，可以看出，中国环境税的建立是在整个税制调整的背景下进行的。它一方面可以促使环境税更快地融入整个税制体系，但另外一方面，环境税的建立可能需要其他税种作进一步的协调，各税种的变动会导致环境税实施效果的不确定性。

环境税的设计既要考虑理论上的合理性，又要考虑实践上的可行性，如果单纯从理论上讲，环境税的覆盖面应该越广越好，最好把一切污染环境的行为、产品和原材料都纳入课征范围。但是，我国的税收征管经验和技术尚存在缺陷，而税收征管的效率、成本很大程度上影响环境税的实施效果。因此，我国要采用循序渐进的方式，可以先从重点污染源和易于征管的课征对象入手，待取得经验、条件成熟后再扩大征收范围。

我国环境管理政策中一直采用排污收费的经济手段，环境税的建立要充分考虑费改税中设计的具体问题，比如相关部门的税收收入分配、各地方的收费差异等。这实质上要求建立环境税应遵循整体性原则，将排污收费体系和与环境、资源有关的税收整合为一个内在一致的环境管理经济手段体系。而且，环境税也要和我国现行的其他命令控制型的环境政策相协调，完善整个环境管理制度。

二、中国设立环境税的必要性和必要条件

中国现行税制理论上是双主体的税制结构，没有独立的环境税（特别是排放税），只是在整个税收体系中包含一些有环境保护意义的条款，这在一定程度上将不适应发展的趋势。无论从资源合理利用、环境保护还是扭转市场失灵的角度，都表明设立独立的环境税有其必要性。

1．弥补现行税制中的空缺，完善税制。目前，我国税制结构中的增值税、消费税、资源税等税种有设计环境保护的条款，这些措施对环境有间接影响，客观上有削减污染、改善环境质量的作用。但是由于它们较为分散，彼此没有衔接配合，甚至还相互冲突，作用十分有限。同时这些条款并不是以环境保护为直接目的，有时会对环境保护起到副作用，比如一些适用于税收优惠政策的产品实际上更大程度地增加了环境压力。因此，有必要将以环境保护为主要目的的环境税适时、合理地加入整个税制体系。

2．资源环境的国情确立了可持续发展观。环境日益恶化、资源日益短缺，使效率和公平的均衡将可能难以在人类代际延续中继续维持。现行的税制结构中虽然以商品劳务税体现了效率，所得税强调了公平，但显然忽视了代际间的公平与效率问题。因此应该设立资源环境税来解决，进而形成代际间效率与公平和资源环境税的对应结构。

3．循环经济运行模式将促成税制结构的调整。传统的经济是一种“资源—产品—环境废物”的单向流动的线性经济，在这种经济中，强调经济数量的增长而忽略了环境容量的概念，反映在税收上，环境税的券种就处于弱势地位。而循环经济要求现行经济模式向“资源—产品—再生资源”循环流动的反馈式经济模式转变，其特征是“低开采、高利用、低排放”。在这种经济中，资源的利用、环境容量的限度与经

济数量的增长预期应当协调，反映在税收上，就要求转变环境税的弱势地位，增强对于污染行为的调节作用。

4．排污税的地位和作用。第一，排污税是针对实际排放到环境中的某种物质而征收的，与排污链的最后一个环节直接相关，故它的直接作用就是保证污染者承担对环境造成的影响，实现负外部性的消除。即利用市场信号促使厂商选取费用效益最佳的方式削减污染物的排放。第二，排污税的征收能够刺激企业实施清洁生产并不断提高技术水平。如果企业需要为造成的环境污染付费，势必要增加产品或者服务的成本。在竞争性的市场中，想要始终保持自己的行业领先优势，就必须不断提高技术水平以控制污染排放，这就为清洁生产工艺以及污染减排技术的创新提供了一个长效激励机制。

为了顺利开征环境税，需要满足以下几个方面的条件：第一，进一步完善市场机制。环境税的开征需要一个公平竞争的市场，企业作为独立的法人参与其中，按照污染者付费原则对其所造成的环境污染和生态破坏承担全部的责任并进行相应的补偿。但是目前中国的市场经济正处于不断发育和完善阶段，企业的环境行为还没有走向市场化，资源环境成本并没有完全纳入成本核算。因此企业的行为对于整个社会福利来说往往不是最优的。第二，提高公众的环境意识并健全污染控制机制。保证环境税的顺利征收需要充分调动起纳税人的积极性。这一方面要求每个纳税人具有较高的环境保护意识，另一方面要求社会形成良好的污染控制机制，能够对企事业单位的污染行为进行严格控制，促进污染治理。第三，进一步明确界定政府的职能。随着中国经济体制的改革，政府的职能也在发生变化，将主要以宏观调控为主，相对较少地介入各项具体的经济活动，这也是实行环境税所需的，只有这样，才能体现环境税收的公平性，也才能发挥环境税的作用。第四，协调好政府各部门关系。环境税既是环境保护政策体系中的重要经济手段，又是财政收入的一部分，即使一项技术性很强的工作也需要国家强制力的保障。因此，要实施环境税收政策，就必须使经济管理、财政、环保等各职能部门环保目标一致，确立协调一致的污染控制措施，才能充分发挥环境税的作用。但是，目前我国的环境税费体系中包含了很多部门多头管理，在这种情况下很难形成统一的环保目标和协调一致的污染控制措施。故而，应该理顺相关部门的关系，明确他们的权利和职能，共同推行环境税收体系。

三、环境税税制的设计

中国的环境税税制设计要选择好税基，充分发挥税率的调节作用，并利用税收减免政策的导向作用，引导纳税人积极采取措施进行环境污染的治理和改善。

税基的设计主要考虑的因素有污染的范围、污染物的成分和生命周期、污染源的监测成本和实际操作中的可行性等。国家通行的计税依据一般有下列三种选择：① 以污染物的排放量为税基；② 以污染企业与污染相关产品的产量作为税基；③ 以生产要素或消费品中包含的污染物的成分和数量作为税基。从理论上讲，最佳的选择应该是把所有同环境污染相关的排放物包括在税基中。但是，为了与现行的排污收费法律法规体系更好地衔接，降低实际操作中的监测成本和管理成本，针对排污税而言最好以污染物的排放量为税基。这样为企业自主选择合适的治污方式提供了可能，有利于激励企业引进污染治理设备，减少废物排放。

环境税的税率是环境税制度的核心，必须认真研究、审慎确定。如果税负过轻，则企业宁可缴税，也不愿意投资于污染治理，环境税就失去了存在的意义。如果税负过重，企业难以承受，则会扭曲企业经济行为，影响资源的合理配置，削弱我国产品竞争力。发达国家环境税涉税面广，几乎涉及与环境污染有关的方方面面，且税率设置过高，较重的税负在扭转人们的行为方面确实产生了作用。相形之下，我国目前环境税涉及面窄，且税负过轻。因此，有必要适当提高税率，在保护环境与顾及企业竞争力之间找到平衡点。此外，许多国家差别税率设计详细。譬如丹麦的能源税体系，即由三个层次构成，且在不同的时期税率有所变动，而美国各州之间最高税率和最低税率之间相差两倍多，这种差别大大提高了高质量燃料的市场竞争力，而不对本国内部市场产生不利影响。因此，我国有必要细化税率，充分利用差别税率的引导功能。

税收减免政策具有较强的刺激作用，为生产者提供正确的市场和价格信息，鼓励和引导人们的行为。完善国家的环境保护激励机制，许多国家都很注重税收减免的调节作用。例如，美国环境税税制的相关规定。此外，荷兰的垃圾税是对产生、收集垃圾的业主征收，在对待废弃物的方式上，有利于环保的就不用缴税。我国在构建环境机制时，应当引入税收减免措施鼓励纳税人积极采取措施进行环境污染的治理和改善，培养公众的环保意识，引导扶持环境无害产业和环保产业的发展。例如，降低环保产业企业各种税收的税率，以及环保产业的设备、仪器的进口关税，对于“三废”综合利用产品和清洁产品给予一定的税收优惠，在一定期限内免交全部或者部分税收，对于结合自然保护管辖、开展多种经营的收益也应给予减免税收的优惠。

四、环境税专款专用在中国的适用性

我国尚处于创建环境税的试验探索期，需要大量资金投入，将环境税款专用于环境整治较为合理。但是，随着环境问题的逐步解决，环境状况的不断改善，环境税收与环保资金不可能仍然严密切合。如果仍遵循专款专用，无疑会造成资源的闲置浪费。此外，政府在环境方面过度支出，还可能导致公众对环境税支持度的弱化。专款专用制度是基于“受益原则”设立的，是将纳税人缴纳的税款预期使用这种税收以消除环境伤害的收益一致化。但在现实中，要确认环境税的纳税人从环境治理中获得的利益是十分困难的。因此，环境税的专款专用也就丧失了存在的现实基础和合理性。

随着社会主义市场经济的发展，环境税在保护环境资源中的地位和作用将不断加强。需要注意的是，脱离当前的具体国情来探讨环境税税制的建立是不妥当的。我们必须审慎地研究发达国家在环境税税制构建和运行方面的经验教训，着眼我国的主要环境问题和现有税收体制，通过立法促进环境税的分批、分期实施。所以我国对待环境税制度不能一味吸收借鉴国外，而应该立足国情，分析目前我国环境整治资金收支的平衡点，以确定是否使用专款专用制度，或者适用范围和期限。

归纳起来，目前我国征收的环境税款应当用于：一是生态环境的恢复和整治；二是对重大生态环境破坏的调查处理、生态环境的整治恢复示范工程及农村环境综合整治试点和生态建设试点；三是加强生态环境科学技术研究，开发污染防治技术和清洁生产技术；四是作为生态环保奖励；五是征收环境税的业务建设支出。在保证这几方面的环保资金充足到位以后，环境税收应当可以作为一般财政来源，用于其他用途。

五、环境税在中国的实施

1．环境税的实施要分阶段、逐步进行，而且环境税的税目、税率以及征收管理办法要增加透明度，提前通告给企业和广大的消费者，这可以使受到影响的行业有充分的时间进行技术或生产计划上的调整，缓和税收带来的冲击。比如，在德国的环境税改革中，多种能源的税率均是逐年提高的。

2．环境税作为一种经济政策，要配合其他环境政策工具一起使用来解决中国的环境问题。环境税的实施不能取代所有的环境经济手段，更不能以环境税来代替命令控制型的环境政策。比如，为达到 CO_2 减排的目标，OECD 国家将环境税和排污权交易同时实施。此外，中国可以考虑将环境税与其他命令控制型的环境政策配合使用，或者在费改税的初期阶段，某些领域仍然使用排污收费。

3．环境税的调整过程要重视公众参与，包括各种相关的生产消费部门。企业在创造利润的过程中会提高能源利用率，减少污染排放，而且，能源需求的下降也会降低能源消耗量。此外，节能环保意识的增强有助于环境税的顺利实施。

参考文献

[1] OECD. The Polluter Pays Principle[M]. Paris：OECD，1975.

[2] OECD. Managing the Environment：The Role of Economic Instrument[M]. Paris：OECD, 1994.

[3] Pigou A C. The Economics of Welfare[M]，London：Macmillan，1962，876.

[4] 丁丁，等. 关于建立我国生态税收体制的经济学思考[J]. 经济研究参考，2006，30：8-13.

[5] 李静怡. 环境税的短期与长期效应分析[J]. 山西财政税务专科学校学报，2010，12（1）：25-29.

[6] 刘喜丽. 基于“双重红利”假说视角的环境税效应分析[J]. 铜陵学院学报，2009，4：28-30.

[7] 唐小明. 环境保护的财税政策探析[J]. 南宁财经大学学报，2006，20（2）：52-54.

[8] 张晓艳. 环境税“双赢”效应对我国环境税制设计的启示[J]. 环境保护，2008，1：12-14.

[9] 赵蓉. 借鉴国外经验构建我国循环经济的税收政策[J]. 会计之友，2007，1：7-8.

第十章 排污权交易

排污权交易与排污收费分别是两种基于市场对环境问题进行管理的手段。这两种管理手段不同，区别也比较明显。排污收费制度是先确定一个价格，然后让市场来确定总体排放水平；而排污权交易正好相反，即首先确定排放总量，然后再让市场确定价格。市场确定价格的过程就是优化资源配置的过程，也是优化污染治理责任配置的过程。

第一节 排污权交易的基本原理

排污权交易的主体思想来源于“科斯定理”①。科斯定理表达了这样一种思想：只要市场交易成本为零，无论初始产权配置状态如何，通过交易总可以达到资源的最优配置。也就是说，最有效率的资源利用方式与产权的初始配置状态无关。

科斯定理在环境问题上最典型的应用是排污权交易。排污权交易是当前受到各国关注的环境经济政策之一。它早在 20 世纪 70 年代就由美国经济学家戴尔斯提出，并首先被美国国家环保局用于大气污染及河流污染管理，而后德国、澳大利亚、英国等国家相继进行了排污权交易政策的实践。我国在大气污染控制方面也开展过可交易排污许可

---

① 马中. 环境与自然资源经济学概论（第 2 版）[M]. 北京：高等教育出版社，2006.

证的试点工作，并取得了一定效果。

排污权交易的主要思想是：在满足环境要求的条件下，建立合法的污染物排放权利即排污权（通常以排污许可证的形式表现），并允许这种权利像商品那样被买入和卖出，以此来进行污染物的排放控制。

其一般做法是：首先由政府部门确定出一定区域的环境质量目标，并据此评估该区域的环境容量；然后推算出污染物的最大允许排放量，并将最大允许排放量分割成若干规定的排放量，即若干排污权；政府可以选择不同的方式来分配这些权利，如公开竞价拍卖、定价出售或无偿分配等，并通过建立排污权交易市场使这种权利能合法地买卖；在排污权市场上，排污者会从其利益出发，自主决定其污染治理程度，从而买入或卖出排污权。

第二节　排污权交易的宏微观效益

一、宏观效应

通过排污权交易产生的宏观效应见图 10-1。图中横轴代表污染物排放量，纵轴代表成本和价格。S 线和 D 线分别代表排污权的供给曲线和需求曲线；MAC 线和 MEC 线分别代表边际治理成本和边际外部成本。

从图中可以看出排污权供给曲线和需求曲线的特点：由于政府发放排污许可证的目的是保护环境而不是营利，因而排污权的供给曲线 S 是一条垂直于横轴的线，表示排污许可证的发放数量不会随着价格的变化而变化。由于污染者对排污权的需求取决于其边际治理成本，所以可以将图中的边际治理成本曲线 MAC 看成是总需求曲线 *D*。

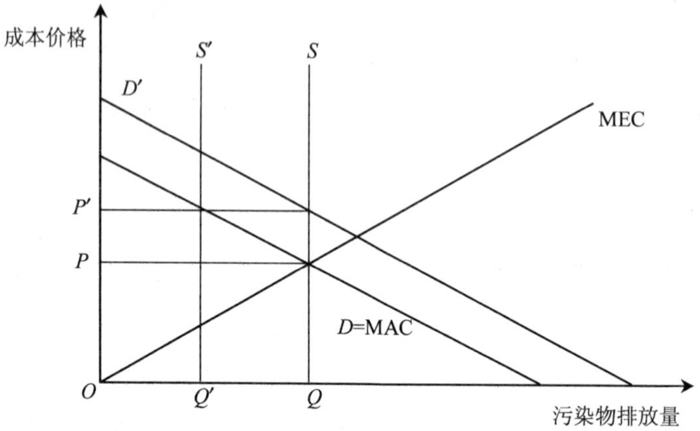

图 10-1 排污权市场宏观效应示意图

市场调节将使排污权的总供求在市场主体发生变化时重新达到平衡。污染源（这里指排放污染物的经济体）的破产，将导致排污权的市场需求减少，需求曲线左移，市场价格下降，其他污染者将多购买排污权，少削减污染物的排放量，在保证总排放量不变的前提下，尽量地减少了过度治理，节省了控制环境质量的费用。新污染源的加入，将导致排污权的市场需求增加，需求曲线 *D* 右移到 *D*′，总供给曲线保持不变。因此每单位排污权的市场价格也就上升到 *P*′。如果新污染者的经济效益高，边际治理成本低，那么只要购买少量排污权就足以使其生产规模达到合理水平并盈利，那么该污染者就会以 *P*′的价格购买排污权，那些感到得不偿失的污染者则不会购买。显然，这对于优化资源配置是有利的。

排污权交易有利于政府利用市场经济行为进行宏观调控。由于非对称信息的存在，政府决策可能出现失误，也可能落后于形势；而政府制定的污染源排放标准和排污费征收标准的修改由于受到一定程序的限制，需要一段时间，存在“政策滞后”影响。另外，标准的修改涉及各方面的利益，因而有关方面都会影响政府决策，从而使修改久拖不决或偏离客观需要，不利于政府针对环境质量突发变化作出灵活有效的反应。有了排污权交易后，一方面，政府可以用类似于中央银行公开市场业务（公开市场业务是指中央银行通过在证券市场上买卖政府债券，影响货币数量，进而影响整个经济形势）的做法，通过排污权的市场交易，对环境保护中出现的问题做出及时的反应。例如，环境标准偏低，导致发放的排污权总量偏高，可以买进排污权；环境标准偏高，可以卖出排污权。而且可以通过少量的排污权交易，对环境状况进行微调。经过一定时期，证明调整后的环境状况可以兼顾环境保护和经济发展，再将其正式确定为环境标准。另一方面，认为现有的环境质量偏低或环境标准偏低的社会团体或个人，也可以通过购买排污权而不排放污染物的方法，对这种不满意的状况主动进行改进。

上述关于排污权的经济分析中，隐含了一个假定：排污权作为一种产权是合理的。排污权实际上是对环境资源的使用权，拥有了排污权就拥有了一定量的使用环境净化能力的权利。这种权利的总量肯定是有限的，以某种形式初始分配给原有企业后，新加入的企业只能从市场上购买必要的排污权。此种情况与土地资源的使用类似。土地资源是重要的生产要素之一，当所有的土地使用权以一定的方式初始分配完毕后，所有新进入市场的企业如需要相应的土地使用权，一般情况下只能通过租借或购买等方式实现。

二、微观效应

通过排污权交易产生的微观效应见图 10-2。

图 10-2 中，纵轴代表治理成本价格，横轴代表污染物排放削减量。图上$\Delta1+\Delta2=\Delta3$，有关假设：

1．整个市场由污染源 A、B、C 构成，交易只能在三者之间进行；

2．排放者 A、B、C 的边际治理成本曲线分别为 MAC_1、MAC_2 和 MAC_3；

3．根据环境质量标准，要求共削减排污 $3Q$，政府按等量原则将排污权初始分配给三个污染源，即 A、B、C 三家排污单位所持有的排污许可证均比他们现有的污染物排放量减少了 Q。

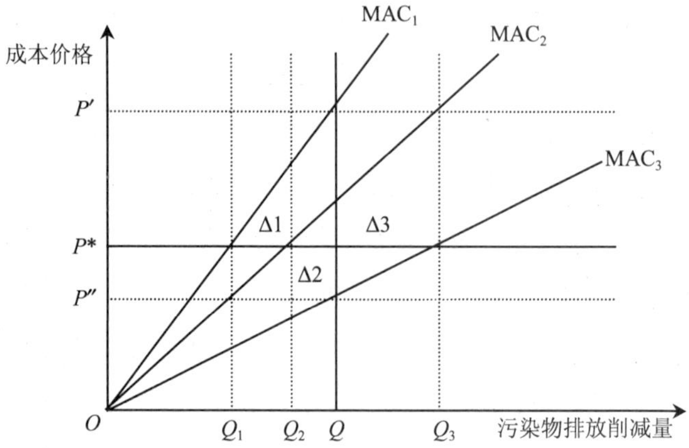

图 10-2 排污权交易微观效应示意图

情况一：排污权的市场价格是 P'，由于 P'高于 B、C 两企业将污染物排放量削减 Q 数量时的边际治理成本，因而 B、C 两企业都愿意多治理、少排污，从而售出一定数量的排污权。但 P'相当于 A 企业将污染物排放量减少 Q 数量时的边际治理成本，对于 A 企业来说，既然现有的排污许可证只要求它削减 Q 数量的污染物排放，而这一部分污染物的边际治理成本又等于 P'，A 企业就没有必要去购买更多的排污权。市场中只有卖方，没有买方，排污权交易无法进行。

情况二：排污权的市场价格是 P''，由于 P''低于 A、B 两企业将污染物排放量削减 Q 数量时的边际治理成本，因而 A、B 两企业都愿意购买一定数量的排污权。但 P''相当于 C 企业将污染物排放量削减 Q 数量时的边际治理成本，对于 C 企业来说，进一步削减自己的污染物排放量，并将剩下的排污权以 P''的价格出售得不偿失的，所以它不会出售排污权。市场上只有买方，没有卖方，排污权交易无法进行。

情况三：排污权的市场价格是 P^*，由于 P^*低于 A、B 两企业将污染物排放削减量分别从 Q_1、Q_2 进一步增加的边际治理成本，因而对他们而言，将自己的污染排放削减量从 Q 减少到 Q_1、Q_2 并从市场上购买 Δ1、Δ2 数量的排污权有利可图的；对于 C 企业来说，P^*相当于它将污染物排放量削减 Q_3 数量时的边际治理成本，因而愿意出售Δ3 数量的排污权。由于Δ1+Δ2=Δ3，排污权供求平衡，交易得以进行。

其他情况：排污权的市场价格位于 P'、P^*（或 P^*、P''）之间，这是排污权交易市场最常见的情况，这时排污权的买方和卖方都存在，但排污权市场需求量Δ1+Δ2 小于（大于）供给量Δ3，价格将下降（上升）直至达到 P^*。

从上述的分析很容易看出排污权市场价格的产生过程，同时它还证明了一个重要结论，只有在所有污染源的边际治理成本都相等的情况下，减少指定排污量的社会总费用才会最小。①

第三节 排污权交易的特点与实施条件

一、排污权交易的特点

可以说，排污权交易是一种基于市场的经济手段，同时，这一手段也更能充分地发挥市场机制在资源配置方面的重要作用。因此，排污

① 马中，杜丹德. 总量控制与排污权交易[M]. 北京：中国环境科学出版社，1999.

权交易有以下几个方面的特点：

（一）成本最小化

在政府管理机构没有增加排污权供给的前提下，通过排污权交易，边际治理成本比较高的污染者将买进排污权，而边际治理成本比较低的污染者将出售排污权，其结果是全社会总的污染治理成本最小化。

（二）有利于宏观调控

由于非对称信息的存在，政府决策可能出现失误，也可能落后于形势；而环境标准和排污费征收标准的修改有一定的程序，同时，修改涉及各方面的利益。因此有关方面都会试图影响政府决策，从而使政策制定滞后。有了排污权交易后，政府管理机构可以通过发放或购买排污权来影响排污权价格，从而控制环境标准。

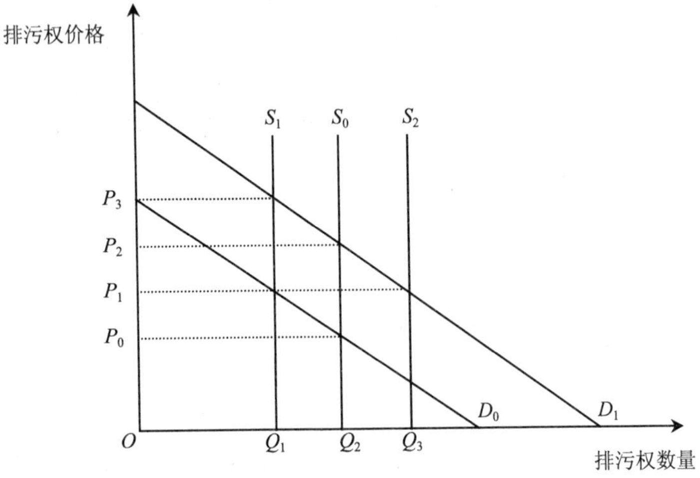

图 10-3　排污权供给和需求的变化

排污权需求的变动会影响排污权的市场价格。在图 10-3 中，假设新的排污者进入该行业，这将使排污权总需求曲线从 D_0 移动到 D_1。如果政府管理机构希望保持原有的排污总量，会使发放的排污权数量不变，排污权供给曲线仍为 S_0，而排污权价格将从 P_0 上升到 P_2。新进入者或购买排污权，或添置污染处理设备控制污染，成本最小化仍然得以实现。如果管理机构认为由于新企业进入，排污权需求增加，需要增加允许排污量，便可以发放更多的排污权，使排污权供给曲线右移到 S_2，排污权价格下降到 P_1。相反，如果管理机构认为需要严格控制排污量，就可以自由进入市场，买进若干排污权，使排污权供给曲线左移到 S_1，价格上升到 P_3。总之，政府可以通过市场操作来控制排污权供给量的价格。

（三）给非排污者表达意见的机会

如果排污权市场是完全自由竞争的，则任何人（无论是否排污）都可以进入市场买卖。环境保护组织如果希望降低污染水平，可以进入市场购买排污权，然后把排污权控制在自己手中，不再卖出。这样污染水平就会降低。这种解决办法是有效率的，因为它通过支付意愿反映了人们的选择。

（四）有利于优化资源配置

一般来说，环境标准不能绝对禁止排放污染物。因此，即使某地所有的厂商排放的污染物都达到了环境标准的规定，随着厂商数量的增加，污染物的排放量仍然会增加。如果为了确保总的排污量指标不被突破，就不允许新厂商进入该地从事生产，有时可能影响经济效益。因为新厂商的经济效益有可能高于原有厂商，而其边际治理成本又有可能低于原有厂商。排污权交易为这些生产者提供了一个机会，这对于资源的优化配置是有利的。通过排污权交易，既能保证环境质量水平，又使新、改、扩建企业有可能通过购买排污权得到发展，有助于形成污染水平较低而生产水平较高的合理工业布局。

（五）提高了企业投资污染控制设备的积极性

污染控制投资在技术上往往“整体性”是不可分的，要进一步减少一单位污染，通常要增加一大笔投资。例如，购置一台设备或建设一座污水处理厂。而这些设备不仅可以处理一单位污染，而且可以处理很多单位的污染，直至达到该设备的极限。此后如果再增加处理量，就需要再追加一大笔投资。因此，实际的污染治理投资是阶梯形递进的。但是如果按照减少每一单位污染所分摊的成本求出边际治理成本曲线，并以此来确定庇古税，企业将产生不同的反应。

如果管理机构错误地估计了企业的控制成本，使庇古税低于控制成本，企业将选择交税而不是添置污染控制设备，这样就达不到排污量的控制指标。投资的整体性助长了企业不愿意投资控制设备的倾向。

排污权交易排除了上述问题。因为管理机构只确定排污权的数量(即允许排放的污染量)，排污权的价格是由市场供求决定的。排污权交易使得企业节约下来的排污许可证能够在市场上出售，或贮存起来以备今后企业发展使用。因此能够使污染者采用先进的工艺，减少污染排放或采用更有效的控制设备，增大污染物的削减量。

（六）更具有市场灵活性

排污权交易避免了排污收费的一些问题。排污权交易不需要像排污收费那样，事先确定排污标准和相应的最优排污费率，而只需要确定排污权数量并找到发放排污权的一套机制，然后让市场去确定排污权的价格。通过排污权价格的变动，排污权市场可以对经常变动的市场物价和厂商治理成本做出及时的反应。

二、排污权交易的实施条件

如上所述，在环境保护的各种政策手段中，排污权交易对市场机制的利用最充分，如果条件合适，它可以对环境保护起到积极的作用。但是，也正因为排污权交易有赖于市场机制，因而采用这种手段就需要满足一系列条件。

（一）合理分配排污权

按照“污染者付费”原则，排污权应该通过拍卖等手段，有偿分配给排污者，但由于较高的获取成本使得排污权持有者有惜售心理，从而影响交易市场的形成。现实中通常采取根据一定的条件无偿分配的方式发放排污许可证。这样一来，又产生了两个问题，一是违背了“污染者付费”原则，二是新老污染源由于获取排污权方式的不同而处于不平等的竞争地位。因此，合理分配排污权，既能体现“排污者付费”原则，又不会由于获取成本过高而影响交易市场的形成，这是实行排污权交易的重要条件。

（二）完善的市场条件

排污权既可以买卖，而且从长期看来其价格呈上升趋势，就会有人炒卖排污许可证，甚至有可能出现某些人通过垄断排污权市场牟取暴利的现象。排污权的价格应该由市场决定，但需要排污权市场有良好的交易秩序和交易环境。因此，完善的市场是排污权顺利交易的重要条件。

（三）政府部门的有效管理

污染单位之所以要购买排污权，是因为没有排污许可证就不能排污。如果政府无法确定目前排污许可证的分布状况，或者虽然能够确定，但无法制止无证排污，那么，排污权交易就根本开展不起来。因此，政府对污染者排污的有效管理，就成为排污权交易存在的第三个条件。

政府部门的有效管理，还特别体现在维持和管理排污权市场竞争交易秩序的能力上。通过买卖排污许可证来保护环境，将使政府部门有关工作人员拥有很大的权力，他们的买卖行为足以左右排污权市场，并影响到整个环境保护事业。因此，对这些工作人员的行为进行有效监督，防止他们以权谋私，是实现政府部门有效管理的重要保障。

第四节　国外排污权交易的实践

如今，很多国家都推行了排污许可证制度，相应的排污权交易机制也得到了长足的发展。进一步看，在诸多国外实践中，美国的排污权交易无疑是最具有代表性，也是在制度上相对完善、在管理上相对进步的。本节就以美国的排污权交易为代表，介绍国外排污权交易的相关实践。

美国的排污权交易政策开始于20世纪70年代，是分两个阶段进行的。第一阶段是从20世纪70年代到80年代，主要是在政府的协调下，做一些局部或区域的交易。第二阶段是20世纪90年代以来试行的SO_2排污权交易。这是一项真正以市场为导向的环境经济政策，实施范围也涵盖了全美国。

20世纪70年代，美国国家环保局出台了一系列政策将排污权交易应用于大气污染和河流污染管理中，并逐步建立了以气泡、补偿、银行和容量结余为核心内容的一套排污权交易体系，在实践中取得了良好的经济环境效益。

气泡政策是把一个排放多种污染物的工厂当做一个“气泡”，只要该“气泡”向外界排出的污染物总量符合政府按照环境要求计算出的排污标准，并保持不变，不危害周围的大气质量，则允许“气泡”在减少某些污染物排放的同时，增加另一些污染物的排放。这一政策在经济上有较大的刺激性，便于工厂灵活地进行污染控制，同时突破了原来的排放标准。1976 年底，美国国家环保局颁布排污补偿解释规则，创立了补偿政策。它被用于未达标区的新污染源、改扩建污染源和待达标区的一些污染源。补偿政策允许新建或扩建污染源在未达标地区投产运营，条件是它们从现有的污染源购买足够的排污权。这项政策就是为了保证在新的污染源取得排放许可后，该地区的排污量并不比原先增加。1979 年美国国家环保局又通过了排污银行计划。按照这一计划规则，各污染源可以在排污银行存入某一时期富余的排污权，以便在将来合适的时间出售或使用。容量结余政策是最后加入排污权交易计划的一个组成部分。这项政策允许进行改扩建的污染源免予承担通常所适用的更严格的污染治理责任，条件是在厂区内排污量并无显著增加。

美国在排污权交易第二阶段推出的 SO_2 排污权交易政策是迄今为止尝试过的最广泛的排污权交易实践。在该项政策实施的第四个年头，已经可以看到它的显著效果。SO_2 的排放削减量大大超过预定目标，许可证的市场价格远远低于预期水平，充分体现了排污权交易政策保证环境质量、降低达标费用的两大优势。

确定参加 SO_2 排污权交易政策的单位主要有两类，一是在美国“酸雨计划”中列出的法定参加者；二是被批准选择加入计划的自愿参加者。因为选择加入的排污单位 SO_2 削减成本肯定低于交易体系的平均成本，所以它们的加入必将降低整个体系内的平均削减成本。

在许可证的分配上，美国的 SO_2 排污权交易政策体系规定排污许可证初始分配有三种形式：无偿分配、拍卖和奖励，这三种形式分配的许可证总量相对稳定。其中，无偿分配是许可证初始分配的主要渠道。从 1995 年开始，每年分配一次，分配量为初始分配总额的 97.2%。同时，美国国家环保局负责每年拍卖许可证总量的一小部分。除国家拍卖方式外，拍卖许可证的另一来源是私人持有者。另外，许可证被赋予了市场价值后，排污单位就有了减少排污保存许可证的动力，从而刺激了污染防治的主动性。美国的 SO_2 排污交易政策体系中，还设立了专门的许可证储备，用于奖励那些能源效率高或者使用可更新能源的企业。

许可证的交易是整个计划的最核心环节。通过交易，可以将许可证重新分配，实际上是重新分配了对 SO_2 的削减责任，从而使削减成本低的污染源持有较少的许可证，削减较多的 SO_2 排放量，实现 SO_2 总量控制下的社会费用最小。交易者的主体可以主要分为三大类，即达标者、投资者和环保主义者。这三种主体都可以在排污交易市场中自由买卖排污权以达到其各自目的。达标者主要为了实现排污标准，满足环保局对其的规定。投资者主要为了从排污权交易中获取差价利益。而环保主义者可以通过购买排污权控制污染企业的排放水平，达到环境保护的初衷。而政府也可以参与其中，对排污权进行买卖，达到宏观调控的目的。

美国国家环保局对交易体系参加单位每年进行一次许可证审核和调整，检查各排污单位的当年子账户中是否持有足够的许可证用于当年的 SO_2 排放。审核的主要方式是从企业账户中扣除当年应扣许可证，然后检查是否有剩余，若不足，实行惩罚；若有剩余，将许可证余额转移至该企业账户的次年子账户或普通账户。

可以看出，美国的排污权交易体系已经相对完善，从许可证的发放、交易到监督都有成型的机制在运作。更重要的是，这些机制的运行是以法律保障为前提的，这就使得美国的排污权交易更具公平性和保障性，运行起来也相对顺利。

第五节　中国的排污权交易

中国的排污权交易实践始于20世纪90年代，积累了大量的经验。随着污染物排放总量空时计划和排污许可证制度的实施，中国的排污权交易已经具备了一定的条件。

一、总量控制

总量控制是污染物排放总量控制的简称，它将某一控制区域作为一个完整的系统，采取措施将排入这一区域的污染物总量控制在一定数量之内，以满足该区域的环境质量要求。总量控制既是一种管理思想，又是一种管理手段。在管理思想上，总量控制的概念是与浓度控制相对应的。浓度控制的核心内容是环境污染物的排放标准，例如我国的排污收费制度就是主要依据污染物排放的浓度标准。与之不同的是，总量控制包含三个方面的内容：一是污染物的排放总量；二是排放污染物的地域；三是排放污染物的时间。因此，总量控制是指控制一定时间、区域内排污单位污染物排放总量的环境管理手段。

二、总量控制计划的目标

根据《“十一五”期间全国主要污染物排放总量控制计划》的要求，“十一五”期间国家对 COD、SO_2 两种主要污染物实行排放总量控制计划管理，排放基数按 2005 年环境统计结果确定。计划到 2010 年，全国主要污染物排放总量比 2005 年减少 10%，具体是：COD 由 1 414 万 t 减少到 1 273 万 t；SO_2 由 2 549 万 t 减少到 2 294 万 t。在国家确定的水污染防治重点流域、海域专项规划中，还要控制氨氮（总氮）、总磷等污染物的排放总量，控制指标在各专项规划中下达，由相关地区分别执行，国家统一考核。鼓励各地根据各自的环境状况，增加本地区必须严格控制的污染物，纳入本地区污染物排放总量控制计划[①]。

三、排污权交易的实践

我国的排污权交易实践大致可以分为两个阶段：第一个阶段是总量控制之前的排污权交易，第二个阶段是总量控制下的排污权交易。

第一阶段开始于 1991 年，当年国家环境保护局在 16 个城市进行了排放大区污染许可证制度的试点工作，这些试点项目可以看做是中国排污权交易起步阶段的试点，因为该阶段还没有明确总量控制的污染控制战略，排污权交易更类似于排污补偿，并没有形成真正的交易。

第二阶段是随着总量控制计划的正式发布而开始的。总量控制计划的框架一经提出，太原、南通等重点城市的大型试点项目也随之启动。从此，排污权交易被作为实现总量控制目标的具体政策，这一阶段的排污权交易呈现出新的特点。除项目实践外，多年的实践已使排污权交易在一些地方的环境管理活动中表现活跃，并促使了一些地方性法规政策和管理办法的出台与实施。

但从总体上看，我国目前的排污权交易实践仍处于试点发展阶段，而且由于没有法律法规的认可，一般都是在特定的时间内，经行政部

① 中华人民共和国环境保护部. 国务院关于“十一五”期间全国主要污染物排放总量控制计划的批复[EB/OL]. 中华人民共和国环境保护部网站，2006.

门的安排后尝试进行的。对于以前长期处于计划经济体制下、排污权交易刚刚起步的中国来说，这是无法避免的。如何在环境管理工作中充分利用这一经济手段，还是一项十分艰巨的任务。

第六节　改进中国排污权交易的思考

排污权交易在中国取得可喜经验的同时，我们不能忽略在执行这一政策或利用这一工具时产生的一系列问题。

首先，在法律层面上，我国对于排污权交易的法律解释保障还不是很健全。一方面，我国的法律没有正式确定排污权交易。排污权交易的概念还仅存在经济管理和行政管理层面上，详细、具体的法律解释并不存在。进一步看，排污权交易是一种权利的体现，法律上并没有对这种权利进行阐述和解释。因此，在涉及产权明晰问题时，很难有相对完善的法律保障作为对排污权交易的充分支撑。另一方面，针对排污权交易这一复杂系统的相关法律也处于相对空白阶段。由于排污权交易涉及面广、部门多，很多问题若没有明确的法律操作，很难达到环保政策的最佳效果。

其次，总量控制与经济增长方式上存在着一定的矛盾。如今，我国很多地方衡量经济发展和增长水平的标准还停留在对 GDP 增长的单一要求上，这就造成了很多地方片面追求 GDP 增长而忽略环境保护，轻视集约经营，采取粗放经营的手段。在一定程度上，经济增长方式和总量控制之间的矛盾十分激烈，总量控制的地位在矛盾中处于下风。这就造就了以总量控制为前提的排污权交易需要面对更艰难的发展环境。

再次，初始分配排污权的公平性问题还是亟待解决的，尤其是在首次无偿分配排污权的问题上。由于初始分配不合理而导致的在旧污染企业和新改扩的污染企业间的不公问题日益凸显。这对很多企业的排污积极性及减排效果造成了一定的影响。

最后，排污权交易在一些地方的交易成本过高，导致了部分污染企业放弃排污权交易的行为。这一现象的产生，与我国特殊的国情有着必然联系。我国很多污染企业在乡镇和农村，对于少数的实力较强的企业来说，有能力承担排污权交易成本，而更普遍的情况是，众多的乡镇企业由于无力承担排污权交易成本，造成了更大范围的环境污染。

面对上述问题，有些方式和方法是可以借鉴和考虑的。

首先，建立健全有关排污权交易的法律保障。第一是需要出台法律，正式确立排污权交易在法律上的意义和地位，这一点可以参照美国的做法，通过立法手段确定排污权交易；第二是需要出台相对应的、操作性强的法律法规保障，对排污权交易的全过程进行法律支持。在很多地方试点成形的地方条例和管理办法也可以纳入这一系统中，根据不同地方的特殊性，给予一定的法律支持。

其次，国家有必要对单一的、相对粗放的经济增长方式作出一定的调整。将经济增长和总量控制间的矛盾尽量调和。只有保证了总量控制这一大前提，排污权交易才能在理论和实际上可行，否则排污权交易的成长环境将越发脆弱。

再次，对于排污权首次分配的公平性，应该充分遵循“污染者付费”的原则，考虑对首次分配进行有偿处理。保证拥有排污权企业的减排积极性，规范排污权交易市场，减少非公平性对排污权交易的负面影响。

最后，对于排污权交易市场进行更为严格的监督和扶持。既然排污权交易是一种市场行为，在不完全竞争的情况下，很多问题就需要政府通过宏观调控和市场监督来解决。对于排污权交易成本较高的问题，政府应该采取更积极的态度进行处理，规范市场秩序，用“看得见的手”引导更多的弱势乡镇企业通过排污权交易对环境保护作出贡献。

随着经济体制改革的深入，市场机制在我国经济生活中调节作用的加强，企业经营机制也在逐步发生变化。因此，应用经济学手段保护环境、管理环境将会发挥越来越重要的作用。随着全国实行主要污染物排放总量控制计划和排污许可证制等相关制度的不断完善，排污权交易必将显示出其特有的作用。

参考文献

[1] 波特内. 环境保护的公共政策[M]. 北京：三联书店，1993.

[2] 郝喜顺. 总量控制排污许可证管理与实施[M]. 北京：中国科学环境出版社，1991.

[3] 国家环境保护局. 中国排放大气污染物许可证制度[M]. 北京：化学工业出版社，1996.

[4] 李蕾. 排放大气污染物许可证制度试点工作[M]. 北京：中国环境年鉴社，1995.

[5] 厉以宁，章铮. 环境与自然经济学[M]. 北京：中国计划出版社，1995.

[6] 刘启峰. 污染物排放总量计划[M]. 北京：中国环境年鉴社，1996.

[7] 马中. 环境与自然资源经济学概论（第 2 版）[M]. 北京：高等教育出版社，2006.

[8] 马中，杜丹德. 总量控制与排污权交易[M]. 北京：中国环境科学出版社，1999.

[9] 吴健. 排污权交易——环境容量管理制度创新[M]. 北京：中国人民大学出版社，2005.

[10] 中国环境科学学会. 实施主要污染物总量控制的理论与实践[M]. 北京：中国环境科学出版社，1996.

[11] 中华人民共和国环境保护部. “十一五”期间全国主要污染物排放总量控制计划[EB]. 中华人民共和国环境保护部网站，2006.

[12] 祝兴祥. 中国的排污许可证制度[M]. 北京：中国环境科学出版社，1991.

第十一章　中国环境财政[①]

第一节　公共财政与环境财政

一、积极的公共财政改革

1994 年以来，中国财政收入一直呈现持续快速增长的势头。2009 年实现财政收入 66 200 亿元。这个数字是 1994 年财政收入（5 218 亿元）的 12 倍多。政府财力，尤其是中央政府财力的快速增长，为建立公共财政、改革环境财政创造了有利时机。

市场化是经济增长的发动机。但是市场不能代替政府的管理和调控职能，尤其是在环境保护和扶贫等公共部门。当市场机制成为资源配置的主要方式，政府作为“看得见的手”，利用公共财政体系，应当充分发挥引导市场，纠正市场失效的作用，保证市场经济的健康发展和公共服务的可靠提供。

① 本章大部分内容主要来自作者于 2003 年至 2005 年主持的《国合会环境和自然资源定价与税收课题组》项目报告中由其主笔的部分。

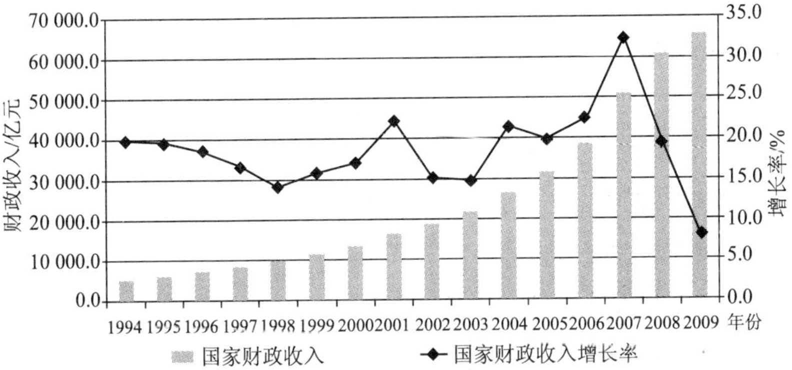

图 11-1 1994—2009 年国家财政收入及增长率

公共财政是在市场经济条件下，为满足社会公共需要而进行的政府收支活动或财政运行机制。国家以社会和经济管理者的身份参与社会分配，并将收入用于政府的公共活动支出，为社会提供公共产品和公共服务，以充分保证国家机器正常运转，保障国家安全，维护社会秩序，实现经济社会的协调发展，满足社会公共需要。公共财政是政府集中一部分国民生产总值或国民收入来满足社会公共需要的收支活动。它的三个基本特征是：着眼于满足社会公共需要，立足于非盈利性以及收支行为规范化（高培勇，2002）。

早在 1994 年，我国就开始了分税制的财政收入改革。分税制是根据事权和财权相结合原则，按照税种划分为中央财政收入和地方财政收入。而对财政支出的改革，则是近几年的事。随着改革开放的深入和市场经济体制的逐步完善，财政支出除了对经济进行宏观调控以外，更多地放在提供公共物品，满足公共需求上面。虽然财政支撑和维持企业运转的“建设财政”，维持政府公务运转、满足官员糊口需求的“吃饭财政”，以及大建基础设施、拉动消费和经济增长的“投资财政”在一定时期内还将继续存在，但是公共财政改革却是大势所趋。1998 年年底举行的全国财政工作会议是中国财政改革与发展走上公共性道路的重要标志。1998

年 12 月 15 日，在全国财政工作会议上，国务院提出初步建立公共财政基本框架的改革目标。“公共财政”目标模式的建立，意味着中国财政模式改革的质变即将发生。中国共产党十五届五中全会首次明确提出：“逐步建立适应社会主义市场经济要求的公共财政框架。”温家宝总理在 2005 年的政府工作报告中再次提出建立和完善公共财政。这标志着公共财政在中国被正式确立为社会主义市场经济下财政改革的目标模式。

环境安全是经济可持续增长的重要保障，作为环境容量与自然资源十分稀缺的发展中国家，中国面临的发展与环境的矛盾空前尖锐。环境危机已经直接危害到国民的生存环境、市场经济的有效运行、社会的稳定和可持续发展。环境保护中存在的市场失效，要求政府积极实施干预，提供环境安全这一极其重要的公共物品和服务。因此，应当把环境保护纳入公共财政的范畴，使环境财政成为公共财政的重要组成部分。

二、环境财政的定义与内涵

环境财政是国家为保护生态环境和自然资源，向社会和公众提供环境服务、保障国家环境安全所发生的政府收入与支出活动。由于公共部门定价也直接和间接影响政府的财政收入和支出，本报告所讨论的环境财政也包括与环境相关的公共部门定价。

环境财政是政府公共管理职能的具体体现，是保证政府履行政治承诺，实施环境管理事权最重要的手段之一，主要包括财政收入（税收）、财政支出和公共部门定价三个组成部分。

环境财政的职能是：

1．通过财政支付，支持政府和相关部门履行保护生态环境和自然资源的职能；

2．通过财政投资，向社会提供公共环境服务；

3．通过税收、定价等手段，筹集用于环境保护的资金；

4．通过税收、定价、投资手段，调节社会对生态环境和自然资源的经济行为，提高资源利用效率。

环境财政的总体目标是：通过建立、改革和完善财政收入、支出和定价政策及管理体制，保护生态环境和自然资源，实现社会经济的可持续发展。

环境财政的具体目标是：

1．建立统一的环境财政体系，并把环境财政纳入目前正在建立的公共财政框架；

2．加强政府的环境保护职能，提高环境保护政策的执行效果和效率；

3．纠正环境保护中存在的市场失效；

4．推动循环经济的发展；

5．发展市场机制在环境保护领域的应用。

三、环境财政的基本原则

（一）有助于社会经济的可持续发展

1. 保持经济稳定、健康、较高速度地增长；
2. 向社会提供完备、高质量的环境服务；
3. 保障国家的环境和资源安全；
4. 消除区域、城乡差异；
5. 统筹协调跨行政区、跨部门和跨代利益；
6. 推动循环经济的实施；
7. 促进节约型社会的建立。

（二）控制污染环境和破坏自然资源的行为

1. 显著降低主要污染物排放；

2. 提高单位 GDP 的资源和能源效率；

3. 提高污染控制设施和环境治理投资的使用效果和效率。

（三）纠正市场失效

1. 在市场不能发挥作用的领域，充分发挥政府的职能和作用；

2. 当市场暂时不能发挥作用时，填补空白，避免损失；

3. 培育和创建市场机制。

（四）提高政府综合管理环境和自然资源的能力

1. 综合运用财政支出、税收、价格等手段；

2. 与其他公共财政事务协调，联合实现政策目标，例如扶贫、农村财政改革；

3. 加强国家环境、生态、资源的监测能力；

4. 提高国家收集、管理、使用环境资源信息的能力；

5. 加强主管部门行政执法的能力；

6. 加强主管部门的环境和资源决策能力及执行能力。

（五）发挥公共财政引导、带动和调节全社会资源配置的作用

通过资本运作等方式，实现公共财政资源与包括私人资源在内的一切社会资源的优化组合，共同为环境保护作出贡献。

第二节　环境财政在中国的应用

中国在环境保护工作中，已经利用了一些支出、税收、定价等环境财政手段。

一、环境财政支出

中国政府的财政支出已经体现了政府为环境保护所做的努力。“八五”期间，各级政府用于环境与资源保护的财政支出为 650 亿元（包括地方财政列支的排污收费资金 123 亿元），占同期国家财政总支出的 2.67%，其中中央财政支出 54 亿元，地方财政支出 596 亿元，分别占同期中央和地方财政支出的 0.74%和 3.49%。[①]1998 年起发行的 8 000 亿元长期建设国债中，有相当部分用于环境和资源保护。1998—2002 年，国债用于农林水利和环境保护的资金占同期国债资金的 38%（包括天然林保护、退耕还林等工程项目），其中用于环保项目的支出达 613 亿元，[②] 占同期国债资金总额（6 600 亿元）的 9.3%。

我国自 2007 年 1 月 1 日起根据财政部《政府收支分类改革方案》和《2007 年财政收支分类目录》，在财政支出科目下首次设立了“211 环境保护”支出科目，分设 10 大款 50 小项，包含环境保护管理事务、环境监测与监察、污染防治、自然生态保护、天然林保护、退耕还林、风沙荒漠治理、退牧还草、已耕草原退耕还草、其他环境保护支出等。新的财政支出科目体现了公共财政在环境保护领域的重大进展。

随着中国能源与环境形势日益严峻，近年来中央和地方政府加大了对环境保护的投入力度，2008 年中央财政环境保护支出为 1 040.3 亿元，比 2007 年增加 91.4%。其中，中央本级支出为 66.21 亿元，占 6.4%，其余为对地方的转移支付。地方则以江苏、安徽和青海为例，2008 年三省的环保支出依次为 95.18 亿元、54.74 亿元和 52.93 亿元，分别增长 97.1%、45.4%和 248.8%。然而，与农村、教育、交通、水利、科技

① 王金南.环境投融资战略[M]. 北京：中国环境科学出版社，2003：93.
② 主要用于城市环保基础设施建设；“三河三湖”及“渤海碧海”水污染防治；三峡库区水污染防治；城市给排水配套管网工程；北京市环境综合治理；环保设备国产化等项目。

等方面相比，目前各级政府的环境保护支出规模仍然偏小，环保支出所占比重相对较低，中央与各级地方政府亟待进一步增加环境保护方面的财政支出（见图 11-2）。

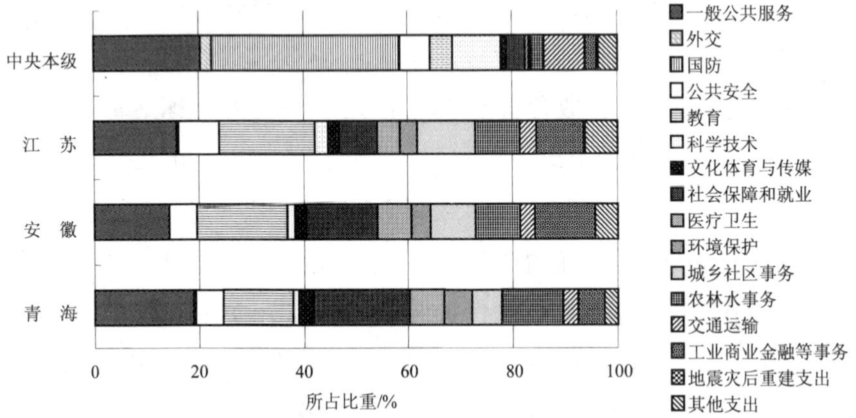

图 11-2　2008 年中央及地方财政支出结构

二、环境税收

在中国现有的税收制度中有一些与环境和自然资源关系密切的税种，包括资源税、燃油税、消费税、城市建设维护税、车船使用税、城镇土地使用税和耕地占用税。但是由于环境保护不是主要税收目的，每年国家用于环境保护的财政支出远远超过此类税收收入。这些税更多是具有保护环境的潜力，而不是真正意义的“环境税”。

在现行的税制中，还有一些税种通过税收支出（如税收减免），产生了或者预期产生环境保护效果。例如消费税、增值税、所得税、营业税、农业税、关税等，都通过税收优惠体现对环境保护的考虑，特别是对资源综合回收利用、清洁能源、环保产业的鼓励。其中增值税、企业所得税、营业税、关税等大税种，由于税收额度大，所附加的税收优惠已经成为政府利用税收手段体现环境保护考虑的重要形式。

中国的排污收费政策自 1978 年开始实施至今，全国累计征收总额已经超过 1 400 亿元。排污收费通过部分地把环境外部成本内在化，试图改变污染者的行为，同时增加财政收入。与此类似的还有水资源使用收费。

中国现行税制理论上是双主体的税制结构中，没有独立的环境税，特别是排放税，只是在一些整个税收体系中包含一些有环境保护意义的条款，这已经在一定程度上不适应环境保护和税制改革发展的需要。无论从资源合理使用、环境保护还是纠正扭转市场失灵的角度，都表明设立独立的环境税有其必要性。

三、环境定价

中国已经确定并在逐步完善“宏观经济调控下主要由市场形成价格”的机制。对于关系国计民生的极少数商品、资源稀缺的少数商品、自然垄断经营的商品、重要的公用事业和公益性服务，实行政府指导价或者政府定价。环境物品及对环境有显著影响的公共服务，存在较强的外部性，应当是政府定价活动的主要内容。

目前中国与环境保护关系密切的公共定价主要是水价、电价和油价。其中水价中的水资源费、城市污水处理费和电价中的燃煤电厂脱硫电价，与环境有直接关系。我国 36 个大中城市除拉萨以外，全都开征了污水处理费。自 2004 年 4 月 1 日起，京津唐地区试行上网脱硫电价，规定已安装脱硫环保设施的新投产燃煤机组，含税上网电价比未安装脱硫设施的新投产燃煤机组每度电提价 1.5 分。2005 年 4 月，国家发改委又陆续发布东北、华中、华东、华北、西北、南方等电网执行脱硫电价的政策。2010 年国家发改委和国家环保部联合下发的《燃煤发电机组脱硫电价及脱硫设施运行管理办法（试行）》规定，新（扩）

建燃煤机组必须按照环保规定同步建设脱硫设施，其上网电量执行国家发改委公布的燃煤机组脱硫标杆上网电价；现有燃煤机组应按照国家发改委、国家环保部印发的《现有燃煤电厂 SO_2 治理“十一五”规划》要求完成脱硫改造，其上网电量执行在现行上网电价基础上每千瓦时加价 1.5 分钱的脱硫加价政策。

第三节　中国环境财政面临的挑战与机遇

不断加剧的环境问题、高速增长的经济、错综复杂的管理体制，都对中国的环境财政的创建和改革提出了严峻的挑战。但是，最高决策层的政治承诺、迅速增强的政府财力、公共财政的创建、政府管理体制的改革，也为中国环境财政创造了千载难逢的良机。冷静分析挑战带来的困难，紧紧抓住历史机遇，环境财政就能够脱颖而出，成为解决中国环境问题的主导力量。

一、中国环境财政面临的挑战

（一）政府环境事权不明确导致环境财政缺位

政府的环境保护责任，应当遵循“一级政府、一级事权、一级财权、一级权益”的原则。政府环境事权的管辖范围应当与环境问题的影响范围相对应。影响范围限于特定行政管辖区的环境问题，属于地方性环境服务，应该由地方政府负责；如果环境影响范围是跨行政区的，甚至是全国范围的，就是全国性公共物品，应该由中央政府管理。中央政府环境事权主要是解决具有跨行政区、跨代外部性的国家环境问题。

由于中央与地方、政府与市场之间的环境保护事权划分不明确，一些应当由中央政府负责、具有国家公共物品性质的环境保护事务，例如跨省流域水环境治理、国家级自然保护区管理、历史遗留污染物处理、国际环境公约履约、核废料处置设施建设等，严重缺乏环境财政的支持。如果不及时填补这些市场和地方政府不可能发挥作用的空缺，国家的发展和环境安全就会遭遇严重威胁。

（二）当前的财政支出无法实现国务院环境保护的要求

按照科学发展观和公共财政的要求，国务院明确提出，着力调整财政支出结构和国债资金投向结构。对属于公共财政范畴的，财政“缺位或不到位”的环境和生态建设，要加大投入和支持的力度，努力促进“五个统筹”和全面协调发展。但是目前的财政支出结构和形式，还不能实现国务院的上述要求。

按部门和项目配置环境财政资金在某种程度上是“问题”导向的结果，往往具有应急的性质。随着国家财政支出重点的变换，可能导致环境财政资金不可持续，甚至造成已投入资金的浪费。例如，国家财政重点在 2004 年转向农村财政改革后，退耕还林的财政资金投入就受到一定影响。

现有环境财政资金使用效率不高，在一定程度上动摇了对环境财政重要性的认识。例如用于城市污水处理厂建设的国债资金使用效率不高，使一些人怀疑中央财政资金用于污水处理厂建设的合理性。应当明确的是，通过统筹规划、加强监督和评估，可以提高财政资金的使用效率。资金的效率低和效果差，正说明建立和改进环境财政的必要性和重要意义，而不应该成为否定环境财政的理由。

（三）环境保护还没有纳入中国税制改革的主流

中国的税收体系已经经历了多次重大改革，主题仍然是拉动经济增长，增加财政收入。但是应当承认，在任何处于经济转型和起飞期的国家，这都是一个必然经历的税改进程。将环境保护纳入税收改革的目标体系，实质上是经济体制改革中校正政府定位、进一步完善和健全社会主义市场经济宏观管理体制的必然要求。

中国目前正在进行的税制改革，虽然涉及一些与环境和资源高度相关的税种，例如考虑提高煤炭、石油、天然气等自然资源的税率。但是保护环境和促进自然资源的可持续利用还不是资源税改革的主要目标。在资源利用效率偏低、稀缺程度提高的情况下，不考虑环境成本仍然可能导致资源税税率偏低。此外，资源税仍然不包括森林和水等可更新资源。

决策者在考虑制定利用税收手段促进环境保护的决策时，如果影响面大，往往过度担心或过高估计可能对社会稳定和经济增长的负面影响。而对可能产生的社会、经济、环境效益，往往估计偏低。这样的判断失误会导致决策迟疑，错失改革良机。燃油税和小汽车购置税就是这样的例子。与此相对应的是，有些促进环境保护的税收手段，在决策时对市场力量估计不足，结果是没有达到预期的政策效果。例如对风力发电和垃圾发电的税收优惠政策。

中国以环境保护为目的的收费，例如排污收费、水资源费、垃圾处理费等，虽然经历了不断改革，已经基本纳入财政体系，但还是以税外收费的形式存在，没有被正式纳入税收的范围。

凡此种种，表明中国还没有形成一个统一的环境和自然资源税收体系。

（四）公共定价对环境成本考虑不足

中国现行包括环境考虑的公共定价（例如水价、电价），主要定价依据仍然是生产成本。主要关心的仍然是价格变动对生产成本和消费水平的影响，以及企业能够获得的利润。在大多数情况下，环境定价还没有做到完全真实地反映长期环境治理和环境损害成本，仍然是以透支环境的方式提供公共服务。这样的价格机制无法激励环境治理和改变生产者、消费者破坏环境的行为。

现有的环境定价基本没有考虑地区间经济水平、环境重要性和环境效益的差异。由于前述的经济发展和生态环境的不对称关系，不考虑差异的统一定价，不仅不能填补市场遗留的空白，还会对市场力量推波助澜，进一步加剧市场失效和趋利冲动。

（五）体制障碍导致环境财政虚弱

公共财政决策具有相机、应急和长期、稳定的双重性质。如果过度重视应急功能，而缺乏长期规划，不仅使得环境保护无法全面进入公共财政框架，而且已经投入的资金也无法持续。例如自 1998 年以来，国家已经数次调整财政投入的重点：从水利、林业，转向公共卫生、农业；重点区域从西部转向东北老工业基地，又转向中部地区。在此背景之下，环境财政的安全保障和市场调整功能就很难实现。

政府有关职能部门之间的利益冲突也导致环境财政功能弱化，主要表现为：

1．一些环境保护领域财政预算长期不足（例如国家级自然保护区的资金）；

2．部门政策目标间缺乏协调，丧失了利用协同优势（共赢）的机会；

3．借助公共财政资源，牺牲公共利益，满足部门需求。

环境保护作为一个年轻的公共部门，在现行财政体制中处于弱势。在公共财政改革进程中，环境财政还将遇到来自其他公共部门的竞争。在解决 “缺位或不到位”的问题时，政府的注意力往往习惯性地投向传统公共部门，环境保护的重要性无法落实。

环保部门内部的认识偏差进一步削减了本来就很虚弱的环境财政。

例如片面理解“污染者付费”原则和过分强调依靠市场机制。广义的“污染者付费”原则是基于宏观费用效益分析的，强调效率最大化。而不是主要关注微观主体的行为。一些环境保护政策过度强调市场的作用，却忽视政府对市场失效的纠正作用和创建市场的导向作用，这使得在一些环境保护领域原本就十分薄弱的环境财政手段更加疲软。

二、中国环境财政面临的机遇

（一）中国正处于建立环境财政的最佳时机

中国是世界上财政、税收、价格改革最为积极活跃的国家。当前正是环境财政全面正式进入公共财政体制的重要契机。经济持续快速增长，市场化进程不断深入，财政收入大幅度增加，公共财政体制不断完善，国债项目投资方式转变，财政支出结构的调整，各级政府对生态环境的重视，都为建立、实施以环境财政支出、税收、定价为核心内容的环境财政提供了难得的历史机遇。

中国的财政体系经历了“吃饭”财政、“拉动增长”财政和公共财政三个阶段，使持续、稳定、高速增长的国民经济为今天建立公共财政奠定了坚实基础。有两个事实决定了环境财政必须抓住时机。一是财政收入高于 GDP、居民收入的速度大幅度增长不可能持续很长时间；二是环境财政作为新生需求，建立和发展的机会更多取决于财政收入的增量部分。环境财政如果错过这个机会，制度创新成本要昂贵得多。

（二）税制改革为深化环境税改革创造了条件

随着公共财政体制的不断完善，中央和地方政府越来越频繁地使用税收手段对重大经济和社会问题实施调控。除了在全国范围逐步取消农业税这一重大决策，还提高个人所得税起征点、取消和恢复纺织品出口退税等。与环境关系密切的税收改革行动包括提高一部分资源税的税率，对大排量汽车征收高额消费税、搁置 10 年的燃油税也重新提上议事日程。

应当看到，尽管当前税收改革主要关注的仍然是经济发展问题，环境税改革的机会比过去任何时期都要多。环境税应当审时度势，利用有些与环境关联性高的税种改革的机会，及时切入，就可以收到事半功倍的效果。

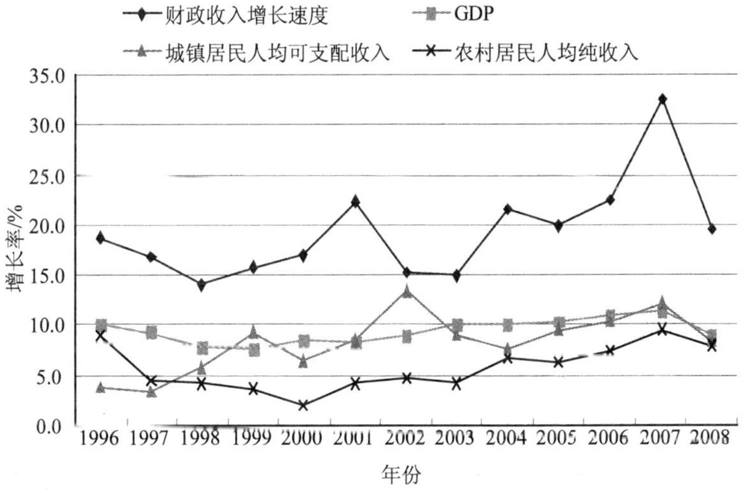

图 11-3　1996—2008 年中国财政收入、GDP、城镇居民人均可支配收入与农村居民人均纯收入增长率

（三）已有的研究成果为环境税改革提供了有益的参考和借鉴

中国关于环境税的研究已经进行多年，主要提出了三种方案：

1．新设环境税，包括开征专门的硫税、碳税等；

2．改进现有税制的环境保护功能，包括改革资源税的税目、税率；扩大消费税的征税范围，将污染或资源消耗严重的产品纳入课税范围，如对矿物燃料进行征税；

3．费改税，主要是将排污收费等纳入税收体系。

环境税研究的结论虽然不尽一致，但却提出了值得深入思考的问题。第一，中国的环境税改革是定位于实现环境保护目标，还是推动整体税制的改革，例如税制绿化；第二，环境税的功能是增加财政收入、筹集环境保护资金，还是调节环境行为；第三，环境税的重点是新设税种、还是调节已有税种的税率、税目；第四，如何加强环境税管理和实施的可行性；第五，如何把环境税的研究真正纳入中国税制改革的主流。

（四）经济发展拓展了环境定价的空间

在经济不断发展的条件下，环境的收入富有弹性特征使得基于真实环境成本的公共定价变得更加可能。例如，人们的环境保护支付意愿会愈来愈高。价格提高后带来的资源节约和环境质量改善的经济效益，会抵消成本的增加。

在财政支出、税收等其他政策手段的配合下，环境定价还可以获得更广阔的决策空间。例如综合运用财政转移支付和税收优惠，不仅可以降低定价水平，适应不发达地区的支付能力，还能够提升这些地区的投资吸引力，加速市场机制的建设。

第四节　关于环境财政的政策建议

一、建立国家财政体系

借助建立公共财政的历史机遇，明确政府职能，加强决策能力，整合环境财政资源，在公共财政框架下，建立国家环境财政体系。

1. 明确界定中央政府的环境事权。

根据环境问题的公共物品性质，界定中央政府环境保护和生态建设事权。使环境财政支出、税收和定价职能成为行使环境事权的重要手段。中央环境财政保障国家公共利益，而不是地方、集团、部门的利益。

2. 明确中央政府有关部门的环境财政职能，主要包括：

(1) 国家发改委制定环境相关公共价格的职能；

(2) 财政部编制环境财政支出预算的职能；

(3) 财政部和国家税务总局制定环境相关税收政策的职能；

(4) 国家环保部等部门参与制定和监督执行环境财政政策的职能。

3. 建立环境财政的协调、评估机制。

(1) 为实现环境保护的要求，环境财政支出、税收、定价等手段应当配合使用；

(2) 建议成立中央环境财政协调工作组，由财政部牵头，有关部门参加，负责协调环境财政支出、税收、价格政策的制定和执行；

(3) 有关部门应当定期评估各种环境财政政策的有效性。

4. 加强环境财政决策支持能力，建议成立独立咨询专家组，为有关部门提供决策支持。

(1) 为环境财政决策过程提供技术支持，主要是对发改委、财政部和税务总局制定环境财政支出、税收、定价政策提供支持。包括：

① 评估环境定价政策的环境、经济、社会影响；

② 分析环境保护财政投资的环境、经济、社会效果；

③ 分析环境税收改革方案的环境、经济、社会可行性。

(2) 评估环境财政政策的执行效果。包括：

① 环境定价政策执行效果；

② 环境税收方案执行效果；

③ 环境财政资金使用效果。

5. 增强决策和预算执行透明度、公众参与和引入公共支出项目的竞争机制，提高环境财政监管能力，提高公共财政支出的使用效率。

二、设立保障资金

按照公共财政的要求，根据中央政府环境事权，建立独立、稳定的环境财政支出科目，为政府行使环境事权、履行环境保护职能提供资金保障。

1. 在中央财政预算中尽快设立独立的环境保护科目。为了保证该科目发挥作用，需要尽快把目前由各个部门分别管理、散落在不同资金科目、以不同形式存在的属于环境财政支出的资金，统一纳入环境保护科目实施预算内管理。

2. 政府要对环境问题的滞后性、长期性、不确定性和不可逆性有充分认识和准备，政府的环境财政支出应当保持稳定和连续。在公共财政框架内，环境财政政策不完全等同于调控宏观经济的财政政策。经济运行的波动和调控，不应影响国家环境财政政策的连续性。环境财政支出是一项功能性政策，必须长期、连续、稳定地发挥作用。

3. 修正目前环境保护投资的两个统计口径：按资金来源分别统计环境保护投资总量；按资金来源分别核算环境保护投资占国内生产总值比重。

4. 明确一个总量和三个比重：

（1）在国家“十一五”社会经济发展规划中明确规定中央环境财政支出的总量；

（2）在国家“十一五”社会经济发展规划中明确规定中央环境财政支出总量占 GDP 的比重；

（3）在国家“十一五”环境保护规划中明确规定中央环境财政支出

总量占环境保护投资的比重；

（4）在中央财政预算中明确规定环境财政支出总量占总预算的比重。

专栏 11-1 在规划中明确政府的环境保护财政投资

在国家“九五”“十五”环境保护规划中，都规定过环境保护投资的总量和占 GDP 的比重。正在编制的国家“十一五”环境保护规划中，提出的环境保护投资总量为 14 000 亿元，占同期国内生产总值的 1.5%，比“十五”期间提高 0.2 个百分点。

但是，无论是规划环境保护投资，还是统计完成的环境保护投资，都没有明确其中有多少是政府的公共财政支出，有多少是企业的商业资金。由于商业资金的信息不可得和统计不准确，环境保护投资规划往往难以做到可行，环境保护投资统计也无法做到可信。

5. 中央环境经常性预算和支出的目标是加强中央政府环境保护和生态建设主管部门的管理能力，以满足市场经济迅速发展和环境问题日趋严重的需要。重点是：

（1）为中央政府环境保护和生态建设主管部门提供管理经费，包括执行法律、政策的经费；

（2）为环境保护和生态建设事业活动提供经费，例如环境监测、自然保护区管理；

（3）向生态环境具有全国重要性但是贫困落后的地区的环保和生态资源管理部门提供部分管理经费；

（4）为基础环境科研和教育项目提供经费。

6. 中央环境建设性资金应该重点支持具有国家重要性、公益性、外部影响范围大的环境保护项目，包括：

（1）跨行政区环境治理项目；

（2）重要生态系统和自然遗产的保护；

（3）国际环境公约的履行；

（4）历史遗留污染物及场地处理；

（5）危险废弃物处理处置；

（6）污染事故的应急处理，等等。

7. 建立规范的环境保护财政转移支付制度。通过转移支付平衡地区间环境成本和收益的分配格局，尤其在一些具有全国或跨行政区域的环境问题上，以及旨在为全国民众提供生态服务的生态恢复工作中。转移支付应重点考虑低收入或经济发展水平低的地区（包括居民收入和政府财政收入低的地区）和有重要环境或生态意义的地区，例如河流的中上游地区、生态脆弱地区等。

专栏 11-2　黄山的发展战略选择

黄山市地域面积近 10 000 km^2，人口 170 万。黄山向以风景秀美、人文荟萃闻名于世，是世界自然、文化双遗产、世界地质公园、国家 4A 级风景名胜区。黄山的大气质量和水质仍然保持在一级、二级的水平，森林覆盖率达到 75%，产业结构是 17∶38∶45。这样的生态环境和社会经济指标，在中国内地城市是非常少有的。

尽管黄山被普遍认为是最佳的旅游地区，但是搞了 10 年旅游，黄山与一衣带水的浙江省的发展差距越拉越大。黄山正在考虑是否改变发展战略，走工业化的道路。

对于黄山这样的国家重要资源，人类珍贵遗产，如果中央政府不加援手，完全依赖市场力量和地方政府，“先污染，后治理”就是必经之路。为了避免重蹈覆辙，包括环境财政在内的公共财政可以发挥重要作用，发展循环经济和走新型工业化道路。

三、发挥政府环境定价的职能，纠正市场失效和体制失灵

1. 环境相关的政府定价活动应该充分考虑环境保护目标和要求，纠正环境保护的市场失效，让政府定价成为弥补环境服务成本、引导和建立环境服务市场的有效机制。

2. 基于环境治理成本的环境定价应当考虑相应治理活动的有效性。环境定价应当与环境监测联动，以排放监测报告作为享受环境定价的条件，使环境定价成为改善环境的有效手段。

3. 改进环境定价的决策机制，包括：

（1）加强中央政府对地方环境定价的管理。省人民政府提出环境定价方案，应由国家发改委组织异地专家论证，经中央政府价格主管部门批准后实施。

（2）对于具有跨省影响的同一环境服务，应当避免部分地区价格上涨过快，因而出现地区间价格差异过大的局面。由于存在信息不对称、行业垄断、私人利益最大化和地方政府寻租，价格差异过大不仅会损害广大消费者的利益，还会使一些企业获得超额利润，抑制公平竞争，助长行政腐败，浪费环境保护资金，阻碍环境目标的实现。

（3）考虑到与环境定价相关的技术信息具有很强的专业性，环境定价方案应由价格主管部门聘请独立咨询专家论证，并将论证结果与定价方案一并提交社会听证。

(4) 要保证环境保护团体、专家有充分机会参与环境价格决策过程，价格听证程序要透明，信息公开。

4. 为了实现环境保护目标，当社会支付能力不足时，可以运用其他财政手段支持环境定价机制，例如税收优惠、财政转移支付。但在市场机制建立后，财政支持应当及时退出。

四、在环境财政的总体框架下设计环境税收的改革

1. 环境税改革的主要目标是调整社会的环境行为，筹集环境保护资金不应成为环境税的主要目标；环境财政支出不应依赖于环境税收手段；环境财政支出制度建立之后，应进一步调整排污收费的使用方法。

2. 研究通过环境税收政策，推进税制绿化的可行性。国际经验表明，公共财政改革逐步深化后，税制绿化将会成为保证公共财政可持续性的重要条件。虽然目前我国开征环境税的条件还不够成熟，但是应该认识到，基于环境保护的考虑，从税种和税率调整开始，逐步过渡到新税种的建立，进而调整税制结构，是一个循序渐进的改革进程。建议从中长期税制改革的战略高度，加强环境税的研究，作为今后深化公共财政改革的政策储备。

3. 在与环境和自然资源关系密切的重大税收改革方案中，切实把环境考虑作为决策依据之一，包括执行环境影响的费用效益分析。例如资源税、小汽车消费税以及近期重新提上议事日程的燃油税，其税目、税率制定应当充分考虑可能产生的环境影响。

4. 在资源税改革中，设置水资源税税目：

（1）水资源价格目前表现为水资源费，我国水资源价格长期偏低，基本没有考虑水资源的耗竭成本和环境成本。建议根据不同地区的水资源稀缺程度，参照水资源开发利用的长期边际成本和环境成本，征收水资源税，促进保护水环境和节约利用水资源。

（2）水资源税收入纳入中央和地方财政，地方财政部分用于地方水资源保护；中央财政部分用于解决跨省流域的水环境保护、水资源利用和长期代际补偿问题。

（3）水资源价格提高必将导致城市供水价格上涨，建议城市供水定

价实施阶梯式水价政策。本研究表明，在监督和执行措施到位的情况下，实施阶梯式水价能够将水价负担从贫困家庭转向富裕家庭，并且改善贫困家庭的福利。

第五节　环境财政手段的国际经验与意义

无论是在发达国家还是在发展中国家，环境财政改革都得到了广泛的应用。虽然其推行原因和作用效果不尽相同，但是关于环境财政改革的知识正在被广泛应用，而且得以不断扩充，其中不乏一些重要且具有普遍性的经验。

一、社会和经济效益

环境财政改革可以提供更加完善的市场激励机制。与对抑制经济获益活动的征税（例如对工资和储蓄征税）不同，环境税费抑制的是那些带来社会不良效应的活动，例如污染和废弃物的产生与排放，通过改变对不同经济活动的激励，形成更加良好的市场环境。

环境财政改革对企业的劳动生产率和竞争力也有着积极而直接的影响。例如，上述由环境财政改革带来的税种结构变化会导致劳动力成本降低，从而刺激就业增加。以德国为例，随着“生态税”的执行，据估计，到 2003 年由税种变化所提供的就业机会将增达 250 000 个。从更长远的角度考虑，环境财政改革还将有力地刺激技术进步和更高效率生产技术的采用，使企业在国际市场上更具竞争力。仍以德国为例，由于很好地设计了环境财政改革，部分产业在技术上甚至已处于国际前列。

环境财政改革可以为经济可持续增长打下基础，尤其是对自然资源依存度高的经济。通过环境财政手段的设计，可增加国家的自然资源租金收益，为经济积累财富。否则，自然资源租金收益将被分散或被转化为私人利益，而且经常流向国外。纳米比亚渔业的例子很好地显示了环境财政改革是怎样帮助一个国家从资源财富中获益的（详见专栏 11-3）。

专栏 11-3　为政府获得自然资源的财富——纳米比亚渔业案例

纳米比亚在 1990 年独立以前，海洋资源的使用在很大程度上是不受控制的，沿岸水域过度捕捞的情况十分严重（主要是欧洲船队）。然而在 1991 年，纳米比亚政府推行了海洋资源基金税，对卸到岸上的捕获物按吨征税。这一举措的直接结果是：到 2000 年，纳米比亚人已经拥有 90%以上的海洋渔业资源，创造了约 2.2 亿美元的 GDP。间接效益也一样显而易见：1990 年以前还不存在的渔业加工厂已经迅速发展起来，雇员人数正在增加。

二、环境效益

环境财政手段实现政府的环境目标。国际经验表明，环境财政手段为政府提供了灵活的干预手段，以实现自己的环境承诺和目标。

专栏 11-4　英国的经验：通过税收改进环境质量

1997 年，英国政府在其发布的《环境税收意向声明》中提出了环境税目标，并确定了环境税政策的指导原则，以此确定了环境财政政策的基本框架。自 1997 年以来，政府已经采用了一系列新的环境税来解决特定的环境问题，例如，气候变化税和垃圾填埋税。该政策的实施使得英国现在已经有可能达到京都议定书所确定的减排目标。为了更大程度地鼓励环境保护，政府还改革或调整了一系列其他的税收，例如：实行燃料税差别税率，以鼓励清洁能源的使用；为了鼓励使用清洁汽车，取消了以前的统一消费税，对污染程度不同的汽车适用分级的消费税；还引进了基于行驶里程的道路使用收费办法。还有一些领域，例如垃圾、农业，交通和城市能源效率等，也正在进行环境财政改革。

资料来源：英国财政部（2002）。

环境财政手段有利于改善环境质量，提升公众健康。几乎所有国家的研究都显示，健康问题与环境污染有关，日益加剧的污染造成了日益严重的公共健康问题。以泰国为例（见专栏 11-5），泰国利用财政手段鼓励从不清洁能源向清洁能源转换，结果在非常短的时间内就取得了显著的健康效益。据估计，泰国推行“能源转换税”仅两年，避免健康成本所节约的费用就约为每年 20 亿美元，或人均 270 美元(以 1996 年价格计)。

专栏 11-5　通过采用财政政策减少城市空气污染——泰国案例

直到 19 世纪 80 年代，泰国的石油产品（包括煤油、柴油、燃油和 LPG）一直受到政府的补贴，因为一般都认为这些产品与泰国人民生活水平密切相关。结果，这种政策扭曲导致了燃料的不充分燃烧、严重的空气污染以及由此产生的健康威胁和财政赤字。面对上述压力，1991 年泰国政府开始着手计划逐步淘汰含铅汽油。这是一项复杂的任务，影响了很多部门。但是，泰国政府还是设法克服各种阻碍，并成功地在 4 年半内完成了此项目，比预计的时间提早了半年。成功的一个重要原因就在于对无铅汽油采用的财政激励的政策。

1991 年，在泰国政府制定无铅汽油价格时，除 LPG 以外的所有石油产品都已经放开了价格。在价格放开后，柴油燃料税每升提高了 B0.4。为了鼓励转向使用无铅汽油，政府规定无铅汽油的零售价必须比有铅汽油每升低 B0.3（$0.012）。政府还规定无铅汽油的消费税比有铅汽油每升低 B1.0（$0.04），泰国政府税收承担了大约每升 B0.7 的大部分成本。但是这些成本比起通过改进公共健康获得的效益要少得多：空气铅浓度从 1991 年的 1.55 μg/m^3 下降到 1996 年的 0.1 μg/m^3，相关健康效益大约为每升$0.56。健康成本的节约大致是每年 20 亿美元的价值，或人均 270 美元（1996 年价格）。

资料来源：Sayeg（1998）。

三、财政效益

从财政角度来看，环境财政改革是很有吸引力的，因为它有利于实现全面经济改革目标，由此增加的收入也往往比人们预料的多。环境财政改革还提供了许多潜在的财政效益，包括调动收入分配、规范财政秩序、增加公共预算的透明度和责任性，提高分配效率和降低经济中由税收所引起的扭曲等。

环境财政改革可以促进公共收入的增长。实施环境财政手段，可以提供更多的税收资源（如征收林业税和渔业税）。在喀麦隆，政府的林业收入在所有税收中所占的比例从 1996 年的 3%上升到 2000 年的 25%（IMF Staff Report，2000；Brunner and Ekoko，2000）。而在毛里塔尼亚，1999 年，政府通过渔业获得的税收收入占到税收总收入的 30%。

通过取消和减少有害环境的补贴，还可以释放出更多财政资源。以印度尼西亚为例，取消农药补贴可为政府每年节约 1 亿美元（de Moor and Calamai，2002）。通过提高环境支出的效率，还可以进一步释放财政资源。

环境财政手段通常也能够与总体税收政策协调，许多案例都显示环境资源方面的考虑可以促进或改善其他税收政策的作用。例如，通过征收环境与自然资源税增加税收收入，与从贸易税向国内税转变的改革目标一致，也与世界贸易组织（WTO）的要求相协调。最后一点，环境财政手段有助于形成比较稳定的税源，通过对一些消费活动征税（例如对水、能源、矿产资源等资源的使用征收税费），能够降低税收来源的不稳定性。

四、提高环境保护行政管理的有效性

环境财政手段是避免环境管理失败的有效手段。东欧和苏联国家的经验生动地说明：第一，过度依赖于命令-控制型机制的经济，明显地难以应对环境风险和解决环境问题；第二，极度自由并且市场秩序不规范的经济不只会成为短期利益的牺牲品，而且在获得经济效益和鼓励环境资源的可持续利用方面都是相当失败的。政府通过环境财政手段灵活地干预经济，有助于在发展经济的同时实现环境保护目标。

当然，尽管在很多情况下环境财政手段比传统手段可以发挥更大的作用，但也不能认为它是万能的。环境财政手段的定位应该是支持和加强现存的环境保护制度，而非取代它。并且，要实现环境财政手段的环境效益也常常要借助于直接管制，即行政命令-控制的政策体制的大力支持。例如，森林税收的税率改变就需要有关木材如何砍伐和在何地砍伐等各种规章制度的支持和保障。这表明不应该单独考察环境财政手段有效与否，它应该成为一系列相关的环境管理手段中的一种。

环境财政改革还可以通过动用财政资源，帮助实现环境管理目标，这对于那些环境财政资金投入长期不足的国家尤其重要。比如，在许多中、东欧国家，通过建立环境基金，将财政资金灵活地引入鼓励环境治理活动和环境投资中，这些国家的环境基金主要来源于环境税和费。通过环境财政手段筹集的资金，也可以用于必需的环境监测和环境执法活动的支出。比如，先前提到的在纳米比亚征收的海洋资源税主要用于渔业研究和培训的支出，也可用于技术监测、控制和监管系统的支出，这些投资通常是比较昂贵的。

五、对减少贫困的贡献

环境财政手段能够通过解决与贫困有关的环境问题来减少贫困。除了在提高环境健康方面所起的作用，环境财政手段还能通过改善环境基础设施和服务直接帮助贫困人口获得基本环境物品（如清洁水）。显然，提高环境质量，增加贫困人口获得环境物品和服务的渠道，不仅能提高人类的健康水平，也会显著地增加贫困人口摆脱贫困的机会。从长期来看，环境财政手段还通过提高长期的自然资源生产力来减少贫困。很多有远见的政府以及发展中国家，都已经逐渐认识到环境财政与减少贫困的关系，并将环境财政手段纳入国家减贫策略。

六、如何设计实施有效的环境财政政策

国际经验显示，执行环境财政手段能够获得多种潜在收益，但是也强调了环境财政手段的成功执行依赖于强有力的政治意愿、持续的努力和细致的管理过程。环境财政手段执行不力的原因很多，比如，政策设计不当、没有认识到调整和迎合利益相关者的兴趣。因此，在政策制定过程中利益相关方在不同阶段的充分参与非常重要。

从政策制定到执行再到跟踪评估，英国政府对环境财政手段的政策过程管理的经验值得借鉴。对于每一项政策，英国政府会明确环境政策目标，分析政策干预的基本原理、成本和收益。这些都需要大量调研。如果确定需要政策干预，政府会采用从财政和非财政意义上来说都最有效的手段来实现环境政策目标，并考虑与其他政策的相互作用，以及对其他经济和社会目标的影响。在政府制定和执行政策的过程中，会与利益相关方开展充分协商和咨询。比如，英国的气候变化税(CCL)，为了进行大范围的利益相关方咨询，政府成立了商业咨询委员会和高层工作组，作为咨询结果的报告在气候变化税的设计中扮演了重要角色。

一旦明确有必要采取新的干预政策，政府便发表关于该政策的公开声明，制定政策的通告往往在开始制定政策的一年前就发出，政策的执行往往提前三年通告。提前通告可以给受影响的各方留出充足的时

间准备应对将要发生的政策变化。一旦政府决定要采取某种类型的环境政策，接着就会进行关于具体政策手段设计和配套政策的咨询，也包括如何使用环境税的收入等问题。

最后，还有一个重要的成功因素就是持续地政策跟踪和评估，以此来帮助识别或纠正政策过程中新出现的问题，并向相关方证明政策的效果。好的跟踪和评估是一个不断获取新信息的过程，它还应与灵活的政策机制相配合，以便根据新出现的情况不断修正政策目标和方案。

第六节　小　结

当前的中国，正处于财政改革十分活跃的时期，利用建立公共财政的体制背景，借助强劲增长的政府财力，顺应市场经济不断深入的大势，改进环境与发展的关系，恰逢其时。中央政府应构建环境财政体制，统筹利用财政收入、支出和政府定价手段，加强宏观调控环境与发展关系的力度，纠正市场失效，保护可持续发展的环境与自然资源基础，保证环境公共服务的社会供给，加速环境服务市场体制的建立，推动环境与经济协调发展。

创建环境财政是一个长期、动态的过程，只能走循序渐进的道路。环境财政体系创建之初起点低、不完善是合理的必然，不能因此而求全责备或轻言放弃。随着改革进程的深入，环境财政手段之间会发生互补、替代，一些手段的作用会减弱甚至退出决策议程。不能改变而且只能加强的是作为整体的环境财政体制、政策和机制，因为这是国家环境保护职能的体现。

附录　物质平衡与一般均衡模型

理论经济学家一直努力揭示经济系统各个组成部分相互关系，其中瓦尔拉（Leon Walras）把牛顿力学应用于完全竞争经济的交换过程，发展出了复杂的一般均衡模型。瓦尔拉-卡塞尔（Walras-Cassel）模型作为一般均衡的一个特别简化的变形，将物质平衡概念与交换的一般均衡概念紧密结合在一起，既有理论意义，也表明了经济学一般相互依存模型的简化形式，以及如何用一种经济系统的最终产品函数，进而能更本质、更精确地预测污染物排放。本部分将利用瓦尔拉-卡塞尔模型对物质平衡理论进行定量分析。

瓦尔拉-卡塞尔模型包括下列变量：

$$\begin{cases} R=(r_1,r_2,\cdots,r_m) \\ V=(v_1,v_2,\cdots,v_m) \\ X=(x_1,x_2,\cdots,x_n) \\ P=(p_1,p_2,\cdots,p_n) \\ Y=(y_1,y_2,\cdots,y_n) \end{cases}$$

式中：R——资源和服务量；

V——资源价格；

X——产品或商品量；

P——产品价格；

Y——最终需求。

在 n 个部门中分配 m 种资源：

$$r_1 = a_{11}x_1 + a_{12}x_2 + \cdots + a_{1n}x_n$$
$$r_2 = a_{21}x_1 + a_{22}x_2 + \cdots + a_{2n}x_n$$
$$\vdots$$
$$r_m = a_{m1}x_1 + a_{m2}x_2 + \cdots + a_{mn}x_n$$

或

$$r_j = \sum_{k=1}^{n} a_{jk}x_k \qquad j = 1,2,\cdots,m \tag{附-1a}$$

矩阵形式如下：

$$\begin{pmatrix} r_1 \\ r_2 \\ \vdots \\ r_m \end{pmatrix} = \begin{pmatrix} a_{11} & a_{12} & \cdots & a_{1n} \\ a_{21} & a_{22} & \cdots & a_{2n} \\ \vdots & \vdots & & \vdots \\ a_{m1} & a_{m2} & \cdots & a_{mn} \end{pmatrix} \begin{pmatrix} x_1 \\ x_2 \\ \vdots \\ x_n \end{pmatrix}$$

即

$$R = AX \tag{附-1b}$$

式中：A——资源消耗矩阵；

a_{ij}——j 部门单位产品消耗资源 i 的量。

根据投入产出模型，中间产品、最终需求和商品生产的关系有：

$$CX + Y = X \tag{附-2a}$$

$$X = BY \tag{附-2b}$$

即

$$x_j = \sum_{k=1}^{n} b_{jk}y_k \qquad j = 1,2,\cdots,n \tag{附-2c}$$

式中：C——著名的列昂惕夫系数矩阵；

CX——中间投入（或中间产品）；

$$B = (I - C)^{-1}$$

I——单位矩阵。

联立（附-1）式和（附-2）式，得到资源投入与最终需求直接相关的方程组，即

$$r_j = \sum_{k=1}^{n} a_{jk} \sum_{l=1}^{n} b_{kl} y_l = \sum_{k,l=1}^{n} a_{jk} b_{kl} y_l \qquad (附\text{-}3a)$$

矩阵形式表示为： $$R = ABY \qquad (附\text{-}3b)$$

令 $$G = AB$$

即

$$G = \begin{pmatrix} a_{11} & a_{12} & \cdots & a_{1n} \\ a_{21} & a_{22} & \cdots & a_{2n} \\ \vdots & \vdots & \vdots & \vdots \\ a_{m1} & a_{m2} & \cdots & a_{mn} \end{pmatrix} \begin{pmatrix} b_{11} & b_{12} & \cdots & b_{1n} \\ b_{21} & b_{22} & \cdots & b_{2n} \\ \vdots & \vdots & & \vdots \\ b_{n1} & b_{n2} & \cdots & b_{nn} \end{pmatrix}$$

则 $$R = GY \qquad (附\text{-}3c)$$

我们也可以把 n 种中间商品的价格同 m 种资源的价格联系起来：

即 $$p_k = \sum_{j=1}^{m} g_{jk} v_j \qquad k = 1, 2, \cdots, n \qquad (附\text{-}4a)$$

或

$$P = \begin{bmatrix} p_1 & p_2 & \cdots & p_n \end{bmatrix} = \begin{bmatrix} v_1 & v_2 & \cdots & v_m \end{bmatrix} \begin{pmatrix} g_{11} & g_{12} & \cdots & g_{1n} \\ g_{21} & g_{22} & \cdots & g_{2n} \\ \vdots & \vdots & & \vdots \\ g_{m1} & g_{m2} & \cdots & g_{mn} \end{pmatrix}$$

$$P = VG \qquad (附\text{-}4b)$$

为了把 X 看做物质生产，出于保持一致的考虑，设投入和产出总是处于平衡状态，就是说 c_{ij} 必须代表包括污染物在内的所有物质交换。为了完成这个系统，使得既不获得物质也不损失物质，有必要引入两个新部门，这就是环境部门（物质产出为 x_e）和最终消费部门（产出是 x_c）。明确包括这两个部门的投入和产出以后，这个系统就很容易实现平衡了。

对瓦尔拉-卡塞尔模型做进一步修正，把 R 分为资源 R^z 和服务 R^s 两部分，即

$$R=\left(r_1^z,r_2^z,\cdots,r_l^z,r_1^s,r_2^s,\cdots,r_p^s\right)=\left(R^z,R^s\right) \quad (附-5)$$

$$l+p=m \quad (附-6)$$

相应地有：

$$V=\left(v_1^z,v_2^z,\cdots,v_l^z,v_1^s,v_2^s,\cdots v_p^s\right)=\left(V^z,V^s\right) \quad (附-7)$$

$$G=\begin{pmatrix}G^z\\G^s\end{pmatrix} \quad (附-8)$$

因此，(附-3b) 式变为：

$$R=\begin{pmatrix}R^z\\R^s\end{pmatrix}=\begin{pmatrix}G^z\\G^s\end{pmatrix}Y \quad (附-9)$$

而（附-4b）式变为：

$$P=\begin{bmatrix}V^z & V^s\end{bmatrix}\begin{pmatrix}G^z\\G^s\end{pmatrix}=V^zG^z+V^sG^s \quad (附-10a)$$

即

$$p_k=\underbrace{\sum_{j=1}^{l}g_{jk}^z v_j^z}_{\text{转移到原材料成本的价格}}+\underbrace{\sum_{j=1}^{p}g_{jk}^s v_j^s}_{\text{转移到服务费用的价格}} \quad k=1,2,\cdots,n \quad (附-10b)$$

现在，集中讨论一下经济系统的物质流动。根据列昂惕夫投入产出系数的定义（这里是关于物质流动）有：

$c_{kj}x_j$——从部门 k 转换到部门 j 的（物质）量；

$c_{jk}x_k$——从部门 j 转换到部门 k 的（物质）量。

所以从环境流动到所有其他部门的物质可以下式表示：

$$\sum_{k=1}^{n}c_{ek}x_k=\sum_{j=1}^{l}r_j^z=\sum_{j=1}^{l}\sum_{k=1}^{n}a_{jk}^z x_k=\sum_{j=1}^{l}\sum_{k=1}^{n}g_{jk}^z y_k \quad (附-11a)$$

即

$$\underbrace{\sum_{k=1}^{n}c_{ek}x_k}_{\text{各部门流到最终消费部门的物质总量，即全部最终商品之和}}=\underbrace{\sum_{j=1}^{l}\sum_{k=1}^{n}a_{jk}^z x_k}_{\text{所有原材料}} \quad (附-11b)$$

流入和流出最终部门的物质也必须是平衡的：

$$\underbrace{\sum_{k=1}^{n} c_{kc}x_c}_{\text{各部门流到最终消费部门的物质总量，即全部最终商品之和}} = \underbrace{\sum_{k=1}^{n} c_{ck}x_k}_{\text{全部再循环物质之和}} + \underbrace{c_{ce}x_e}_{\text{废弃污染物（包括积累）}} \tag{附-12}$$

c_{kc} 表示 k 部门流到最终消费部门的物质系数，显然 $\sum_{k=1}^{n} c_{kc}=1$，

所以 $$\sum_{k=1}^{n} c_{kc}x_c = x_c \tag{附-13}$$

根据定义，x_c 当然是最终需求的总和：

$$x_c = \sum_{j=1}^{n} y_j \tag{附-14a}$$

所以 $$\sum_{k=1}^{n} c_{kc}x_c = \sum_{j=1}^{n} y_j \tag{附-14b}$$

把（附-14a）式及（附-2c）式代入（附-12）式，得到以最终需求方式表达的最终产品部门的物质流动。

$$\begin{aligned} c_{ce}x_e &= \sum_{k=1}^{n} c_{kc}x_c - \sum_{k=1}^{n} c_{ck}x_k = \sum_{k=1}^{n} c_{kc}\sum_{j=1}^{n} y_j - \sum_{k=1}^{n} c_{ck}\sum_{j=1}^{n} b_{kj}y_j \\ &= \sum_{k=1}^{n}\sum_{j=1}^{n}(c_{kc} - c_{ck}b_{kj})y_j \end{aligned}$$

即 $$c_{ce}x_e = \sum_{j=1}^{n}\sum_{k=1}^{n}(c_{jc} - c_{cj}b_{jk})y_k \tag{附-15}$$

流入和流出中间产品部门的物质也是平衡的：

$$\sum_{j=1}^{l}\sum_{k=1}^{n} g_{jk}^{m} y_k - \sum_{j=1}^{n} y_j + \gamma\sum_{j=1}^{n}\sum_{k=1}^{n} c_{cj}b_{jk}y_k = \sum_{k=1}^{n} c_{ke}x_e \tag{附-16}$$

这里的系数γ与来自最终消费部门循环物质的比例有关。在数值上，$0\leqslant\gamma\leqslant1$。

流入环境的全部污染物等于中间产品和最终消费部门流出的污染物：

$$c_{te}x_e = \sum_{k=1}^{n} c_{ke}x_e + c_{ce}x_e \qquad (附\text{-}17)$$

把（附-15）、（附-16）式代入（附-17）式，可以得到与最终需求相关的总体污染物流的表达式：

$$\begin{aligned} c_{te}x_e &= \sum_{j=1}^{l}\sum_{k=1}^{n} g_{jk}^{m} y_k - \sum_{j=1}^{n} y_j + \gamma \sum_{j=1}^{n}\sum_{k=1}^{n} c_{cj} b_{jk} y_k + \sum_{k=1}^{n}\sum_{j=1}^{n} (c_{kc} - c_{ck} b_{kj}) y_j \\ &= \sum_{j=1}^{l}\sum_{k=1}^{n} g_{jk}^{m} y_k - (1-\gamma) \sum_{j=1}^{n}\sum_{k=1}^{n} c_{cj} b_{jk} y_k + \sum_{j=1}^{n}\sum_{k=1}^{n} c_{cj} y_k - \sum_{j=1}^{n} y_j \end{aligned}$$

由（附-14）式可知，上式最后两项相减为零。所以上式简化为：

$$c_{te}x_e = \sum_{j=1}^{l}\sum_{k=1}^{n} g_{jk}^{m} y_k - (1-\gamma) \sum_{j=1}^{n}\sum_{k=1}^{n} c_{cj} b_{jk} y_k \qquad (附\text{-}18)$$

因此，来自所有部门的总体污染物流与直接需求有关。

通过（附-18）式，恒等式（附-11b）所反映的基本物质和污染物流之间的物质平衡关系是：

$$\sum_{j=1}^{l}\sum_{k=1}^{n} g_{jk}^{m} y_k - (1-\gamma) \sum_{j=1}^{n}\sum_{k=1}^{n} c_{cj} b_{jk} y_k = \sum_{k=1}^{n} c_{ke}x_e + c_{ce}x_e \qquad (附\text{-}19)$$

这就是说，来自环境物质流减去连续再循环的产品，等于来自中间产品部门的污染物流加上最终消费产出的污染物流。这一结论表达了图附-1 所显示的思想。

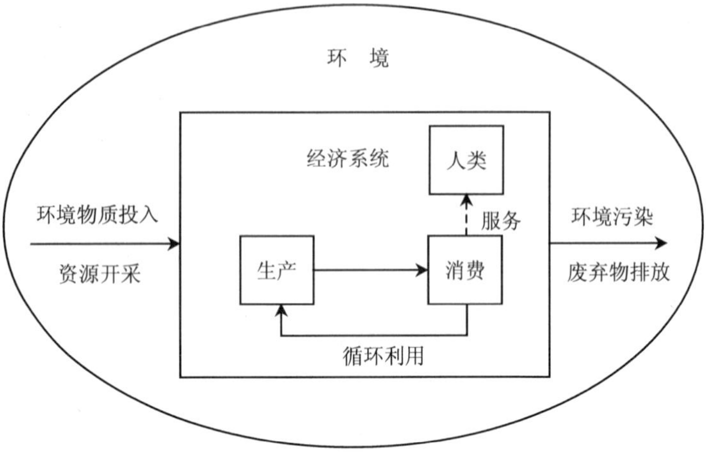

图附-1　考虑循环利用的环境与经济系统的物质流动关系

这里把（附-16）式中的γ再明确一下。由于一部分最终产品要在系统中存留一段时间，再循环就是一个动态的或者与时间相关的过程。在（附-16）式中，如果使再循环进入一般均衡模型，可以假设：从最终产品循环到中间产品的总量中有（$1-\gamma$）部分是永久保存的，再循环的其余部分γ可以看做是中间产品部门的污染物。虽然这些假设简化了代数推导过程，但其意义是不言而喻的。我们还可做出一些更现实的假设。例如，再循环产品的（$1-\gamma$）部分能够作为（附-11）式中增加的原材料重新进入系统，最终产品也会增加。这种增加将取决于一个生产周期内允许的再循环次数。另一方法是重新定义模型中的每一个变量，加上一个时间下标，然后推导出关于确定水平的最佳生产消费计划。这时来自时期 i^{th} 的再循环最终产品将增加时期（$1+j$）th 内可利用的原材料。事实上，再循环现象的表现与新古典增长模型有很多相似之处。在新古典增长模型中，节约一部分当前生产是为了增加资本总额，提高未来生产水平。而再循环可以减少污染物造成的环境破坏，降低原材料开采的环境影响。

如果假定起初没有再循环，推导还能再简单一些。就这个模型来说，可以假定所有污染物都返回到环境，其中一部分变成了“原材料”。这些污染物将和新的原材料混在一起，真假难辨。因此，对（附-18）式移项可得：

$$\sum_{j=1}^{l}\sum_{k=1}^{n}g_{jk}^{m}y_k=\sum_{k=1}^{n}c_{ke}x_e+c_{ce}x_e+(1-\gamma)\sum_{j=1}^{n}\sum_{k=1}^{n}c_{cj}b_{jk}y_k \qquad (附\text{-}20)$$

若把右边第三项看做是污染物，则整个等式表明来自环境的物质最终将以污染物的形式回到环境中。这正是图附-2 所表达的思想。

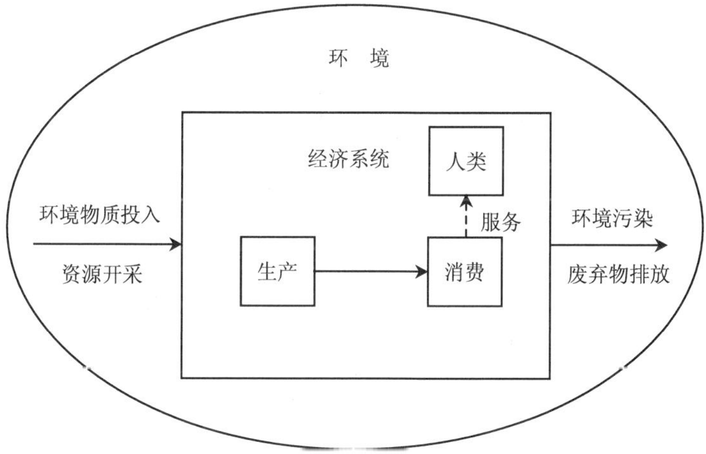

图附-2　不考虑循环利用的环境与经济系统物质流动关系

在上面的论述中，没有考虑到污染物流改变环境容量和物质环境可利用性的问题，也没有考虑到物质资源开采对于增加环境容量或净化废弃物能力可能产生的影响。如果考虑这些，我们应再增加两个方程：第一个是把总体污染物流同环境容量和原材料流之差联系起来；第二个是把原材料同环境容量和污染物流之间的差联系起来。当然，这两个方程并不一定相等。因为可以想象开采 1t 原材料对环境容量的影响与排放 1t 废弃物是不同的。这些关系可以表示如下：

$$c_{te}x_e \leqslant \beta^t (c_e x_e - \sum_{k=1}^{n} c_{ek} x_k) \qquad \text{(附-21a)}$$

$$\sum_{k=1}^{N} c_{ek} x_k \leqslant \beta^j (c_e x_e - c_{te} x_e) \qquad \text{(附-21b)}$$

其中（附-21a）式表示污染物排放不能影响环境容量和环境资源的可利用性。(附-21b）式表示资源开采不能影响环境容量和净化污染物能力。β^t，β^j 为参数。

这个概要的模型表明，当环境（公共财产）资源变得稀缺时，与生产消费和环境之间的作用关系相关的外部性是“普遍存在”的。这些外部性通常表现为非市场的。原则上，通过引入一些影子价格，市场影响可以模拟到基本近似的程度。从而使资源配置从“次优”逐步逼近“帕累托最优”状态。